Aachener Bausachverständigentage 1986
Genutzte Dächer und Terrassen
Rechtsfragen für Baupraktiker

Aachener Bausachverständigentage 1986

REFERATE UND DISKUSSIONEN

Günter Dahmen	Die Regelwerke zum Wärmeschutz und zur Abdichtung von genutzten Dächern
Alfred Haack	Parkdecks und befahrene Dachflächen mit Gußasphaltbelägen
Eberhard Hoch	Detailprobleme bei bepflanzten Dächern
Walter Jagenburg	Juristische Probleme im Beweissicherungsverfahren
Reinhard Lamers	Ordnungsverfahren für Undichtigkeiten und Durchfeuchtungsumfang
Gottfried Lohmeyer	Anforderungen an die Konstruktion von Parkdecks aus wasserundurchlässigem Beton
Rainer Oswald	Zur Funktionssicherheit von genutzten Dachflächen Begrünte Dachflächen – Konstruktionshinweise aus der Sicht des Sachverständigen
Dietmar Rogier	Grundüberlegungen und Vorgehensweise bei der Sanierung genutzter Dachflächen
Erich Schild	Die Nachbesserungsentscheidung zwischen Flickwerk und Totalerneuerung
Hans-Joachim Steinhöfel	Nutzschichten bei Terrassendächern
Klaus Vygen	Die Beweismittel im Bauprozeß
Gert Wolf	Begrünte Flachdächer aus der Sicht des Dachdeckerhandwerks
Günter Zimmermann	Die Detailausbildung bei Dachterrassen

Aachener Bausachverständigentage 1986

Genutzte Dächer und Terrassen

Konstruktion und Nachbesserung begangener, bepflanzter und befahrener Flächen

mit Beiträgen von

Günter Dahmen
Alfred Haack
Eberhard Hoch
Reinhard Lamers
Gottfried Lohmeyer

Rainer Oswald
Dietmar Rogier
Hans-Joachim Steinhöfel
Gert Wolf
Günter Zimmermann

Rechtsfragen für Baupraktiker

Mit Beiträgen von
Walter Jagenburg   Erich Schild   Klaus Vygen

Herausgegeben von Erich Schild und Rainer Oswald
AIBau – Aachener Institut für Bauschadenforschung und angewandte Bauphysik

BAUVERLAG GMBH · WIESBADEN UND BERLIN

CIP-Kurztitelaufnahme der Deutschen Bibliothek

Genutzte Dächer und Terrassen: Konstruktion u.
Nachbesserung begangener, bepflanzter u. befahrener
Flächen / mit Beitr. von Günter Dahmen . . . Rechts-
fragen für Baupraktiker / mit Beitr. von Walter
Jagenburg . . . [Referate u. Diskussionen]. Aachener
Bausachverständigentage 1986. Hrsg. von Erich
Schild u. Rainer Oswald. – Wiesbaden ; Berlin :
Bauverlag, 1986.
ISBN 3-7625-2510-2

NE: Schild, Erich [Hrsg.]; Dahmen, Günter [Mitverf.];
Aachener Bausachverständigentage ⟨1986⟩; Beigef. Werk

Dieses Buch enthält
Referate und Diskussionen der Aachener Bausachverständigentage 1986

Das Werk einschließlich aller seiner Teile ist urheberrechtlich geschützt. Jede Verwertung außerhalb des
Urheberrechtsgesetzes ist ohne Zustimmung des Verlags unzulässig und strafbar. Das gilt insbesondere für
Vervielfältigungen, Übersetzungen, Mikroverfilmungen und die Einspeicherung und Verarbeitung in elektroni-
schen Systemen.

© 1986 Bauverlag GmbH, Wiesbaden und Berlin

Druck: Druck- und Verlagshaus Hans Meister KG, Kassel
ISBN 3-7625-2510-2

Inhaltsverzeichnis

Vygen, Die Beweismittel im Bauprozeß 9

Jagenburg, Juristische Probleme im Beweissicherungsverfahren 18

Schild, Die Nachbesserungsentscheidung zwischen Flickwerk und Totalerneuerung 23

Oswald, Zur Funktionssicherheit von Dächern 32

Dahmen, Die Regelwerke zum Wärmeschutz und zur Abdichtung von genutzten Dächern 38

Steinhöfel, Nutzschichten bei Terrassendächern. 51

Zimmermann, Die Detailausbildung bei Dachterrassen. 57

Lohmeyer, Anforderungen an die Konstruktion von Parkdecks aus wasserundurchlässigem Beton 63

Oswald, Begrünte Dachflächen – Konstruktionshinweise aus der Sicht des Sachverständigen 71

Haack, Parkdecks und befahrbare Dachflächen mit Gußasphaltbelägen 76

Hoch, Detailprobleme bei bepflanzten Dächern. 93

Wolf, Begrünte Flachdächer aus der Sicht des Dachdeckerhandwerks 99

Lamers, Ortungsverfahren für Undichtigkeiten und Durchfeuchtungsumfang .. 104

Rogier, Grundüberlegungen und Vorgehensweise bei der Sanierung genutzter Dachflächen 111

Podiumsdiskussionen 123

VORWORT

Die Aachener Bausachverständigentage 1986 standen unter dem Rahmenthema „Genutzte Dächer und Terrassen – Konstruktion und Nachbesserung begangener, bepflanzter und befahrener Flächen".

In jüngerer Zeit werden Flachdächer zunehmend als begehbare, befahrene oder bepflanzte Flächen ausgeführt. Im Mittelpunkt der Vorträge im technischen Teil standen die Abhandlungen über die konstruktive und bauphysikalische Planung von Dachterrassen, Parkdecks und Dachbegrünungen und deren oft schwierige Detaillösungen. Dabei wurden Grundüberlegungen und Vorgehensweise bei der Sanierung genutzter Dachflächen mit in die Betrachtung einbezogen. Sowohl bei den Referaten als auch während der Diskussion wurde deutlich, daß bei diesen Konstruktionen der Planung und der handwerklichen Ausführung eine gleich große Bedeutung zukommt.

Die in den Referaten und Diskussionen dargestellten Erfahrungen gaben in der Beurteilung von möglichen Fehlerquellen, deren Vermeidung und zur Nachbesserung Anregungen und Hinweise für die praktische Arbeit von Ingenieuren und Architekten, aber auch für die Tätigkeit von Sachverständigen.

Im juristischen Teil wurden Beweissicherung und Beweismittel im Bauprozeß dargestellt und dabei zugleich die Problematik unterschiedlich gehandhabter Beweissicherungsverfahren angesprochen.

Die Aachener Bausachverstädigentage fanden in der diesjährigen Veranstaltung neuerliche Bestätigung als Forum des Erfahrungsaustausches.

Wir danken allen Referenten, die durch ihre Mitwirkung und das Einbringen ihres Wissens und ihrer Erfahrung zum Gelingen der diesjährigen Tagung beigetragen haben.

Erich Schild

Die Beweismittel im Bauprozeß

Dr. jur. Klaus Vygen, Richter am OLG Düsseldorf, Duisburg

1. Einleitung und Problemstellung

Vor Gericht genügt es nicht, Recht zu haben. Erfolg kann nur der haben, der sein **Recht** auch **beweisen** kann, oder besser: der die **Tatsachen** beweisen kann, aus denen sich dann zwangsläufig aufgrund juristischer Subsumtion der geltend gemachte Anspruch aus dem Gesetz oder dem abgeschlossenen Vertrag ableiten läßt.

Daraus folgt: Jeder, der einen Prozeß zu führen beabsichtigt, muß sehr genau prüfen, ob er die Einzeltatsachen, die **er** kennt und von deren Richtigkeit er ausgeht, vor Gericht auch beweisen kann; denn er muß von Anfang an damit rechnen, daß der Beklagte, wenn er mit einem Prozeß konfrontiert wird, alles bestreitet, was überhaupt bestreitbar ist. Dies geht in der Praxis soweit, daß nicht selten Tatsachen wider besseres Wissen bestritten werden, obwohl dies nach der Zivilprozeßordnung (§ 138 ZPO) nicht zulässig ist.

Nach dieser Bestimmung sind nämlich die Parteien bei ihrem Sachvortrag zur **Wahrheit** und **Vollständigkeit** verpflichtet. Da diese Wahrheitspflicht aber nur die Pflicht zur **subjektiven**, nicht aber zur **objektiven** Wahrhaftigkeit bedeutet, ist eine Verletzung in der Praxis nur selten feststellbar. Eine absolute Grenze kann deshalb nur darin gesehen werden, daß die Parteien im Prozeß keine **Erklärungen wider besseres Wissen** abgeben dürfen.

Die Grenzen dabei aber sind fließend, wie folgendes **Extrem-Beispiel** zeigen mag:

In einem Bauprozeß ging es um erhebliche Mängel, die die Standsicherheit des Bauwerks betrafen. Da dies nur durch Einholung eines Sachverständigen-Gutachtens zu klären war, sollte ein entsprechender Beweisbeschluß erlassen werden. Daran sah sich das Gericht aber zunächst gehindert, weil der beklagte Bauunternehmer ernsthaft behauptete, das Bauwerk sei nicht mehr vorhanden, es sei bereits abgerissen worden, was der Bauherr aber verneinte.

Es mußte hier seitens des Gerichts vor der Einholung des Gutachtens zunächst durch Beweiserhebung geklärt werden, ob das Bauwerk überhaupt noch vorhanden war. Dazu bot sich das Beweismittel der **Augenscheinseinnahme** (Ortsbesichtigung) durch das Gericht an. Diese ergab, daß das Bauwerk noch stand.

Dieses Beispiel zeigt, wie weit die Möglichkeit der Parteien geht, Tatsachen zu bestreiten und damit eine Beweiserhebung des Gerichts erforderlich zu machen.

2. Darlegungslast der Parteien als Vorstufe der Beweiserhebung

Auf der anderen Seite ist es aber im Zivilprozeß – anders als im Strafprozeß – nicht Aufgabe des Gerichts, von amtswegen die Wahrheit zu erforschen (sogenannter Untersuchungs- oder Ermittlungsgrundsatz).

Das Gericht ist vielmehr im Zivilprozeß an den Sachvortrag der Parteien gebunden; es darf Tatsachen, die nicht von einer Partei vorgetragen worden sind, bei der Entscheidung nicht berücksichtigen, und es darf die Wahrheit einer Tatsachenbehauptung nur aufklären, bzw. feststellen, wenn sie von der anderen Partei bestritten ist, also Beweise auch nur erheben, wenn die beweispflichtige Partei entsprechende und geeignete **Beweismittel angeboten** hat (sog. Verhandlungsgrundsatz). Dies erklärt sich daraus, daß kein öffentliches Interesse daran besteht, die Wahrheit von Tatsachen zu ermitteln, die privatrechtlichen Rechtsbeziehungen zugrunde liegen, über die die Parteien die Verfügungsfreiheit besitzen (Thomas/Putzo, ZPO, 10 Aufl., Einl. I 1).

Es ist deshalb vorrangige Aufgabe der Parteien, dem Gericht einen Sachverhalt zu unterbreiten, der trotz des gerade in Bauprozessen oft sehr umfangreichen und verwickelten Streitstoffes möglichst vollständig und möglichst wahrheitsgemäß ist. Nur so kann das hohe Prozeßrisiko in Bauprozessen eingegrenzt werden.

Deshalb kommt im Bauprozeß gerade der Darlegungslast der Parteien eine besondere Bedeutung zu, die grundsätzlich der Beweiserhebung vorgelagert ist (vgl. dazu Heyers ZfBR 1979, 46 ff).

Dies mag an folgendem **Beispiel** aus der Praxis von Bauprozessen verdeutlicht werden: Häufig wird bei der Geltendmachung von Gewährleistungsansprüchen (z. B. Minderung) zwar der beanstandete Zustand mehr oder weniger dargestellt; es wird aber nicht erkennbar gemacht, daß es sich dabei um einen Mangel im Sinne des § 13 Nr. 1 VOB/B oder § 633 Abs. 1 BGB handelt. Dazu genügt etwa der Sachvortrag: ,,Die Wände oder Decken sind schief, wellig, uneben'', sei es bezüglich der Rohbauarbeiten, sei es insbesondere bezüglich der Estrich- oder Putzarbeiten, **nicht**.

Dieser Sachvortrag des Bauherrn genügt nicht der von ihm geforderten Darlegungslast; denn die tatsächlichen Vorschriften (DIN 18.202) sehen für solche **handwerklichen Arbeiten notwendigerweise gewisse **Toleranzen** vor und der Mangelbegriff enthält darüber hinaus rechtlich eine bestimmte **Zweckbezogenheit** (Heyers ZfBR 1979, 49). Das Werk muß also nicht völlig **eben** oder **gerade** sein, sondern es reicht für die Mangelfreiheit aus, daß sich die Unebenheiten innerhalb der technisch gesetzten Toleranzen bewegen und das Werk zu dem gewöhnlichen oder dem nach dem Vertrag vorausgesetzten Gebrauch geeignet ist (§ 13 Nr. 1 VOB/B).

Deshalb bedarf es zur schlüssigen Darlegung eines Mangels als Voraussetzung für den geltend gemachten Minderungsanspruch der genauen Bezeichnung des Ausmaßes der Schiefheit, Welligkeit oder Unebenheiten. Erst wenn die so angegebenen Unebenheiten außerhalb der Toleranzen liegen, kommt für das Gericht im Falle des Bestreitens dieser Angaben durch die Gegenpartei eine Beweisaufnahme in Betracht.

Gerade an dieser unzureichenden Darlegung der anspruchsbegründenden Tatsachen scheitern aber viele Parteien im Bauprozeß, zumindest mit einem Teil ihrer Ansprüche.

Daraus erklärt sich auch vielfach die Verwunderung von Sachverständigen, die mit der Erstellung eines Gutachtens durch das Gericht beauftragt werden und bei Durchsicht der Akten und der im Beweisbeschluß an sie gerichteten Fragen feststellen, daß dieser Beweisbeschluß nicht alle behaupteten Mängel erfaßt.

In einem solchen Falle ist es aber dem Sachverständigen ebenso wie dem Richter verwehrt, auch den Mängeln nachzugehen, die nicht schlüssig dargelegt und deshalb in den Beweisbeschluß nicht aufgenommen worden sind.

Das gleiche gilt auch bezüglich solcher Mängel, die der Sachverständige bei seiner Ortsbesichtigung zusätzlich festgestellt oder auf die er von einer Partei hingewiesen wird.

Dies beruht darauf, daß es im Zivilprozeß auf die Ermittlung und Feststellung der objektiven Wahrheit erst dann ankommt, wenn die darlegungspflichtige Partei ihrer Darlegungslast genügt und die Gegenpartei die dargelegte Tatsache bestritten hat und es zudem für die Entscheidung des Rechtsstreits auf die Tatsache ankommt.

3. Beweisschwierigkeiten im Bauprozeß

Trotz dieser Einschränkungen durch die Anforderungen an die Darlegungslast der Parteien sind gerade die Bauprozesse dadurch gekennzeichnet, daß sie nur selten ohne Beweisaufnahme entschieden werden.

Allzu häufig kommt es auch zu äußerst umfangreichen und langwierigen Beweiserhebungen, weil Gerichte immer wieder neue Beweisbeschlüsse verkünden. Dies hat seine Ursache meist in der nicht genügend sorgfältigen und gründlichen Vorbereitung vor der ersten Verhandlung und damit vor Erlaß des ersten Beweisbeschlusses.

Daraus folgt dann allzu oft eine jahrelange Dauer des Bauprozesses im ersten Rechtszug, ohne daß dadurch das spätere Urteil besser, richtiger oder gerechter wird. Deshalb hört man vielfach auch den Satz: ,,**Die beste Beweisaufnahme ist die gesparte**'' (Bull, Prozeßhilfen S 133; Werner/Pastor, Der Bauprozeß Rdn. 1824).

Dieser Satz bestätigt sich in Bauprozessen nur allzu oft bei einer durchgeführten Zeugenvernehmung, weil die Zeugen – meist Mitarbeiter der verschiedenen Baubeteiligten auf der Baustelle – sich nur in den seltensten Fällen an Einzelheiten zur Feststellung bestimmter Tatsachen wie z. B. erteilte Zusatzaufträge, Hinweise auf Bedenken hinsichtlich der vorgesehenen Ausführung oder erfolgte Anzeigen erinnern können.

Ganz anders ist es allerdings mit dem Sachverständigenbeweis, auf den der Satz über die gesparte als die beste Beweisaufnahme sicher nur selten zutrifft.

Deshalb hört man gerade gegenüber den Gerichten in Bauprozessen häufig die kritische Anmerkung, der Prozeß werde ohnehin durch den Sachverständigen entschieden. Dazu aber darf es nicht kommen! Wie aber kann und soll man das verhindern? Ein Vorschlag, der immer wieder gemacht wird, geht dahin, die mit Bausachen befaßten Gerichte auch mit Bausachverständigen zu besetzen (**Sachverständige auf die Richterbank!**). Dieses kann jedoch kaum als geeignetes Mittel betrachtet werden; denn dieser Sachverständige als Richter würde und müßte sich als Allround-Sachverständiger verstehen, während es heute den Gerichten möglich ist, den für die konkret anstehende Frage am besten geeigneten Sachverständigen auszuwählen und zu beauftragen (vergleiche Werner/Pastor a.a.O. Rdn. 1926).

Besser ist ein anderer Weg: Die Gerichte sollten für Bausachen **Spezialkammern** beim Landgericht und **Spezialsenate** beim Oberlandesgericht einrichten, wie das teilweise schon geschehen ist (LG Köln, LG Essen, OLG Düsseldorf, OLG Hamm), teilweise aber auch in jüngster Zeit aus unsachlichen Gründen (Streit um Bewertung der Bauprozesse als arbeitsintensiver als andere Prozesse) wieder abgeschafft worden ist (LG Düsseldorf).

Daneben sollte aber auch noch ein weiterer Schritt getan werden: Die Spezialisierung der Rechtsanwälte auf Bausachen und die Zulassung eines „**Fachanwaltes für Bausachen**" erscheint dringend geboten.

Spezialisierte und damit bessere Richter und Rechtsanwälte sind die beste Gewähr für ein zügiges, sachgerechtes Verfahren und eine von den Parteien akzeptierte Entscheidung. Dieses zeigt sich mit aller Deutlichkeit daran, daß gerade in Baustreitigkeiten die **Schiedsgerichtsbarkeit** eine immer größere Rolle spielt und es dafür sogar eine eigene Schiedsgerichtsordnung für das Bauwesen gibt, die vom Deutschen Beton-Verein und der Deutschen Gesellschaft für Baurecht e. V. herausgegeben worden ist.

Solche spezialisierten Richter und Rechtsanwälte können auch viel eher überflüssige Beweisaufnahmen verhindern und die für den jeweiligen Fall besten Sachverständigen auswählen. Nur auf Bausachen spezialisierte Richter können häufig auch die Gutachten von Sachverständigen nachvollziehen und überprüfen und dadurch verhindern, daß letztlich der Sachverständige und nicht der Richter den Bauprozeß entscheidet.

Auf der anderen Seite können häufig auch nur mit Bauprozessen vertraute Rechtsanwälte einen Bauprozeß so sorgfältig vorbereiten, daß die Partei später nicht in Beweisschwierigkeiten oder gar in einen echten Beweisnotstand gerät.

Dieses geschieht meist durch **Einholung eines Privatgutachtens** oder Einleitung eines **Beweissicherungsverfahrens**, wozu es wiederum der Auswahl des geeigneten Sachverständigen bedarf und auch dieses fällt dem Fachanwalt für Bausachen leichter.

Dieses zeigt überzeugend, daß schon bei der **Vorbereitung eines Bauprozesses** von beiden Parteien sehr genau überlegt werden muß, welche Beweismittel zu Verfügung stehen und welche im Einzelfall zur Erbringung des erforderlichen Beweises für die bestimmten Tatsachen geeignet erscheinen. Zuvor empfiehlt sich allerdings auch die Überlegung, ob nicht im Einzelfall gewisse Beweiserleichterungen eingreifen.

4. Beweiserleichterungen im Bauprozeß

Vor Erlaß eines Beweisbeschlusses bedarf es stets der Überlegung, ob nicht bestimmte Beweiserleichterungen eine Beweisaufnahme entbehrlich machen.

Zu diesen Beweiserleichterungen gehören insbesondere der **Anscheinsbeweis**, auch prima facie-Beweis genannt, und die verschiedenen Fälle, die zur Umkehr der Beweislast führen.

Der **Anscheinsbeweis** greift immer dann ein, wenn ein typischer Geschehensablauf nach der Lebenserfahrung auf eine bestimmte Ursache hindeutet.

So entspricht es z. B. einem typischen Geschehensablauf, daß eine Betondecke einstürzt, wenn der Beton schlecht ist oder zu früh und unsachgemäß entschalt wird (Ingenstau/Korbion VOB/B § 10 Rdn. 8).

Bei einer viel zu geringen Betondichte und Betonhärte spricht zudem ein typischer Geschehensablauf dafür, daß die Bauüberwachung durch den Architekten unzureichend und damit mangelhaft war (Werner/Pastor, Der Bauprozeß Rdn. 1835).

11

Neben diesem Anscheinsbeweis kommt gerade in Bauprozessen nicht selten auch eine **Umkehr der Beweislast** in Betracht. So muß nach erfolgter Abnahme der Werkleistung der Auftraggeber beweisen, daß die Werkleistung des Unternehmens mangelhaft ist, wenn Gewährleistungsansprüche geltend gemacht werden. Eine Umkehr der Beweislast hat die Rechtsprechung im Baurecht unter Anwendung des Grundgedankens in § 282 BGB auch für das bei verschiedenen Ansprüchen erforderliche Verschulden angenommen. So muß sich der Auftraggeber vom Vorwurf des Verschuldens entlasten, wenn der Unternehmer einen Schadensersatzanspruch wegen Behinderungen gemäß § 6 Nr. 6 VOB/B geltend macht (vgl. Vygen, Bauvertragsrecht nach VOB und BGB, Rdn. 665). Und vor allem muß sich der Architekt, der wegen mangelhafter Planung oder Bauüberwachung nach § 635 BGB auf Schadensersatz in Anspruch genommen wird, vom Vorwurf des Verschuldens entlasten, also nachweisen, daß ihn ausnahmsweise an dem Mangel seiner Planung kein Verschulden trifft.

Schließlich kann sich eine Umkehr der Beweislast auch aus einer **Verletzung von Aufklärungs- und Beratungspflichten** ergeben, die gerade bei Architekten und Werkunternehmern von der Rechtsprechung sehr weit gespannt werden (vgl. dazu: Vygen Bau R 1984, 245; Werner/Pastor a.a.O. Rdn. 1845 f).

Greifen im Einzelfall solche Beweiserleichterungen zugunsten einer Prozeßpartei ein, so bedarf es regelmäßig auf Seiten der anderen Partei einer schlüssigen Darlegung und vor allem auch eines entsprechenden Beweisangebotes für die gegenteilige Darstellung, um überhaupt den Erlaß eines Beweisbeschlusses durch das Gericht zu erreichen, bzw. zu rechtfertigen. Daran fehlt es im Bauprozeß aber nicht selten, was dann zu einer Entscheidung ohne Beweisaufnahme führen kann.

Erst wenn nach all diesen Überlegungen die **Beweisbedürftigkeit** bestimmter Tatsachen feststeht, stellt sich die Frage nach den vorhandenen und vor allem nach den geeigneten Beweismitteln, um den erforderlichen Beweis zu führen.

5. Die verschiedenen Beweismittel der ZPO

Die Beweismittel im Bauprozeß sind dieselben wie in jedem anderen Verfahren:

– die Augenscheinseinnahme
– der Urkundenbeweis
– der Zeugenbeweis
– die Parteivernehmung
– der Sachverständigenbeweis

Das Gewicht dieser verschiedenen Beweismittel ist je nach Art des Prozesses höchst unterschiedlich. Die insgesamt am häufigsten erhobenen Beweise sind sicherlich der Zeugenbeweis und der Urkundenbeweis, während in Bauprozessen der Sachverständigenbeweis im Vordergrund steht.

Auch die Qualität und demzufolge der **Beweiswert der einzelnen Beweismittel** ist höchst unterschiedlich. Entscheidende Bedeutung kommt in Bauprozessen vor allem dem **Urkundenbeweis** zu, ohne daß dieser allerdings aufgrund eines formellen Beweisbeschlusses erhoben wird. Ein meist hoher Beweiswert ist auch durchweg dem **Sachverständigenbeweis** und/oder in Verbindung mit dem Augenscheinsbeweis beizumessen, während der Zeugenbeweis einen eher geringen Beweiswert hat.

6. Der Augenscheinsbeweis

Die Anordnung des Augenscheins – im Bauprozeß meist als Ortsbesichtigung bezeichnet – erfolgt entweder von Amtswegen (144 ZPO) oder aufgrund eines entsprechenden Beweisantritts einer Partei (371 ZPO). Dazu bedarf es der Angabe der zu beweisenden Tatsachen und des Gegenstandes des Augenscheins.

Die Einnahme des Augenscheins erfolgt nach der gesetzlichen Regelung durch das Prozeßgericht oder den beauftragten **Richter**, wobei die **Hinzuziehung eines Sachverständigen** angeordnet werden kann. In der Praxis erfolgt die Ortsbesichtigung aber meist durch den Sachverständigen und dies fast durchweg ohne Beteiligung des Richters, obwohl dies nicht dem Gesetz entspricht.

Schwierigkeiten ergeben sich, wenn eine Partei sich weigert, das Augenscheinsobjekt, also z. B. das Bauwerk, besichtigen zu lassen. Ein **Recht auf Besichtigung** hat das Gericht im allgemeinen nicht; es kann deshalb auch keinen Zwang auf Duldung des Augenscheins ausüben. Das Gericht kann jedoch Schlüsse aus einer solchen Verweigerung des Augenscheins ziehen, also z. B. den Beweisführer als beweispflichtige Partei mit diesem **Beweismittel ausschließen**, wenn sie die Augenscheinseinnahme durch das Gericht oder den Sachverständigen verweigert, oder bei entsprechender Weigerung der Gegenpartei den **Beweis in freier Beweiswürdigung** als erbracht ansehen.

Probleme besonderer Art ergeben sich darüber hinaus dann, wenn ein am Prozeß unbeteiligter Dritter, also z. B. der Bauherr und Eigentümer, in einem Prozeß zwischen dem Bauträger und einem Bauunternehmer oder Architekten, sich weigert, einen Ortstermin auf seinem Grund und Boden durchführen zu lassen. In diesem Falle wird der beweispflichtigen Partei nichts anderes übrig bleiben, als zunächst gegen den Bauherrn auf Duldung einer Ortsbesichtigung zu klagen. Ein solcher Duldungsanspruch wird in der Regel aus dem Vertragsverhältnis zu dem Bauherrn erwachsen, da der zugrunde liegende Werkvertrag entsprechende Nachwirkungen auslöst (Werner/Pastor a.a.O. Rdn. 1860).

Diese Grundsätze für die richterliche Augenscheinseinnahme gelten in gleicher Weise für die **Ortsbesichtigung durch den Sachverständigen**, die in der Praxis die Regel ist, obwohl der Sachverständige nach dem Gesetz dabei nur **Augenscheinsgehilfe** sein soll, weil bestimmte tatsächliche Feststellungen nur mit Hilfe der erforderlichen Sachkunde getroffen werden können. Dies gilt insbesondere für die Feststellung von Mängeln an einem Bauwerk und deren Ursachen.

Auch in Bauprozessen kann aber gerade eine Augenscheinseinnahme durch das Gericht von großer Bedeutung und manchmal sogar allein ausreichend sein. So erscheint vor allem bei behaupteten Mängeln, die sich in der fließenden Grauzone zwischen noch mangelfrei und schon mangelhaft bewegen, also insbesondere den sogenannten Schönheitsfehlern oder optischen Mängeln, eine **Besichtigung durch den Richter** dringend erforderlich, da bei aller Objektivität unserer Sachverständigen hier immer ein subjektives Element des Betrachters einfließt. Eine solche Augenscheinseinnahme kann z. B. auch dann ausreichend sein, wenn der Mangel eines Kfz-Einstellplatzes einer Eigentumswohnung allein darin bestehen soll, daß dieser nur erreicht werden kann, wenn der Nachbarstellplatz leer ist, oder nur durch Überfahren eines fremden Grundstückes, an dem kein Nutzungsrecht besteht.

7. Urkundenbeweis

Da dieser Beweis durch **Vorlegung der Urkunde** angetreten wird (§ 420 ZPO) und die Einsicht des Gerichts in die Urkunde bereits die Beweisaufnahme darstellt, erfolgt diese Beweiserhebung für die Prozeßparteien meist unbemerkt, indem das Gericht die vorgelegten Urkunden entsprechend würdigt.

Dieses gilt insbesondere in Bauprozessen für den **Bauvertrag** mit allen seinen Bestandteilen (Leistungsverzeichnis, Vertragsbedingungen usw.), aber auch für Zeichnungen, statistische Berechnungen, Mengenberechnungen, Stundenlohnzettel, Abnahme- oder Übergabeprotokolle und das Bautagebuch (OLG Düsseldorf Schäfer/Finnern Z. 2300Bl. 14) sowie den gesamten **Schriftwechsel** der Vertragspartner.

Im Wege des Urkundenbeweises können darüber hinaus aber auch andere Akten, z. B. die **Bauakten** der Baugenehmigungsbehörde oder die **Akten eines Vorprozesses** beigezogen werden. Von besonderer praktischer Bedeutung ist in diesem Zusammenhang auch die Möglichkeit, ein **Beweissicherungsgutachten** im Wege des Urkundenbeweises in den Prozeß als Beweismittel einzuführen.

Zwar geht die ZPO von dem Grundsatz aus, daß die Beweisaufnahme im Beweissicherungsverfahren nach §§ 485 ff ZPO der im Hauptprozeß durchgeführten Beweisaufnahme gleichsteht, das Beweissicherungsgutachten also als Sachverständigenbeweis Eingang in den Hauptprozeß findet. Dieser Grundsatz gilt aber nur, wenn die Parteien in beiden Verfahren identisch sind (§ 493 Abs. 2 ZPO). Fehlt es an dieser Identität, was in der Praxis durchaus häufig vorkommt (z. B. infolge Abtretung der Ansprüche oder bei Regreßprozessen gegen Subunternehmer nach Beweissicherungsverfahren zwischen Bauherren und Haupt- oder Generalunternehmer oder Bauträger), so kann das Beweisergebnis also insbesondere das Beweissicherungsgutachten, nur im Wege des Urkundenbeweises in den Rechtsstreit vom Beweispflichtigen eingeführt werden (Heyers/Kroppen/Schmitz, Beweissicherung im Bauwesen Rdn. 984; OLG Frankfurt MDR 1985, 853).

Dadurch kann es vollen Beweiswert erlangen. Dies gilt im verstärkten Maße auch für ein **Schiedsgutachten**, das im Wege des Urkundenbeweises in den Prozeß eingeführt wird und dessen Feststellungen von der betroffenen Partei nur dadurch entkräftet werden können, daß sie die offenbare Unrichtigkeit der gutachterlichen Feststellungen schlüssig darlegt und beweist (§ 319 BGB).

Auch ein **Privatgutachten** kann im Prozeß vom Beweisführer auch ohne Einverständnis des Beweisgegners urkundenbeweislich benutzt werden (Heyers/Kroppen/Schmitz a.a.O., Rdn. 36; BGH LM § 286 (E) ZPO Nr. 7; a.A. Werner/Pastor a.a.O. Rdn. 1862). Jedoch beschränkt sich dabei die Beweiskraft darauf, daß der jeweilige Sachverständige die in seinem Gutachten enthaltenen Erklärungen abgegeben hat (§ 416 ZPO). Deshalb wird das Gericht die Feststellungen des Privatgutachtens regelmäßig seiner Entscheidung nicht zugrunde legen können, zumal dem Beweisgegner insoweit ein Ablehnungsrecht gemäß § 406 ZPO zustehen würde, wenn es sich dabei um einen echten Sachverständigenbeweis handeln würde (vgl. dazu im einzelnen: Jebe/Vygen, Der Bauingenieur in seiner rechtlichen Verantwortung S 526 ff).

8. Der Zeugenbeweis

Der Zeugenbeweis wird nicht zu Unrecht als der **schlechteste Beweis** bezeichnet. Dies bestätigt die tägliche Praxis gerade in Bauprozessen besonders anschaulich, da sich Zeugen bei ihrer Vernehmung über Ereignisse an der Baustelle oder gar über Erklärungen von Baubeteiligten meist nicht mehr daran erinnern können oder sich die Aussagen der von beiden Parteien benannten Zeugen objektiv widersprechen und deshalb letztlich meist keine Aufklärung des Sachverhaltes bringen.

Diese allzu negative Aussage über den Zeugenbeweis bedarf allerdings einer entscheidenden Einschränkung: Sie gilt nicht in gleichem Maße für den sogenannten **sachverständigen Zeugen im Bauprozeß**, der zwar gemäß § 414 ZPO den Vorschriften über den Zeugenbeweis zugeordnet wird, der aber in der Praxis doch häufig dem Sachverständigenbeweis – jedenfalls in Bezug auf den Beweiswert – näher steht. Meist wird es sich bei dem sachverständigen Zeugen im Bauprozeß um einen erfahrenen Baubeteiligten, also **Architekten, Bauunternehmer oder Bauingenieur** handeln oder sogar um einen öffentlich bestellten **Sachverständigen**, der vorprozessual ein **Privatgutachten** erstattet hat.

Da es sich bei dem Privatgutachten letztlich immer nur um einen „urkundlich belegten Parteivortrag" (Müller, Der Sachverständige 2. Aufl. S. 41) handelt, gewinnt für den Auftraggeber des Privatgutachtens diese Möglichkeit, den Privatgutachter als sachverständigen Zeugen für ein bestimmtes Beweisthema – z. B. für das Vorhandensein bestimmter Mängel, die inzwischen beseitigt worden sind –, zu benennen, große Bedeutung. Der Beweiswert einer solchen Aussage eines sachverständigen Zeugen ist gegenüber der eines normalen Zeugen erheblich höher, weil sich ein solcher sachverständiger Zeuge meist auf **von ihm gefertigte Unterlagen** (Notizen, Vermerke, Zeichnungen, Fotos usw.) stützen kann und seine **Sachkunde** es ihm erlaubt, häufig auch weitergehende Fragen, z. B. nach den Ursachen der angetroffenen Mängel, zu beantworten.

Dabei ist allerdings zu beachten, daß es nicht Aufgabe des sachverständigen Zeugen ist, dem Richter allgemeine Erfahrungssätze oder besondere Kenntnisse des jeweiligen Wissensgebietes zu vermitteln oder aufgrund solcher Fachkenntnisse Schlußfolgerungen zu ziehen, also eine fachwissenschaftliche Wertung der tatsächlichen Feststellungen vorzunehmen (BGH WPM 1974, 239; Werner/Pastor a.a.O. Rdn. 1857).

Dazu bedarf es wiederum vielmehr der **Erhebung des Sachverständigenbeweises.** Die Grenzen sind aber gerade in Bauprozessen sehr fließend und schwierig zu ziehen, woraus sich auch immer wieder erhebliche Probleme und Streitigkeiten über die **Entschädigung des sachverständigen Zeugen** ergeben. Da gem. § 414 ZPO auf den sachverständigen Zeugen die Vorschriften über den Zeugenbeweis Anwendung finden, gilt dies im Grundsatz auch für die Anwendung der Zeugenentschädigung (OLG Düsseldorf MDR 1975, 326). Eine Entschädigung als Sachverständiger ist aber möglich und dann auch geboten, wenn der sachverständige Zeuge, wenn auch nur beiläufig, auch als Sachverständiger befragt wird, also nicht nur über Geschehnisse berichtet. Das wird gerade in Bausachen die Regel sein, so daß sich eine Entschädigung als Sachverständiger rechtfertigt, und zwar dann insgesamt, wobei es nicht auf die Art der Ladung, sondern auf die Art der tatsächlichen Heranziehung ankommt. Dem entspricht auch die neuere Rechtsprechung (vgl. OLG Stuttgart Jur. Büro 1978, 1727; OLG Hamm ZfS 1980, 271; Werner/Pastor a.a.O. Rdn. 1929; Klocke DAB 11/85, S. 1495).

Ähnliche Abgrenzungsprobleme zwischen den sachverständigen Zeugen und dem Sachverständigen ergeben sich auch, wenn es um die Frage der **Ablehnung wegen Besorgnis der Befangenheit** gemäß § 406 ZPO geht; denn nur der wirkliche Sachverständige kann abgelehnt werden, nicht aber ein Zeuge, dessen Aussage jedoch im Falle einer bestehenden Besorgnis der Befangenheit einer besonderen kritischen Beweiswürdigung zu unterziehen ist.

9. Die Parteivernehmung

Bei der Parteivernehmung handelt es sich quantitativ und qualitativ um das unbedeutendste Beweismittel überhaupt; es spielt in Bauprozessen auch so gut wie keine Rolle und soll deshalb hier nicht näher behandelt werden.

10. Der Sachverständigenbeweis

Im Bauprozeß kommt unter den verschiedenen Beweismitteln dem Sachverständigenbeweis das entscheidende Gewicht zu. Der Bausachverständige ist und bleibt eben die Schlüsselfigur des Bauprozesses, was aber nicht zu dem Eindruck führen darf, daß der Sachverständige letztlich den Bauprozeß entscheidet.

In den Bereich des Sachverständigenbeweises fällt vor allem auch die Einführung eines Beweissicherungsgutachtens in den Hauptprozeß gemäß § 493 ZPO, wozu aber im einzelnen Herr Jagenburg anschließend Stellung nehmen wird. Ich will mich deshalb auf den im Hauptprozeß beauftragten gerichtlichen Sachverständigen beschränken.

Der Sachverständige wird dabei als Helfer des Richters tätig. Als solcher hat er eine wichtige Funktion, da der Richter in aller Regel nicht über die notwendigen Kenntnisse auf dem Gebiete der Bauphysik, der Bautechnik oder des Baubetriebes verfügt, selbst wenn er in einer speziellen Baukammer oder einem Bausenat tätig ist.

Die öffentlich bestellten und vereidigten Bausachverständigen sind grundsätzlich zur Erstattung von Gutachten verpflichtet, wenn nicht im Einzelfall ein Hinderungsgrund entgegensteht (§ 407 ZPO).

Der Sachverständige muß unabhängig und unparteiisch sein. Dies kann nicht oft genug betont werden, da es immer wieder zu beobachten ist, daß Sachverständige einen gerichtlichen Gutachterauftrag annehmen, obwohl sie für eine der beiden Parteien in der Sache schon privatgutachterlich tätig geworden sind.

Entscheidende Bedeutung aus der Sicht des Richters kommt der **Auswahl des richtigen Sachverständigen** zu. Dabei sind die auf Bauprozesse spezialisierten Richter gegenüber ihren Kollegen in nicht spezialisierten Spruchkörpern in einer unvergleichbar besseren Lage, denn ein Richter, der einige Jahre nur Bauprozesse bearbeitet, hat durch die bei den Akten befindlichen Privatgutachten, Beweissicherungsgutachten und im ersten Rechtszug eingeholten Gerichtsgutachten meist einen recht guten Überblick über die durchaus unterschiedliche Qualität von Sachverständigengutachten, wobei ich aber aus meiner Sicht die Feststellung von Prof. Schild im vergangenen Jahr an dieser Stelle nur unterstreichen kann, daß die Gutachten deutlich besser geworden sind (vgl. Schild, Aachener Bausachverständigentage 1985, S. 30). Ob man das auch für die Urteile der Gerichte in Bausachen feststellen kann, mag dahinstehen, da mir darüber ein Urteil nicht zusteht.

Die Auswahl des richtigen Sachverständigen sollte nach Möglichkeit der Richter treffen und nur, wenn er dazu wirklich nicht in der Lage ist, die Industrie- und Handelskammer oder die Handwerkskammer. Diese Auswahl wird durch die weitgehende Spezialisierung der Sachverständigen und durch – jedenfalls teilweise – gut gegliederte **Sachverständigenlisten** erleichtert, wobei besonders die Liste des VBI (Verband Beratender Ingenieure) und der ASB (Arbeitsgemeinschaft der Sachverständige für das Bauwesen) in Düsseldorf hervorzuheben sind.

Ratsam ist es zudem, wenn der Richter vor der förmlichen Beauftragung des Sachverständigen und vor Erlaß des Beweisbeschlusses **Kontakt zu dem Sachverständigen** aufnimmt und ihn – telefonisch – befragt, ob er sich zur Beantwortung der Beweisfragen kompetent fühlt und in angemessener Zeit das Gutachten erstatten kann. Im Falle der Verneinung wird dieser befragte Sachverständige dem Richter dann häufig einen anderen Sachverständigen für dieses Beweisthema benennen können.

Ein besonderes Problem bei der Auswahl ist ferner die **notwendige praktische Erfahrung des Sachverständigen**, die letztlich unverzichtbar erscheint. Zu Recht hat Schild (a.a.O. S. 31) im vorigen Jahr die Frage gestellt, ob bei hauptberuflich und ausschließlich als Sachverständigen tätigen Architekten und Ingenieuren die Bemühung um Fortbildung allein ausreicht, um den notwendigen Praxisbezug zu gewährleisten; denn neue Arbeits- und Produktionsmethoden, neue Problemstellungen des praktischen Bauablaufs, Verlagerungen auf Sanierungsmaßnahmen bei Rückgang des Neubauvolumens und die Anwendung oft völlig neuer Konstruktionsmethoden machen es unerläßlich notwendig, daß der Sachverständige für Bauschäden jedenfalls in gewissen Abständen auch wieder **praktische Bauerfahrung in eigener Planungsverantwortung** sammelt.

Schließlich spielt bei der Auswahl des richtigen Sachverständigen in letzter Zeit zunehmend die Frage der **Entschädigung des Sachverständigen** eine Rolle, weil viele – und meist die besten – nicht mehr bereit sind, zu den Entschädigungssätzen des ZuSEG mit einem Höchststundensatz von 50,– DM für das Gericht zu arbeiten. Gerade im Bereich des OLG Düsseldorf hat sich hier in den letzten Jahren durch die sehr restriktive Rechtssprechung unseres Kostensenats noch zusätzlicher Ärger bei den Sachverständigen aufgestaut, weil dieser Senat grundsätzlich bei der Festlegung der Entschädigung von dem Mittelsatz ausgeht, zudem äußerst strenge Anforderungen an eine **Erhöhung des Stundensatzes** gemäß § 3 Abs. 3 ZuSEG stellt und außerdem auch Auslagen für Fotos in völlig unzureichender Höhe bewilligt.

Dieser aufgestaute Ärger muß schnellstens aus der Welt geschafft werden, um die bisher weitgehend gute oder jedenfalls störungsfreie Zusammenarbeit von Richtern und Sachverständigen zu erhalten oder wiederherzustellen, da eine solche **vertrauensvolle Zusammenarbeit** die Voraussetzung für eine sachgerechte Entscheidung ist. Ein erster Schritt in die richtige Richtung erfolgt in Kürze durch die **Novellierung des ZuSEG** und die darin vorgesehene Erhöhung der Stundensätze. Ein weiterer Schritt sollte von den Gerichten getan werden, um gerade den Bausachverständigen zu einer angemessenen Bezahlung ihrer so wichtigen Gutachtertätigkeit zu verhelfen, wobei allerdings auch von den Sachverständigen nicht übersehen werden darf, daß die Stundensätze für Gerichtsgutachten durchaus unter den Sätzen für Privatgutachten liegen dürfen und wohl auch müssen; denn die Tätigkeit als Gerichtsgutachter ist für den Sachverständigen auch werbewirksam und seine Haftung ist durchweg eingeschränkter als bei Privatgutachten.

Häufig läßt sich in der gerichtlichen Praxis der engere Rahmen der Stundensätze des ZuSEG auch durch entsprechende vorherige **Zustimmung der Parteien zu einem höheren Stundensatz** oder zu einem **Pauschalbetrag** sprengen (§ 7 ZuSEG).

Nach erfolgter Auswahl des Sachverständigen und sorgfältiger Abfassung der Beweisfragen ist es nun Aufgabe des Sachverständigen, die Bearbeitung des Gutachtens in Angriff zu nehmen. Dabei wird er regelmäßig zunächst eine **Ortsbesichtigung** ansetzen, zu der unbedingt auch das Gericht eine Ladung erhalten sollte; denn eine **Teilnahme des Richters an dem Ortstermin** ist dringend zu empfehlen, wenn nicht sogar geboten. Wie bereits oben erwähnt, erfolgt die Beweiserhebung durch Augenscheinseinnahme grundsätzlich durch den Richter, erforderlichenfalls unter Hinzuziehung eines Sachverständigen, niemals aber durch den Sachverständigen allein. Nichts anderes ist aber letztlich die vom Sachverständigen anberaumte Ortsbesichtigung, so daß die **Teilnahme des Richters** unerläßlich sein sollte. Sie bietet dem Richter zudem **große Vorteile**: Der persönliche Eindruck und die eigene Besichtigung erleichtern die spätere Lektüre des Gutachtens und machen dieses wesentlich leichter nachvollziehbar. Zudem schafft die Teilnahme des Richters häufig an Ort und Stelle Vergleichsmöglichkeiten.

Letztlich sollte sich die Teilnahme des Richters am Ortstermin aber auch aus seinem Verantwortungsbewußtsein für die rechtsuchenden Parteien ergeben; denn es muß auf die Parteien einen schlechten Eindruck machen und damit der späteren Entscheidung Überzeugungskraft nehmen, wenn an einem solchen Ortstermin neben dem Sachverständigen alle Prozeßbeteiligten, also die Parteien selbst und ihre Anwälte, teilnehmen, nur der Richter, der letztlich den Fall zu entscheiden hat, nicht.

Auf **Inhalt** und **Form** des vom **Sachverständigen zu erstattenden Gutachtens** will ich hier nicht näher eingehen, da dies Prof. Schild im vergangenen Jahr an dieser Stelle eingehend getan hat und dies dort nachgelesen werden kann (vgl. Schild Aachener Bausachverständigen Tagungsband 1985, S. 30 ff).

Von besonderer Bedeutung erscheinen mir aber zum Schluß noch einige Punkte im Zusammenhang mit der **Verwertung des Gutachtens als Beweismittel.**

Der Richter muß alle tatsächlichen Feststellungen eigenverantwortlich treffen und sich letztlich immer ein **eigenes Urteil** bilden. Das von einem gerichtlichen Sachverständigen erstellte Gutachten ist deshalb vom Richter im Rahmen der Beweiswürdigung darauf zu überprüfen, ob es widerspruchsfrei und überzeugend ist. Dazu ist der Richter aber nur in der Lage, wenn der Sachverständige gutachterliche Feststellungen und Schlußfolgerungen verständlich und in den entscheidenden Teilen nachvollziehbar darstellt. Dazu gehört auch die wörtliche Wiedergabe von DIN-Normen, gegen die verstoßen worden sein soll, oder die verständliche Darstellung einer anerkannten Regel der Technik.

Fehlt es daran oder ist das Gutachten sonst unklar, unverständlich, mehrdeutig oder lückenhaft, so muß das Gericht von sich aus den Sachverständigen um eine **ergänzende Erläuterung** oder Klarstellung ersuchen, was am besten schriftlich aber auch durch **mündliche Anhörung** geschehen kann (§ 411 Abs. 3 ZPO).

Von besonderer Bedeutung ist auch das Recht der Parteien, in einer mündlichen Verhandlung Fragen an den Sachverständigen zu stellen. Einem entsprechenden Antrag muß das Gericht, wenn er rechtzeitig vor dem Termin und unter Ankündigung der zu stellenden Fragen oder des Themenkreises angekündigt ist, entsprechen, da es sich bei diesem Recht der Prozeßparteien um einen Ausfluß des Anspruchs auf rechtliches Gehör handelt (Art. 103 GG).

11. Zusammenfassung

Als Resümee meiner Ausführungen kann festgehalten werden, daß in Bauprozessen unter den möglichen Beweismitteln das Sachverständigengutachten das häufigste und wichtigste, aber auch trotz vielfach geäußerter Bedenken das **sicherste Beweismittel** ist, dem ein hoher Beweiswert beizumessen ist. Dabei hängt der Grad dieses Beweiswertes zu einem beachtlichen Teil von der richtigen Auswahl des Sachverständigen und der auf Dauer unerläßlich notwendigen **vertrauensvollen Zusammenarbeit zwischen Richtern und Sachverständigen** ab. Gerade auf diesem Gebiet läßt sich noch vieles verbessern. Eine vertrauensvolle Zusammenarbeit erfordert neben regelmäßigen Kontakten vor allem ein offenes Ohr für die Probleme des anderen, also z. B. für die Vielzahl der von einem mit Bausachen befaßten Richter zu bearbeitenden Bauprozesse (Baukammer beim Landgericht: ca. 600 Prozesse im Jahr; Bausenat beim Oberlandesgericht: ca. 250 Prozesse im Jahr) auf der einen Seite und für die Honorarprobleme der Sachverständigen auf der anderen Seite.

Dieses beiderseitige Verständnis zu fördern, sollte uns allen ein echtes Anliegen sein.

Juristische Probleme im Beweissicherungsverfahren

Rechtsanwalt Dr. Walter Jagenburg, Köln

Recht haben und Recht bekommen ist bekanntlich nicht dasselbe, weil vor Gericht nicht der Recht bekommt, der Recht hat, sondern nur der, der sein Recht auch **beweisen** kann.

Das gilt jedenfalls insoweit, als derjenige, der ein Recht behauptet, für dieses auch **beweispflichtig** ist, d. h. hinsichtlich der sog. anspruchsbegründenden Tatsachen.

Soweit es um Mängel der Werkleistung geht, d. h. Fehler oder Abweichungen von den anerkannten Regeln der Technik, und eine Partei **beweispflichtig** ist – vor Abnahme der Werkunternehmer dafür, daß keine Mängel vorliegen, nach Abnahme der Bauherr und Auftraggeber dafür, daß sie gegeben sind – ist der Beweis mit den üblichen Mitteln zu führen, in der Regel durch **Sachverständigengutachten**. Insofern ergeben sich keine Besonderheiten, solange am Bauwerk keine Veränderungen auftreten, insbesondere keine **Mängelbeseitigungsarbeiten** ausgeführt werden, die die zum Beweis dienenden Tatsachen beseitigen und dadurch die Beweisführung erschweren oder sogar unmöglich machen.

Droht eine solche Gefährdung der Beweisführung, so braucht die betroffene Partei jedoch nicht bis zur Beweisaufnahme im Hauptprozeß zu warten, sondern kann durch ein vorgezogenes, vereinfachtes Verfahren, das Beweissicherungsverfahren, die gefährdeten Beweise sichern lassen.

I. Ziel und Zweck des Beweissicherungsverfahrens

Das Beweissicherungsverfahren soll, wie schon sein Name sagt, gefährdete Beweise nur sichern und erhalten und ist, worauf Heyers[1] kürzlich mit Recht hingewiesen hat, lediglich eine vorgezogene „Notbeweisaufnahme". Es soll nicht eine etwaige spätere Beweisaufnahme im anschließenden Hauptprozeß ersetzen

oder überflüssig machen, falls eine solche dann noch möglich ist, d. h. die Mängel noch nicht beseitigt, die Beweise also noch vorhanden sind. Dennoch gibt es in der Praxis der Instanzgerichte, insbesondere der 1. Instanz, immer wieder Richter, die selbst dann und trotz nicht von der Hand zu weisender Einwendungen gegen ein Beweissicherungsgutachten dessen Überprüfung durch einen anderen Sachverständigen, d. h. die Einholung eines weiteren Gutachtens ablehnen nach der Devise: „Wofür haben wir denn das Beweissicherungsverfahren."

Zumeist wird es jedoch von dem Renomee des im Beweissicherungsverfahren tätigen Sachverständigen und der Überzeugungskraft seines Gutachtens abhängen, ob das Gericht ihm folgt oder nochmals Beweis erhebt – weil auch hier nicht alles, was glänzt, Gold ist.

Von daher kann man sagen, daß ein positives Beweissicherungsgutachten zwar ein **zur Hälfte** gewonnener Bauprozeß ist, aber eben auch nicht mehr als die „halbe Miete".

II. Zulässigkeit und Voraussetzungen des Beweissicherungsverfahrens

Sie sind in den §§ 485 ff. der Zivilprozeßordnung (ZPO) geregelt, wonach **3 Alternativen** zu unterscheiden sind und je nachdem, welche Alternative in Betracht kommt, der **zulässige Umfang** der Beweissicherung verschieden ist, d. h. die Zulässigkeit der Fragen, die – vom Antragsteller formuliert – der Sachverständige zu beantworten hat:

1. Welche Mängel liegen vor?
2. Welches sind ihre Ursachen?
3. Welche Maßnahmen sind zur Mängelbeseitigung erforderlich?
4. Welche Kosten fallen dafür schätzungsweise an?

Diese Fragen, die im einzelnen substantiiert aufgeführt werden müssen und ggf. auch modifiziert werden können, sind wie folgt zulässig:

---

[1] BauR 1985, 613 ff., 614/15

§ 485 ZPO 1. Alternative

Im Fall der 1. Alternative, nämlich dem, daß der Gegner der Beweissicherung **zustimmt**, sind die vorstehenden 4 Fragen sämtlich zulässig.

§ 485 ZPO 2. Alternative

In diesem Fall, der in der Praxis die größte Rolle spiellt und am häufigsten vorkommt, muß durch eidesstattliche Versicherung des Antragstellers **glaubhaft** gemacht werden, daß
a) die Beweise **verloren** zu gehen drohen oder
b) ihre Benutzung **erschwert** wird.

Ist das zu besorgen, z. B. weil nach der glaubhaft gemachten Behauptung des Antragstellers die Mängelbeseitigung bevorsteht, sind die ersten 3 Fragen nach den Mängeln, Ursachen und Mängelbeseitigungsmaßnahmen zulässig, **nicht** dagegen die Frage 4 nach den **Kosten** der Mängelbeseitigung, weil diese auch noch hinterher anderweitig festgestellt werden können, z. B. durch einen Kostenanschlag bzw. das Angebot eines Unternehmers[2].

Dennoch wird in der Praxis der Amtsgerichte, die nach § 486 ZPO für die Beweissicherung zuständig sind, wenn der Hauptprozeß vor dem Landgericht noch nicht anhängig ist, auch die Frage 4 nach den Kosten regelmäßig zugelassen, weil der Amtsrichter mit dem Fall anschließend meist nichts mehr zu tun hat und die ihm vorgegebenen Fragen deshalb im allgemeinen unkritisch mit „Rotklammer" übernimmt.

§ 485 ZPO 3. Alternative

Hier wird lediglich der **gegenwärtige Zustand** festgestellt, d. h. es ist nur die Frage 1 nach den Mängeln zugelassen. Dafür ist andererseits **keine Glaubhaftmachung** durch eidesstattliche Versicherung erforderlich, sondern lediglich die Behauptung, daß ein **rechtliches Interesse** an der Feststellung gegeben sei, z. B. weil die Geltendmachung von Gewährleistungsansprüchen bevorstehe, gleichgültig ob der Antragsteller selbst sie geltend machen will oder sie gegen ihn geltend gemacht werden sollen.

Letzteres zeigt zugleich, daß das Beweissicherungsverfahren der Sicherung nach Beweisen sowohl zur **aktiven Geltendmachung** als auch zur (passiven) **Abwehr** von Gewährleistungsansprüchen dient. Diese **doppelte Zielrichtung** – Angriff und Verteidigung – läßt sich ihrerseits wieder in zweierlei Weise verfolgen:

1. als **Antragsteller**, der Gewährleistungsansprüche geltend machen oder abwehren will,

2. aber auch als **Antragsgegner**, der ein gegen ihn gerichtetes Beweissicherungsverfahren nicht einfach über sich ergehen zu lassen braucht, sondern sich durch **Gegenanträge** zur Wehr setzen kann, sei es, daß er die Beweisfragen des Antragstellers durch **Gegenfragen** korrigiert oder ergänzt, um das Verfahren dadurch ggf. in eine andere, günstigere Richtung zu lenken, oder durch Benennung eines eigenen **Gegengutachters**.

Letzteres ist deshalb wichtig, weil nach § 487 ZPO der Antragsteller in seinem Beweissicherungsantrag auch den Sachverständigen zu benennen hat und das Gericht an diese Benennung **gebunden** ist[3]. Das ist jedenfalls die ganz überwiegende Ansicht, z. B. von Wussow, der zum Beweissicherungsverfahren einen grundlegenden Aufsatz[3] und ein Buch[4] geschrieben hat. Derselben Meinung sind Kroppen/Heyers/Schmitz in ihrem Buch über die Beweissicherung im Bauwesen[5]. Außerdem ist der Beschluß, durch welchen dem Beweissicherungsantrag stattgegeben wird, nach § 490 Abs. 2 ZPO nicht anfechtbar.

Deshalb bleibt dem Antragsgegner, dem der vom Antragsteller benannte Sachverständige nicht paßt, in der Regel nur die Benennung eines eigenen Gegengutachters, es sei denn daß er den vom Antragsteller benannten Sachverständigen wegen **Befangenheit ablehnen** kann. Das kann und muß, wenn die Gründe hierfür frühzeitig bekannt sind, nach neuerer Ansicht[6] nicht erst im anschließenden Hauptprozeß geschehen, sondern **schon im Beweissicherungsverfahren** selbst.

---

[2] Vgl. z. B. OLG Düsseldorf, BauR 1978, 506

[3] NJW 1969, 1401 ff., 1404

[4] Das gerichtliche Beweissicherungsverfahren in Bausachen, 1979, S. 30

[5] 1982, Rdn. 722 ff., 732 mit Nachweisen in Fußnote 333

[6] So zuletzt OLG München, BauR 1985, 241; KG BauR 1985, 722; OLG Düsseldorf, BauR 1985, 725

III. Die Bedeutung des Beweissicherungsverfahrens für Bauherrn und Unternehmer einschließlich Architekt/Ingenieur

1. Die Bedeutung für den Bauherrn

Die Sicherung von Beweisen zur **aktiven Geltendmachung** von Gewährleistungsansprüchen empfiehlt sich naturgemäß für den Bauherrn und Auftraggeber, der nach Abnahme von ihm behauptete Mängel der Leistungen der betreffenden Unternehmer beweispflichtig ist.

Wenn dem Bauherrn nicht klar ist, wem die Mängel zuzuordnen und zuzurechnen sind, weil dafür **mehrere Ursachen** aus verschiedenen Bereichen in Betracht kommen, müssen **alle** diese Möglichkeiten zum Gegenstand des Beweissicherungsverfahrens gemacht und **alle** in Frage kommenden Unternehmer als Antragsgegner einbezogen werden, auch wenn nach dem späteren Beweissicherungsverfahren vielleicht nur einer von ihnen als „Schuldiger" übrig bleibt. Denn ein Beweissicherungsverfahren gegen „Unbekannt" ist zwar nicht schlechterdings unzulässig, aber insofern wirkungslos, als es die Verjährung der Gewährleistungsansprüche nicht unterbricht[7] – eine materiellrechtliche Folge des Beweissicherungsverfahrens, auf die noch einzugehen sein wird.

In **kostenmäßiger** Hinsicht hat ein solches Beweissicherungsverfahren gegen **mehrere Unternehmer** als mögliche Gewährleistungsschuldner für den Bauherrn und Antragsteller selbst dann keine Folgen, wenn nach dem späteren Gutachten die Mehrzahl der Antragsgegner als Verantwortliche ausscheidet. Denn die Kosten des Beweissicherungsverfahrens sind regelmäßig nur erstattungsfähig als Teil der Kosten eines anschließenden **Hauptprozesses**, d. h. das Beweissicherungsverfahren kennt grundsätzlich **keine eigene Kostenentscheidung**; sie ist – wenn überhaupt – nur ausnahmsweise zulässig, wenn der Beweissicherungsantrag zurückgenommen oder zurückgewiesen wird[8]. Gibt es aber keine prozessuale Kostenentscheidung, so könnten die als nicht gewährleistungspflichtig ausgeschiedenen Antragsgegner Ersatz der ihnen durch das Beweissicherungsverfahren entstandenen Kosten nur verlangen, wenn es dafür eine **materiellrechtliche Grundlage** gäbe. Eine solche gibt es jedoch nur für den Bauherrn und Auftraggeber, der von dem gewährleistungspflichtigen Unternehmer einschließlich Architekt und Ingenieur die Kosten des Beweissicherungsverfahrens selbst dann ersetzt verlangen kann, wenn es anschließend nicht zu einem Hauptprozeß kommt, nämlich aufgrund seiner **Gewährleistung**, während es umgekehrt für den Unternehmer, Architekt oder Ingenieur keine vergleichbare materiell-rechtliche Anspruchsgrundlage gibt. Ein Beweissicherungsverfahren nach dem „Schrotflintenprinzip" ist deshalb für den Bauherrn als Antragsteller ohne nachteilige Folgen.

Im Gegenteil: soweit durch ein Beweissicherungsverfahren geklärt werden kann, wer von mehreren in Betracht kommenden Firmen und Personen für bestimmte Mängel verantwortlich ist, schließt dies – im Rahmen der Fragen nach den Ursachen – auch die Klärung ein, ob die Mängel aus technisch–sachverständiger Sicht auf die **Planung** des Architekten/Ingenieurs zurückzuführen sind oder auf die **Ausführung** des Unernehmers und ob sie in diesem Fall bei ordnungsgemäßer **Bauaufsicht** hätten vermieden werden können. Die Frage, wer von mehreren Baubeteiligten für Werkmängel verantwortlich ist, soll zwar als **Rechtsfrage** nur bei Zustimmung der Antragsgegner – § 485 ZPO Alternative 1 – zulässig sein[9]. Das schließt es aber nicht aus, hinsichtlich der Mängel die technisch-sachverständigen **Tatsachenfeststellungen** treffen zu lassen, die als **Grundlage** für die Beantwortung der Rechtsfrage notwendig sind, ob ein Planungs- oder Ausführungsfehler und ein Überwachungsfehler gegeben sind.

2. Die Bedeutung des Beweissicherungsverfahrens für den Unternehmer einschließlich Architekt/Ingenieur

Aus der Sicht des Unternehmers, wenn er nicht seinerseits gegenüber Subunternehmern in der Auftraggeberrolle agiert, ist die Sicherung von Beweisen vor allem bedeutsam zur **Abwehr** von Gewährleistungsansprüchen. Denn wenn der Bauherr nach Abnahme Mängel geltend macht und der Unternehmer trotz Aufforderung zur Mängelbeseitigung dieser nicht innerhalb der gesetzten Frist nachkommt, kann der Bau-

---

[7] BGH NJW 1980, 1458 = BauR 1980, 364

[8] Vgl. BGH NJW 1983, 284; LG Aachen, Sch/F/H § 91 ZPO Nr. 3; LG Köln, Sch/F/H § 269 ZPO Nr. 3; OLG Hamm, BauR 1985, 485

[9] LG Tübingen, BauR 1985, 359

herr bekanntlich nach § 13 Nr. 5 Abs. 2 VOB/B bzw. § 633 Abs. 3 BGB zur **Ersatzvornahme** schreiten und die Mängel auf Kosten des Unternehmers beseitigen lassen. Wenn der Unternehmer die Mängel leugnet und seine Verantwortung für sie – selbst wenn dies mit guten Gründen geschieht! – **ernsthaft und endgültig** bestreitet, kann der Bauherr sogar **ohne vorherige Fristsetzung** zur Ersatzvornahme schreiten[10]. Er ist dann nach Abnahme zwar beweispflichtig dafür, daß das Gewerk des betreffenden Unternehmers auch tatsächlich mangelhaft war, kann diesen Beweis, wenn er nicht selbst ein Beweissicherungsverfahren durchgeführt hat, unter Umständen aber auch durch **Zeugen** führen, nämlich durch das Zeugnis des Architekten/Ingenieurs und der Leute des Zweitunternehmers, der die Mängelbeseitigungsarbeiten durchgeführt hat. Der in Anspruch genommene Erstunternehmer hat dann keine Möglichkeit mehr, den **Gegenbeweis** zu führen, daß er **mängelfrei** gearbeitet hat.

In derartigen Fällen empfiehlt sich deshalb auch für den Unternehmer ein Beweissicherungsverfahren zur Erhaltung des für ihn wichtigen **Entlastungsbeweises**, selbst wenn er die damit verbundenen **Kosten** aus materiellem Recht nicht ersetzt verlangen kann, sondern nur als Teil der Kosten eines sich etwa anschließenden Hauptprozesses, wenn er diesen gewinnt.

Ebenso kann dem Unternehmer – einschl. dem Architekten/Ingenieur – **vor Abnahme** seiner Leistungen ein Beweissicherungsverfahren zu empfehlen sein, wenn der Bauherr diese als unvollständig und mangelhaft rügt und deshalb die **Abnahme** verweigert, die Voraussetzung für die Fälligkeit des restlichen Vergütungsanspruchs ist. Dann kann der Unternehmer den Beweis für die Vollständigkeit und **Mangelfreiheit** seiner Leistungen, für die er bis zur Abnahme ja beweispflichtig ist, durch ein Beweissicherungsverfahren sichern und damit zugleich die tatsächlichen Voraussetzungen der **Abnahmefähigkeit** seiner Leistungen beweisen, damit auf dieser technisch-sachverständigen Grundlage – notfalls durch das Gericht – auch die **Rechtsfrage** der Abnahme richtig beantwortet werden kann. In diesem Fall dient das Beweissicherungsverfahren damit zugleich der Vorbereitung eines etwa erforderlichen Werklohn- bzw. Honorarprozesses.

---

[10] Vgl. zuletzt BGH NJW 1983, 1731 = BauR 1983, 258 und BGH BauR 1985, 198

IV. Materiell-rechtliche Folgen des Beweissicherungsverfahrens

Materiell-rechtlich hat das Beweissicherungsverfahren nach § 639 Abs. 1 in Verbindung mit § 477 Abs. 2 BGB zur Folge, daß die **Verjährung der Gewährleistungsansprüche** unterbrochen wird.

Das ist jedoch – wie gesagt – nur eine **Rechtsfolge** und Wirkung des Beweissicherungsverfahrens, also **kein Grund** für ein solches, so daß der Wunsch oder die Notwendigkeit, die Verjährung der Gewährleistungsansprüche zu unterbrechen, nicht zur Begründung eines Beweissicherungsantrages angeführt werden kann, wenn dessen sonstige Voraussetzungen nicht gegeben sind[11].

Die Unterbrechung der Verjährung der Gewährleistungsansprüche erfolgt allerdings nur, wenn der Besteller, also der **Bauherr und Auftraggeber** die Beweissicherung beantragt. Ein Beweissicherungsantrag des Unternehmers, Architekten oder Ingenieurs, soweit sie als Auftragnehmer handeln, führt nicht zur Unterbrechung der Gewährleistungsansprüche des Bauherrn und Auftraggebers.

Die Unterbrechung der Verjährung der Gewährleistungsansprüche im Falle des Beweissicherungsverfahrens tritt bereits durch den **Beweissicherungsantrag** ein, nicht erst durch den Beweissicherungsbeschluß. Deshalb unterbricht nach § 212 BGB auch ein zurückgenommener oder zurückgewiesener Beweissicherungsantrag die Verjährung, allerdings nur, wenn dann binnen 6 Monaten Klage erhoben oder ein neuer Beweissicherungsantrag gestellt wird.

Der **Beweissicherungsantrag** ist weiter maßgebend für den Umfang der Unterbrechungswirkung. Enthält der Beweissicherungsantrag Fragen oder Behauptungen zu Mängeln, zu denen der Sachverständige keine Feststellungen treffen kann, so ändert das nichts daran, daß die Verjährung der Gewährleistungsansprüche auch für solche Mängel unterbrochen wird, was bedeutsam ist, falls sie sich später, nach Ablauf der regulären Verjährungsfrist, doch zeigen.

Beispiel:

Wird kurz vor Ablauf der regulären Verjährungsfrist ein Beweissicherungsantrag wegen Keller-

---

[11] LG Amberg, BauR 1984, 93

feuchtigkeit gestellt und kann der Sachverständige dazu nichts feststellen, z. B. weil inzwischen Sommer ist und dem Ortstermin eine längere Trockenperiode vorangegangen war, so ist die Verjährung gleichwohl unterbrochen, der Bauherr also nicht gehindert, den Mangel weiter zu verfolgen, wenn sich im anschließenden Herbst/Winter die Kellerfeuchtigkeit erneut zeigt.

Streitig ist, ob und inwieweit die **gutachtlichen Feststellungen** für den Umfang der Unterbrechungswirkung ergänzend herangezogen werden können, wenn der **Beweissicherungsantrag** ganz oder teilweise so **unbestimmt** ist, daß aus ihm allein nicht erkennbar ist, auf welche Mängel im einzelnen er sich bezieht.

Kroppen/Heyers/Schmitz[12] lehnen die Berücksichtigung des Gutachtens auch in einem solchen Fall ab, Wussow[13] will sie zulassen, obwohl ein nicht hinreichend bestimmter Beweissicherungsantrag ansich zurückgewiesen werden müßte. Da dies durch die „Rotklammer-Praxis" der Amtsgerichte meist jedoch nicht geschieht und dadurch auch unbestimmte Fragen zugelassen werden, zieht man zur Bestimmung des Umfangs der Unterbrechungswirkung in einem solchen Fall die gutachtlichen Feststellungen mit heran.

Trifft der Sachverständige dagegen Feststellungen, die von dem Beweissicherungsantrag **überhaupt nicht gedeckt** sind, so ist insoweit auch keine Unterbrechungswirkung gegeben[14].

Beispiel:

Der Sachverständige behandelt über den Rahmen seines Auftrags hinaus auch Mängel, die nicht Gegenstand des Beweissicherungsantrags, sondern erstmals im Ortstermin gerügt oder vom Sachverständigen eigenmächtig festgestellt worden sind.

Zur **Dauer der Unterbrechung** ist zu sagen, daß diese bis zur **Beendigung des Beweissicherungsverfahrens** anhält, d. h. entweder bis zum Eingang des Gutachtens, oder wenn anschließend die Anhörung des Sachverständigen beantragt wird, bis zur Erläuterung des Gutachtens.

Mit dem Ende der Unterbrechung beginnt die **vertraglich vereinbarte Verjährungsfrist** in vollem Umfang neu zu laufen, wenn 5- oder 10-jährige Verjährung vereinbart ist, also diese und nicht nur die kurze 2-jährige Verjährungsfrist des § 13 Nr. 4 VOB/B, wie fälschlich immer wieder eingewendet wird.

Anders als bei einem zurückgenommenen oder zurückgewiesenen Beweissicherungsantrag ist es im Falle durchgeführter Beweissicherung auch nicht erforderlich, binnen 6 Monaten Klage zu erheben, wie früher einmal angenommen worden ist[15].

Bei Flachdächern mit 10-jähriger Gewährleistung kann diese durch ein nach 9 Jahren beantragtes Beweissicherungsverfahren also auf 19 bis 20 Jahre verlängert werden und, weil die Unterbrechung durch ein Beweissicherungsverfahren beliebig wiederholt werden kann, auch auf 25 bis 30 Jahre und mehr, so daß die rechtliche Gewährleistung in derartigen Fällen die technische Haltbarkeit und Lebenserwartung der Materialien weit überdauert. Ob der Unternehmer dann allein deshalb – z. B. wegen natürlichen Verschleißes – von seiner Gewährleistung frei wäre, ist meines Wissens noch nicht entschieden und vielleicht ein Punkt für die Diskussion.

---

[12] Rdn. 1073
[13] Seite 86
[14] Kroppen/Heyers/Schmitz, Rdn. 1075

[15] OLG Hamm, NJW 1965, 1535; dagegen dann im obigen Sinne BGHZ 53, 43 = NJW 19870, 419 = BauR 1970, 45

Die Nachbesserungsentscheidung zwischen Flickwerk und Totalerneuerung

Prof. Dr.-Ing. E. Schild, Aachen

Gerade bei genutzten Dachflächen und Terrassen – dem Rahmenthema unserer diesjährigen Veranstaltung – können Nachbesserungen, die einer teilweisen oder vollständigen Totalerneuerung gleichkommen, besonders hohe Kosten erforderlich machen, die oft bei weitem die Erstellungskosten übersteigen. Dem Bausachverständigen oder dem planenden Architekten, der über Art und Umfang einer Nachbesserung zu entscheiden hat, kommt hierbei eine besondere Verantwortung zu. Aus Beobachtungen über einen längeren Zeitraum hinweg ist festzustellen, daß auch in den Fällen **gleicher** Beurteilung über die Schadensursache verschiedene Sachverständige im gleichen Schadensfall zu unterschiedlichen Nachbesserungsvorschlägen bzw. -entscheidungen kommen.

Die Entscheidung über Art und Umfang der Nachbesserung eines Baumangels oder -schadens wird zunächst wesentlich von den bestehenden Vertragsverhältnissen zwischen Auftraggeber (Bauherr) und Auftragnehmer (Architekt, Handwerker o. ä.) beeinflußt, in vielen Fällen sogar bestimmt.

Es ist dabei zu unterscheiden zwischen Mängeln und Schäden, bei denen

a. noch Haftungsansprüche von seiten des Bauherrn bestehen

und

b. bei denen diese nicht oder nicht mehr geltend gemacht werden können.

Im Falle a. sind Mängel und Schäden so zu beseitigen,
– daß eine vertragsmäßige Erfüllung im Sinne der vereinbarten Ausführung hergestellt wird,
– daß das Bauwerk oder die Konstruktion die Tauglichkeit für den vorgesehenen Zweck auf Dauer uneingeschränkt wiedererlangt
und
– den anerkannten Regeln der Technik entspricht.

Herr Dr. Jagenburg hat 1983 in diesem Hause aus juristischer Sicht zur Frage des Anspruchs des Bauherrn auf vertragsmäßige Erfüllung im Sinne der vereinbarten Ausführung Stellung genommen. 1981 wurden von Herrn Professor Dr. Müller aber auch die Schranken des Nachbesserungsanspruchs bei

– Unmöglichkeit der Nachbesserung
– Unverhältnismäßigkeit des Kostenaufwandes für die Nachbesserung
– Unzumutbarkeit der Nachbesserung für den Besteller

und

– ggf. Mitwirkendes Verschulden des Bestellers

angesprochen.

Ich verweise auf die entsprechenden Veröffentlichungen ohne weiter darauf einzugehen, beziehe mich aber insoweit darauf, daß es auch bei Situationen a. Fälle geben kann, wo die Frage nach der Angemessenheit der Nachbesserung, insbesondere wenn es sich um die evtl. Notwendigkeit einer Totalsanierung handelt, beantwortet werden muß und wo Lösungsalternativen zu erwägen und zu überprüfen sind, die ggf. nur bedingt den geltenden Regelwerken entsprechen, jedoch als mängelfreie Nachbesserungen aus technischer Sicht angesprochen werden können. Ich beschränke mich bei den hierzu aufgeführten Beispielen ausschließlich und bewußt auf die Betrachtung aus **technischer** Sicht.

Als Beispiele für solche Lösungsalternativen stelle ich nachfolgend vor

○ Tür- und Wandanschlüsse von Dachflächen mit geminderten Konstruktionshöhen
○ Entscheidung über die Notwendigkeit einer Totalsanierung (d. h. Abräumen des gesamten Dachaufbaus und Neuaufbringung aller Schichten) eines Flachdach- oder Terrassenaufbaus mit durch Leckage durchfeuchteter Wärmedämmschicht.

Zum Beispiel 1

Auf die Problematik der Tür- und Wandanschlüsse von genutzten Dach- oder Terrassenflächen werden Herr Dahmen im 5. Vortrag bei der Betrachtung der **Regelwerke**, Herr Professor Zimmermann im 7. Vortrag der **Detailausbildung** noch vertieft eingehen.

tion ggf. mit zusätzlicher Änderung des Bodenaufbaus zu erreichen.

Die in Ausnahmefällen zulässige Verringerung der Anschlußhöhe auf mindestens 5 cm über Oberkante Belag in der vom Zentralverband des Deutschen Dachdeckerhandwerks vorgeschlagenen Form mit Gitterrost und Kastenrinne stellt dabei eine der denkbaren Lösungsmöglichkeiten dar.

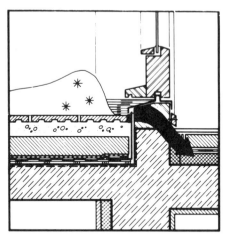

Bild 1

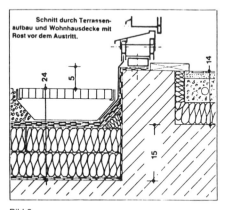

Bild 3

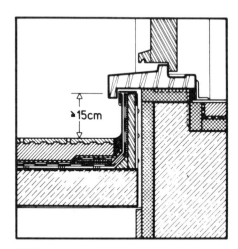

Bild 2

Die volle Türanschlußhöhe von 15 cm, die „in der Regel" über Oberfläche Belag angestrebt wird, wäre bei der Sanierung eines undichten, von Feuchtigkeit unterwanderten Türanschlusses nur durch Änderung der Tür und zusätzlichem Einbau einer neuen Schwellenkonstruk-

Diese hier gezeigte Anschlußlösung mit Rost vor dem Austritt hat sich seit längerer Zeit bewährt; sie stellt keine Ersatzlösung, sondern eine sichere Lösung dar. Die wichtigsten Gesichtspunkte, die zu der alten Forderung der Regelanschlußhöhe von Türen von 15 cm geführt hatte, waren die Sicherheit

- gegen Wasserstau bei verstopften Abläufen
- Winddruck
- Spritzwasserbeanspruchung
- Schlagregenbeanspruchung
- Schneematschbildung

Durch die Anbringung des Rostes und der darunter liegenden direkt entwässerten Kastenrinne wird diese Sicherheit nach allen bisherigen Erfahrungen gegeben, wenn zugleich Hebe- oder Laufschienen so konstruiert sind, daß

- die Abdichtungen oder Anschlußbleche **unter** sie geführt werden können,
- Entwässerungsöffnungen von Schlagregenschienen oder entwässerten Metallprofilteilen grundsätzlich nach außen entwässern,
- die oberen Kanten von Wetterschenkeln sich mindestens 3 cm in der Höhe überdecken.

Ist die Anbringung eines entwässerten Rostes mangels unzureichender Konstruktionshöhe nicht erreichbar – wie im Bild 4 dargestellt – ist hiermit eine gleichwertige Sicherheit nicht zuerreichen.

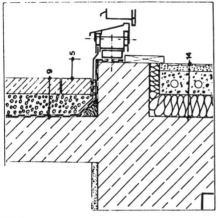

Bild 4

Die zuvor genannten Beanspruchungen ergeben dann ein Restrisiko, das ein Bauherr, der auf eine mängelfreie Ausführung unter vertraglicher Vereinbarung der heute geltenden Regelwerke Anspruch hat, nicht hinzunehmen braucht. Dies insbesondere auch deshalb, weil hier ein Entwässerungsgefälle vom Türanschluß weg fehlt und eine Ableitung des Wassers im unmittelbaren Türbereich nicht sichergestellt ist.

Wie wäre nun die Entscheidung des Sachverständigen oder des die Nachbesserung planenden Architekten zu werten, wenn er bei ausreichender Konstruktionshöhe zur Erstellung des Türanschlusses mit Rost und Entwässerung in unmittelbarer Türnähe (bei Einhaltung der 5 cm Anschlußhöhe) die Lösung gar nicht erwägt und mit sehr großem Aufwand

– Erneuerung oder Teilerneuerung der Türe,
– Veränderung des Bodenaufbaues und der Schwellenhöhe

auf einer Totalsanierung besteht?

Ich würde hierin eine Unverhältnismäßigkeit des Kostenaufwandes sehen, für die es keine Begründung gibt.

Zum Beispiel 2

Ich stütze mich bei dieser Betrachtung weitgehend auf die Veröffentlichung ,,Nachbesserung von Flachdächern" 1984 von Rogier-Lamers-Oswald-Schnapauff.

Die Abdichtung genutzter Dächer schützt beim Warmdachaufbau die darunterliegenden Schichten, also mit Ausnahme der Umkehrdachkonstruktionen auch die Wärmedämmschichten. Die Wärmedämmschicht wird bei Undichtigkeiten bei offenporigen Dämmaterialien unmittelbar durchfeuchtet. Bei geschlossenzelligen Dämmaterialien, z. B. extrudiertem Polystyrolschaum, und unverklebten Zwischenschichten kann aber bei anhaltender Einwirkung das eingedrungene Wasser auf dem Diffusionsweg über einen längeren Zeitraum hinweg auch in den geschlossenen Dämmstoffzellen gelangen und so das Dämmaterial mehr oder weniger durchfeuchten.

Bei der Sanierung von Flachdächern ist die Frage zu stellen, wie sich die eingedrungene Feuchtigkeit auf eine dauerhafte Funktionsfähigkeit der gesamten Dachkonstruktion auswirkt und insbesondere wie sich die Feuchtigkeit auf

– die Wärmedämmfähigkeit des Dämmstoffes und
– die Beständigkeit des Dämmstoffes und angrenzender Bauteilschichten auswirkt.

Schließlich ist für eine Beurteilung der Sanierungsentscheidung noch von Bedeutung

– in welchem Zeitraum mit einem Austrocknen der eingedrungenen Nässe zu rechnen ist.

Das Bild 5 zeigt den praktischen Feuchtegehalt von Dämmstoffen nach DIN 4108. Auf der Abbildung 6 sind die Veränderungen der Wärmeleitfähigkeit in Abhängigkeit vom Feuchtigkeitsgehalt von UF-Schaum, PS-Schaum und PUR-Schaum dargestellt. In der mittleren Kurve ist der untersuchte Polystyrolschaum mit einer Trockenrohdichte von 19 kg/m^3 erfaßt. Der Wärmedurchlaßwiderstand einer 6 cm dicken Dämmschicht aus diesem Material beträgt 1,5 m^{2}K/W. Eine extreme Durchfeuchtung dieser Dämmschicht mit 6 l Wasser/m^2 ergibt einen volumenbezogenen Feuchtegehalt von **10 Vol%** mit einem Wärmedurchlaßwiderstand von 1,22 m^{2}K/W. Dies heißt: Der Wärmedämmwert würde bei diesem Beispiel um 22,8% verschlechtert.

Schaumglas	0 Gew.%
anorganische lose Schüttung	
mineralische Faserdämmstoffe	5 Gew.%
Schaumkunststoffe	
Korkdämmstoffe	10 Gew.%
pflanzliche Faserdämmstoffe	15 Gew.%

9 Praktischer Feuchtegehalt von Dämmstoffen nach DIN 4108, T4

Bild 5

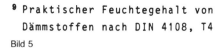

Bild 6

Trotz dieses relativ hohen Feuchtigkeitsgehalts liegt der Wärmedurchlaßwiderstand noch über den Anforderungen des Mindestwärmeschutzes für Dächer nach DIN 4108.

Die Zahlenwerte belegen, daß nur in extremen Situationen die Herabminderung des Wärmedämmwertes den ausschlaggebenden Grund für den Ersatz für die durchfeuchtete Dämmung bilden kann.

Kurzzeitig einwirkende qualitativ wesentlich geringere Feuchtigkeitsmengen beeinflussen die Dämmfähigkeit in nur sehr geringem Umfange. Vom Sachverständigen muß erwartet werden, daß er hierzu möglichst genaue Untersuchungen anstellt.

Die Fälle, wo vom Sachverständigen nur eine visuelle Überprüfung oder eine Handprobe als Grundlage einer Beurteilung der Feuchtigkeitsmengen herangezogen werden, müßten vorbei sein. Auf gar keinen Fall darf eine solche nicht aussagekräftige Feststellung Grundlage für die Entscheidung sein, ob die Dachfläche total abgeräumt oder nur begrenzt saniert zu werden braucht.

Sehr viel mehr Spielraum, aber auch ein hohes Maß von Verantwortung besteht für den die Sanierung planenden Architekten, wenn der Fall b. eintritt, bei dem vom Bauherrn nicht oder nicht mehr Haftungsansprüche geltend gemacht werden können.

In diesen Fällen erwartet der Bauherr einen Sanierungsvorschlag, der insbesondere kostengünstig ist und im Rahmen aller denkbaren Lösungsmöglichkeiten auch solche Vorschläge untersucht, die ggf. nicht in voller Übereinstimmung mit geltenden Regelwerken stehen, die ggf. eine Minderung des Qualitätsstandards bedeuten und ggf. auch ein Restrisiko bei selten auftretenden extremen Beanspruchungen hinnehmen.

Dies möchte ich an Beispielen verdeutlichen.

In einer westdeutschen Stadt zeigten sich im Bereich einer Fußgängerzone mit dort gelegenen Geschäften Durchfeuchtungsschäden in den begangenen Flächen, insbesondere aber an den Dichtungsanschlüssen zu den Schaufensterbrüstungen, zu den Wand- und Türanschlüssen.

Schwere Durchfeuchtungen an diesen Anschlüssen mit Wassereintritt in die Ladenlokale kennzeichneten die Schäden.

Je nach unterschiedlichem Bauzustand, verbleibenden Anschlußhöhen und individuellen konstruktiven Besonderheiten sollten diese Mängel unter weitgehendster Erhaltung der alten Bausubstanz beseitigt werden.

Es mußten alternative Nachbesserungsmöglichkeiten erarbeitet werden.

Dabei stellte sich als Hauptproblem die Notwendigkeit, die Sockelanschlüsse und Schaufensterkonstruktionen möglichst weitgehend zu erhalten und trotzdem möglichst sichere Anschlüsse mit geringen Risiken zu erreichen.

Situation 1

Es ist ein intaktes Schaufensterprofil, rostfrei und lückenlos erhalten. Hier war die Möglichkeit einer ausreichenden Aufkantungshöhe von 15 cm gegeben. Es konnte ein ausreichendes Gefälle von der Schaufensterebene weg angelegt werden.

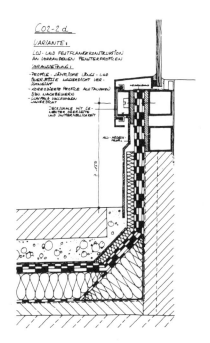

Bild 7

Situation 2

Das Schaufensterprofil ist völlig verrottet. Die verbleibende Aufkantungshöhe ist darüber hinaus völlig unzureichend. Eine Sanierung der Schaufenster ist nicht möglich. Das Schaufenster muß erneuert werden, bei gleichzeitiger Veränderung der Anschlußhöhe.

Die Aufkantung wird hinter die Schaufensterebene zurückgelegt. So wird ein Hinterfahren der wasserführenden Ebene erreicht. Der vertikale Styroporstreifen dient zur Verhinderung einer Zerstörung der Dichtung durch horizontale Bewegungen (Schieben des Belages).

Bild 8

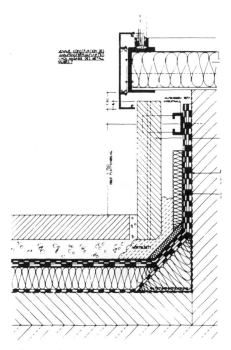

Bild 9

Bild 10

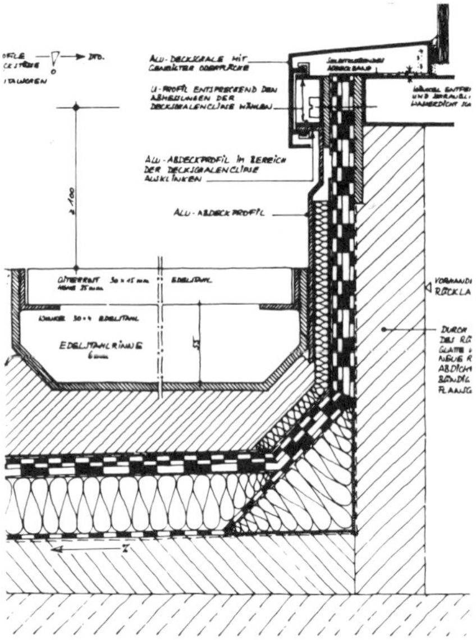

Situation 3

Der vorhandene Anschluß liegt zu tief. Das Schaufensterprofil ist intakt und wird zur Dichtungsaufkantung benutzt. Bei einer verbleibenden Anschlußhöhe von ca. 10 cm wird eine Rinne mit Entwässerung direkt vor die Fassadenebene gelegt. Die Abdichtung wird vertikal vor einer standfesten Rücklage hochgeführt.

Durch die Rinne mit aufgelegtem Rost wird das verbleibende Restrisiko gegenüber einer den Regelwerken voll entsprechenden Ausführung nahezu voll aufgehoben.

Situation 4

Hier liegt ein weiterer Sonderfall vor. Der Schaufensteranschluß zeigte sich zunächst dem äußeren Augenschein nach als in Ordnung befindlich und mit ausreichender Anschlußhöhe versehen. Nach dem weiteren Freilegen zeigte sich jedoch, daß die Aufkantung wesentlich tiefer lag und keine ausreichende Höhe aufwies. So blieb nur eine Möglichkeit der Anschlußabdichtung mit reduzierter Höhe auf rd. 5 cm. Die Abdichtung wurde an einer standfesten Rücklage hochgeführt. Über einer entwässerten Rinne wurde ein Rost eingelegt.

Bild 11

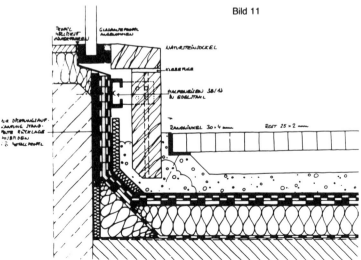

Bild 12

Situation 5

Als besonders problematisch erwies sich die Sanierung eines völlig verrotteten Dichtungsanschlusses eines niveaugleichen Anschlusses an eine Geschäftseingangstüre, die sich dazu noch in einer relativ ungeschützten Lage befand.

Bild 13

Hier mußte die Dichtung in den Innenraum des Ladens hereingezogen werden, die Tür wurde unterfahren. Zur Abwendung von Feuchtigkeitsunterwanderungen auf kapillarem Wege wurde der obere verbleibende Hohlraum im Inneren mit Asphalt ausgezogen. Auch liegt vor der Tür eine entwässerte Rinne, die mit einem stabilen Rost abgedeckt ist.

Der Türpfosten wird unten abgeschnitten und durch die nach hinten geführte Abstrebung befestigt. Damit liegt die Befestigung der Abstrebung hinter der Dichtungsaufkantung. Die Dichtung kann auch seitlich des Pfostens aufgekantet werden. Die rechts oben im Bild befindliche Isometrie verdeutlicht diese Situation.

Auch hier ist festzustellen, daß – allerdings mit erheblichem Aufwand – die Eingangssituation ebenerdig und niveaugleich erhalten bleibt, ohne die Sicherheit der Abdichtung zu reduzieren.

Die Beispiele in diesen fünf unterschiedlichen Situationen sollten stellvertretend für beliebig viele denkbare Einzellösungen verdeutlichen, daß nach Erfassung der jeweiligen Gegebenheit über den Weg einer Analyse der Beanspruchung adäquate Lösungen gefunden werden können, die sich von der vereinfachten Betrachtungsweise der Verwirklichung der „Regelausführung" ohne Wenn und Aber mit einer Anschlußhöhe von 15 cm über OK Belag lösen, ohne die dauerhafte Funktionsfähigkeit des Anschlusses zu gefährden.

Die an sich verständliche Haltung eines Sachverständigen oder Planers bei der Sanierungsentscheidung möglichst sein eigenes Haftungsrisiko zu reduzieren, darf – so glaube ich – nicht dazu führen, alle denkbaren sachgerechten

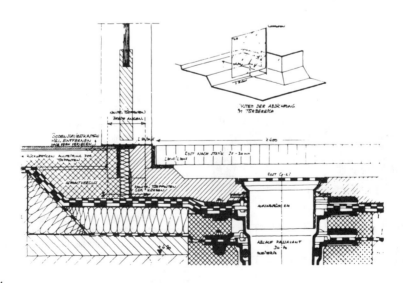

Bild 14

Alternativen (neben oder anstelle der „Regel"-Lösung) aus Gründen der Sicherheit außer Acht zu lassen. Dies würde ggf. die Hinnahme ungerechtfertigter Aufwendungen und damit nicht vertretbarer Kosten für eine Totalerneuerung bedeuten.

Lassen Sie mich noch auf ein weiteres Problem eingehen, das mit der Frage der Kosteneinsparung und der Ausführung von Einfachlösungen mit geringerem Standard zusammenhängt. Hierzu möchte ich zwei Beispiele geben.

Beispiel 1

Ein großer Wohnblock war mit vor den Wohnungen vorgelagerten Laubengängen und Loggien versehen, die sich in relativ geschützter Lage und nicht in Richtung zur Hauptwetterseite befanden.

In Abweichung von den Regelwerken waren diese Loggien und Laubengänge nicht mit einer Bahnenabdichtung versehen. Die Boden- und Brüstungselemente bestanden aus vorgefertigten Beton B 25, der jedoch nicht den Anspruch an wasserundurchlässigen Beton erfüllte.

Auf diesen Betonplatten waren die Bodenplatten im Sandbett verlegt, an den Betonplattenstößen waren Dichtungsbahnstreifen ausgelegt, die nur an drei Stellen im gesamten Gebäudekomplex (bei acht Geschossen mit vorgelagerten Laubengängen) örtlich begrenzte Undichtigkeit mit Wasseraustritt erkennen ließen.

Es fehlte also (mit Ausnahme von über den Fugenbereichen angetroffenen ca. 22 cm breiten Dichtungsbahnen) eine durchgehende Abdichtung mit Anschlüssen an allen aufgehenden Bauteilen u. Durchdringungen. Die ausge-

Bild 15

führten Anschlüsse waren weder in den vor der Besichtigungszeit liegenden Jahren hinterlaufen worden, noch zeigten sich bei der Ortsbesichtigung Spuren solchen Überlaufens.

Es muß allerdngs erwähnt werden, daß die Dimensionierung der Einläufe ausreichend war. Zusätzliche Sicherheitsüberläufe fehlten, wurden aber nachträglich angelegt.

Die von der Regel abweichende Mischung des Mörtelbettes, Mischungsverhältnis etwa 1:10 (gegenüber nach Regelwerken etwa zu fordern 1:4) hatte offensichtlich den Vorteil gehabt, daß hierdurch keine Ausschwemmungen und/oder Auffrierungen eingetreten waren. Die Druckfestigkeit war geringer als üblich, hatte aber über 5 Jahre Standzeit hinweg offensichtlich ausgereicht, den tatsächlichen Beanspruchungen Stand zu halten.

Nun ist die Einhaltung von DIN-Bestimmungen zunächst nur ein Anhalt, daß bei der Erfüllung die anerkannten Regeln der Technik eingehalten werden. Es ist die Frage zu stellen, ob angesichts der besonders geschützten Lage und der relaiv geringen Wasserbeanspruchung nicht auch eine andere, einfachere (und dazu wesentlich kostengünstigere) Lösung auf Dauer den tatsächlichen Beanspruchungen gerecht werden kann, die auch mängelfrei bleibt.

Seit der Erstellung des Bauwerks waren offensichtlich nur sehr begrenzte und örtlich definierbare (– und mühelos nachbesserbare –) Schäden aufgetreten, die auch tatsächlich mit geringem Aufwand nachgebessert werden konnten.

Beispiel 2

Bei einer Konstruktionshöhe des Bodenaufbaues im Terrassenbereich von 14 cm waren 60 mm Wärmedämmung, Abdichtungsbahn, 30 mm Kies und 50 mm Plattenbelag verlegt worden, so daß die Höhe des Belages mit seiner Oberkante fast 1 cm oberhalb des Türschwellenanschlusses abschloß. Vor der Türe sollte ein Kiesstreifen das Spritzwasser abhalten und ein Unterlaufen des Türanschlusses verhindern. An allen Türen traten Feuchtigkeitsschäden auf.

Eine Überprüfung der Abdichtungsebene aus Dachbahnen aus PVC-Weich in einer Dicke von 0,85 mm zeigte zahlreiche Leckstellen durch Perforation und Risse. In jedem Falle mußte also neben dem Anschlußproblem an den Türen auch die Abdichtung saniert werden.

Wegen der geringen Konstruktionshöhe wurde der Schichtenaufbau eines Umkehrdaches mit folgendem Schichtenaufbau gewählt:
- Polyestervlies 3 mm
- PVC-weich-Abdichtungsbahn 1,5 mm
- Wärmedämmplatten 50 mm aus extrudiertem Polystyrol
- Polyestervlies 3 mm
- mit den Platten (auf Stelzlager verlegt) in gleicher Höhe Gitterroste verlegt.

Bild 16

Die kostenaufwendige Erneuerng der Fenstertüren konnte entfallen, hier unter Hinnahme einer Reduzierung der Anschlußhöhe Oberkante Plattenbelag/Türanschluß auf 10 mm.

Durch den Schichtaufbau eines Umkehrdaches mit darüberliegenden aufgestelzten Platten mit offenen Fugen wurde jedoch eine relativ schnelle und sichere Wasserabführung (bei klarem Gefälle vom Türanschluß weg) erreicht.

Die gezeigten Beispiele zur Nachbesserungsentscheidung haben nicht den Anspruch auf alleinige Gültigkeit, sie sind als Anregung zur gründlichen Abwägung im Einzelfall zu verstehen.

Ohne weiteres Abwägen, Analysieren der Beanspruchungen, Untersuchungen von Alternativen sollte die Totalerneuerung allein mit dem Ziel, eine volle Übereinstimmung mit den Regelwerken zu erlangen, nicht vorgenommen werden.

Zur Funktionssicherheit von Dächern
– Gedanken zur Konzeption und Bewertung –

Dr.-Ing. Rainer Oswald, Aachen

1. Grundüberlegungen zur Funktionssicherheit

Es ist eine alltägliche Erfahrung, daß Gebrauchsgegenstände – sei es ein Haushaltsgerät, ein Auto oder ein Haus – die bei erster Benutzung voll funktionsfähig waren, diese Funktionsfähigkeit verschieden lange behalten: Die Funktionssicherheit oder Schadensanfälligkeit von Gebrauchsgegenständen kann unterschiedlich sein. Das Maß der Funktionssicherheit ist neben den unmittelbaren Nutzungseigenschaften ein wichtiges Qualitätskriterium.

Ein Bauteil ist dann mit hoher Funktionssicherheit konstruiert, wenn es nicht nur „gerade eben" bei durchschnittlicher Beanspruchung für die Dauer der Gewährleistungsfrist funktioniert, sondern auch unter ungünstiger Beanspruchung und bei überlagerter Einwirkung mehrerer ungünstiger Umstände bei sachgemäßer Wartung während der üblichen Standzeit nicht versagt. Negativ ausgedrückt besitzt ein Bauteil mit hoher Funktionssicherheit eine geringe Schadensanfälligkeit. Diese läßt sich als Zahlenwert angeben: Treten z. B. während einer 10jährigen Standzeit auf 1000 Anwendungsfälle 3 Versagensfälle ein, so beträgt die Schadensanfälligkeit 0,3% für a = 10. Grundsätzlich kann man das Versagen eines Bauteils als Reaktion von außen oder innen einwirkende Kräfte auffassen. Gäbe es keine einwirkenden Kräfte oder würden Bauteile auch extremste Beanspruchungskombinationen ohne Veränderung ertragen, so gäbe es keine Schäden.

Alle Maßnahmen zur Erhöhung der Funktionssicherheit zielen daher darauf ab, die Beanspruchungen möglichst klein zu halten und die Konstitution der Bauteile durch Materialwahl und Konstruktion den zu erwartenden Beanspruchungen langfristig anzupassen.

Dazu zählen im einzelnen:
- Maßnahmen zur Minderung der Intensität der Umwelteinflüsse;
- Maßnahmen zur Minderung der Nutzungseinflüsse;
- Maßnahmen zur Minderung der Beanspruchung durch angrenzende Bauteile;
- Verwendung von bewährten Materialien mit bekannten Materialeigenschaften;
- Konzeptionen, welche die Funktionsfähigkeit möglichst wenig vom Grad der handwerklichen Sorgfalt bei der Ausführung abhängig machen.

Hinsichtlich der notwendigen Anforderungen an den Grad der Schadensanfälligkeit läßt sich ganz allgemein formulieren:
- Je schwerwiegender die Schadensfolgen sind, um so kleiner darf die Schadensanfälligkeit sein;
- je geringer der Aufwand zur Schadenserkennung und Schadensbeseitigung ist, um so größer kann die Schadensanfälligkeit sein.

Im folgenden sollen diese Grundüberlegungen auf die Konzeption von Abdichtungsmaßnahmen bei Dächern angewendet werden.

2. Flachdach und Steildach; Dachabdichtung und Dachdeckung

Spricht man mit Bauherren über die Funktionssicherheit von Dächern, so wird häufig die Frage aufgeworfen, ob es denn überhaupt möglich sei, Flachdächer dauerhaft dicht herzustellen – mir sind große Bauherren bekannt, die prinzipiell nur noch Steildächer realisieren, wenn es eben die Ortssatzung zuläßt. Ich will die Frage beantworten, indem ich die eben aufgezählten Kriterien anwende.

Als „Flachdächer" sind Dächer mit weniger als 22° Neigung einzustufen; also alle Dachflächen, die nicht ohne Zusatzmaßnahmen mit den üblichen schuppenförmigen Dachbelägen versehen werden können. Gemäß DIN 18 338 sind Flachdächer ab einem Gefälle als 5° mit „Dachabdichtungen" zu versehen, während stärker geneigte Dächer eine „Dachdeckung" erhalten. DIN 18 338 führt weiter zu diesen Begriffen aus: „Die Dachdeckungen müssen regensicher, die Dachdichtungen wasserdicht hergestellt sein..." Die Begriffe „wasserdicht" und „regensicher" werden dabei nicht näher erläutert. Geht man davon aus, daß selbstverständlich auch bei Dächern mit Dacheindeckungen die genutzten Räume im Gebäudeinneren vollständig gegen eindringende Niederschlagsfeuchte geschützt sein müssen, so kann der Begriff „regensicher" nur bedeuten, daß bei Dächern mit Dachdeckungen davon ausgegangen wird, daß die Dichtigkeit des gesamten Dachquerschnitts nicht von der Eindeckung allein, sondern bei besonders starken Beanspruchungen auch von weiteren, innenliegenden Dachschichten erbracht wird. Bei diesen weiteren innenliegenden Schichten handelt es sich zum einen um Unterspannbahnen oder Unterdächer, die bei starker Beanspruchung eingedrungene Feuchtigkeit an den Fußpunkten wieder nach außen ableiten müssen und zum anderen um Belüftungsschichten, die einmal eingedrungene, nicht ablaufende Feuchtigkeit abtrocknen lassen. Dächer mit Dachdeckungen sind daher wie Außenwände mit hinterlüfteten Bekleidungen nach dem Prinzip der zweistufigen Dichtung konzipiert. Derartige Konstruktionen sind nicht auf die mit sehr hoher handwerklicher Sorgfalt hergestellte vollständige Dichtigkeit der durch die Klimaschwankungen stark beanspruchten äußeren Schale angewiesen und allein aus diesen Gründen bereits geringer schadensanfällig als andere Konstruktionsprinzipien. Die Einwirkungsdauer von Niederschlägen ist auf geneigten Flächen deutlich geringer als auf gefällelosen Flächen. Von schuppenförmigen Eindeckungen werden weiterhin Bewegungen des Untergrunds ohne schwere Schadensfolgen aufgenommen. Auch dies spricht für eine geringere Schadensanfälligkeit. Undichtigkeiten in Dächern mit Dachdeckungen werden meist schneller im Gebäudeinneren bemerkt und haben daher meist geringere Schadensfolgen. Die Undichtigkeitsursache ist meist leichter zu orten und einfacher zu beheben. Neben der geringeren Schadensanfälligkeit sind also auch die Anforderungen an die Funktionssicherheit aufgrund der geringeren Schadensfolgen und der einfacheren Nachbesserung niedriger einzustufen.

Trotz dieser langen Liste positiver Eigenschaften des geneigten Daches wäre es falsch, daraus grundsätzlich auf eine mangelhafte Eignung der Flachdächer zu schließen. Der gelegentlich geforderte generelle Verzicht auf „Flachdächer" würde nicht nur die erstrebenswerte Nutzung und intensive Begrünung von Dächern unmöglich machen. Eine solche Forderung ist auch unsinnig, da es unter Beachtung der im folgenden dargestellten Kriterien selbstverständlich möglich ist, dauerhaft funktionsfähige Flachdächer zu konstruieren, es wird allerdings vom Planer ein höheres Maß an Sachkenntnis und vom Handwerker höheres Können verlangt.

3. Konstruktionsgrundsätze für funktionssichere Flachdächer

Meist wirkt die durch Undichtigkeiten in die Schichten eines Flachdachs eindringende Feuchtigkeit zunächst langanhaltend auf die Dämmschicht des Daches ein und hat häufig lange Sickerwege, bis sie an Rändern oder Fehlstellen der Dampfsperre nach innen austritt und bemerkbar wird. Der Aufwand zur Ursachenermittlung und zur Schadensbeseitigung ist daher meist hoch. Dies trifft besonders für Dächer zu, die hochwertige oder nur mit großem Aufwand zu entfernende Oberflächenschichten, also Geh- oder Fahrbeläge oder intensive Bepflanzungen aufweisen.

Grundsätzlich sind daher an die Funktionssicherheit besonders von genutzten Flachdächern sehr hohe Anforderungen zu stellen.

3.1. Gefällegebung und Entwässerungskonzept

Dachflächen sind nicht völlig eben herstellbar, da Maßtoleranzen, Durchbiegevorgänge der Deckenbauteile und Dickenversprünge an Bahnenstößen und Einklebestellen von Einläufen nicht vollständig vermeidbar sind. Gefällelose Dächer weisen daher grundsätzlich Bereiche mit Gegengefälle auf, in denen Wasser steht. Man sollte daher nicht von „gefällelosen" Dächern, sondern von Dächern „ohne geplantes Gefälle" sprechen. Im Bereich von stehendem Wasser kann selbst durch kleinste Undichtigkeiten eine große Wassermenge eindringen, da langanhaltend Wasser unter Druck einwirkt. Dächer ohne geplantes Gefälle bzw. bewußt wasserüberschüttete Dächer weisen daher eine hohe Wasserbeanspruchung auf, stellen extrem hohe Anforderungen an die handwerkliche Sorgfalt des Herstellers und die dauerhafte Dichtigkeit der Dichtungsschicht. Sie sind daher schadensanfällig. Die grundsätzliche Einplanung eines im Untergrund der Dachabdichtung angelegten Mindestgefälles von 3% sollte daher als Konstruktionsregel gelten, von der nur in Ausnahmefällen aus schwerwiegenden Gründen abgewichen werden sollte.

Es versteht sich von selbst, daß eine funktionsfähige Gefälleplanung an allen Tiefpunkten Entwässerungseinrichtungen voraussetzt; häufig bleibt unberücksichtigt, daß durch Einzeleinläufe entwässerte Rinnen und Kehlen in Gefällefläche ebenfalls ein Quergefälle zum Einlauf hin aufweisen müssen, damit nicht in den Bereichen zwischen den Einläufen Tiefpunkte mit stehendem Wasser entstehen.

Zu einer sorgfältigen Gefälle- und Entwässerungsplanung mit hohem Sicherheitsgrad gehört es weiterhin, alle besonders schwierig herzustellenden An- und Abschlüsse und Durchdringungen – besonders auch die Dehnungsfugen – als Hochpunkte auszubilden und daher möglichst leicht wartbar zu machen.

Man verschließt allerdings die Augen vor den Alltagsproblemen der Praxis, wenn man lediglich auf die Vorteile einer Gefällgebung hinweist. Zu den Nachteilen einer Gefällegebung zählen:

- Größere Konstrunktionshöhe und größerer Materialaufwand zur Herstellung der gefällegebenden Schichten;
- größere Einlaufzahl und Zwänge bei der Lage der Einläufe und Leitungen, wenn bei größeren Flächen die Konstruktionshöhe beschränkt werden soll;
- kompliziertere Herstellung der mit Graten und Kehlen versehenen Schichten;
- ggf. Gefahr des Abrutschens von Bahnen oder Belegen.

Die Gefällegebung muß daher in sehr frühem Planungsstadium mit bedacht werden, wenn es nicht zu erheblichen Problemen während der Realisation kommen soll.

Die aufgezählten Nachteile machen es auch verständlich, warum sich die Regelwerke nicht eindeutig und kategorisch für eine Mindestgefällegebung aussprechen. Die häufig dem Sachverständigen gestellte Frage, ob das Fehlen des Gefälles als Mangel anzusehen ist, muß daher je nach konstruktiver Situation im Einzelfall entschieden werden: So ist stehendes Wasser im Mörtelbett eines Balkonbelages aufgrund der Ausblüh- und Frostabplatzungsfolgen mit Sicherheit nicht zu akzeptieren (das Merkblatt „Bodenbeläge aus Fliesen und Platten außerhalb von Gebäuden" des Zentralverbandes des Deutschen Baugewerbes ist daher auch eine der wenigen Regeln, die relativ eindeutig ein Mindestgefälle der Dichtungsebene vorschreibt), während einzelne Pfützen unter dem Kiesbett eines nicht genutzten Flachdachs insbesondere dann keinen Mangel darstellen, wenn die Gefällegebung mit erheblichem Mehraufwand oder Komplikationen verbunden gewesen wäre.

3.2. Lagenzahl und Dachabdichtung

Die Regelwerke zur Dachabdichtung machen die Lagenzahl vom Grad der Beanspruchung abhängig. Mehrlagige, vollflächig miteinander verklebte Dichtungsbahnen weisen grundsätzlich einen höheren Sicherheitsgrad hinsichtlich der Auswirkung von handwerklich- oder herstellungsbedingten Fehlstellen auf, als einlagige Bahnenabdichtungen: Es ist nämlich außerordentlich unwahrscheinlich, daß die zufällig verteilten Fehlstellen der einzelnen Lagen genau übereinander zu liegen kommen und eine durchgehende Undichtigkeit entsteht. Wichtig ist die Erkenntnis, daß die positiven Auswirkungen einer Mehrlagigkeit nur wirksam wird, wenn die Lagen vollflächig miteinander verbunden sind, da sonst das Wasser zwischen den Lagen von der oberen Fehlstelle zu einer unteren Fehlstelle sickern kann. Eine einlagige Überklebung mit Trennlage zur Sanierung eines schadhaften Daches ergibt daher keine Konstruktion mit dem Sicherheitsgrad einer mehrlagigen Abdichtung.

Bei einlagigen Abdichtungsverfahren muß dem erhöhten Fehlstellenrisiko durch besonders sorgfältige Arbeit oder Vorfertigung und besonders zusätzliche Kontrollverfahren nach der Verlegung entgegengewirkt werden. Dies setzt besonders verläßlich arbeitende Firmen voraus. Muß mit unbekannten Firmen gearbeitet werden, so stellen mehrlagige Bahnenabdichtungen mit großer Wahrscheinlichkeit ein geringeres Risiko dar.

3.3. Schutzschichten

Durch schwere Schutzschichten (Kiesschüttungen, Gehbeläge über Schutz- und Trennlagen; Bepflanzungen über Wurzelschutzbahnen) werden die klimatischen Wechselbeanspruchungen und auch die mechanischen Beanspruchungen des Daches wesentlich vermindert und damit die Lebensdauer des Daches erheblich verlängert. Flachdächer auf Gebäuden, die für eine lange Lebensdauer konzipiert sind, sollten daher derartige Schutzschichten erhalten. Umkehrdachkonstruktionen sind als besonders gut wirkende Schutzschichten einzustufen.

Schutzschichten allein können allerdings kein Dach voll funktionsfähig machen: Auf mangelhaft abgedichteten Dächern sind Schutzschichten eher hinderlich, da sie die laufende Kontrolle und Nachbesserung des Daches erschweren.

Es ist jedoch zu bedenken, daß von den Schutzschichten selbst wieder ein Beschädigungsrisiko ausgehen kann: Schutzstriche ohne elastisch geschlossene Randfugen beschädigen die Dichtungskehlen; Plattenbeläge auf scharfkantigen oder zu kleinen Stelzlagern perforieren die Abdichtung.

Abb. 1 Maßnahmen zur Erhöhung der Funktionssicherheit von genutzten Dachflächen:

Verminderung der Beanspruchung

Wasser:
– Gefällegebung
– Entwässerungskonzept
– Aufkantungshöhen

Wärme/UV-Strahlung:
– Schutzschichten
– Abdeckungen
– Dämmungen

Nutzung:
– Lastverteilung
– formstabile Dämmung
– Spatenschutz
– Wurzelschutz

Verminderung Einwirkung der angrenzenden Bauteile:
– Trennlagen
– Randdehnungsfugen
– keine eingeklebten Bleche
– keine Schutzestriche

Verminderung Abhängigkeit von Ausführungsqualität/Sorgfalt:
– Mehrlagigkeit oder vor konfektionierte Bahnen
– stetige Untergründe
– Randabstand Durchdringungen

Erprobte Materialien

3.4 Detailpunkte

Die Dachränder und Dachdurchdringungen bilden in der Regel die schwerwiegendsten Schwachstellen eines Daches überhaupt, es gilt: ,,Die Funktionsfähigkeit eines Daches ist nur so gut wie die Funktionsfähigkeit seiner Anschlüsse." Unter anderem sollten folgende Grundsätze gelten:

– An allen Rändern ist eine ausreichende Aufkantungshöhe der Dachabdichtung über Oberkante Schutzschicht oder Belag (10 bzw. 15 cm) sicherzustellen (über mögliche Sonderregelungen z. B. bei Türschwellen kann hier nicht gesprochen werden).
– Die Aufkantungen sollten aus dem gleichen Material wie die Dachabdichtung hergestellt sein, es sollten also möglichst keine Bleche zur Randabdichtung bituminöser Dächer verwendet werden, Bleche sollten nur als Abdeckungs- und Schutzschicht Verwendung finden.
– Die Aufkantungen sollten wasserdicht verwahrt werden und müssen alle wasserführenden Schichten der aufgehenden Bauteile hinterfahren.
– Bei der Anordnung und Gestaltung von Kehlen, Graten und Durchdringungen ist die handwerkliche Machbarkeit der Dachabdichtung zu berücksichtigen: So sollten Kehlen durch Keile ausgerundet werden und sollten Durchdringungen mind. 50 cm von anderen Aufkantungen und Anschlüssen entfernt liegen.

Die vorstehende Abbildung faßt die angesprochenen Aspekte zusammen. Mir kam es nicht darauf an, eine vollständige Darstellung der Konstruktionsprinzipien von Dächern zu bieten. Ziel der Darstellung war es vielmehr, typische Einflußfaktoren aufzuzeigen, die die dauerhafte Funktionsfähigkeit von Dächern bestimmen. Die sinngemäße Anwendung dieser Grundprinzipien im jeweiligen Einzelfall kann mit Sicherheit einen Beitrag zur Realisierung von wenig schadensanfälligen, dauerhaft dichten Flachdächern bilden.

4. Bestimmung und Beurteilung der erforderlichen Funktionssicherheit

Sehr viele Maßnahmen zur Erhöhung der Funktionssicherheit sind in Regelwerken niedergelegt und zählen zu den allgemein anerkannten Regeln der Bautechnik. Hierzu zählen z. B. die Festlegungen über die Aufkantungshöhe von Abdichtungen an aufgehenden Bauteilen oder über die Anzahl und das Material der Abdichtungslagen. Die Bestimmung der erforderlichen Funktionssicherheit des mangelfreien Bauteils von ,,gewöhnlicher" Beschaffenheit – des Sollzustands – ist in solchen, eindeutig durch Regelwerke definierten Fällen einfach. Bei anderen Merkmalen – so z. B. hinsichtlich der Gefällegebung der Abdichtung (siehe Abschnitt 3.1) – ist der ,,Sollzustand" nicht immer in Regelwerken eindeutig definiert. Es bedarf dann der sachkundigen Entscheidung im Einzelfall, welche Funktionssicherheit das mangelfreie Werk aufweisen muß. Diese Entscheidung wird sich daran zu orientieren haben, wie wahrscheinlich ein Schadenseintritt ist und wie schwerwiegend die Schadensfolgen sind. So wird die Pfützenbildung auf einer Abdichtung ohne geplantes Gefälle bei Gehbelägen im Mörtelbett mit großer Wahrscheinlichkeit zu Schäden führen, die nach einiger Zeit den Belag unbenutzbar machen, während die gleiche Pfützenbildung innerhalb eines Kiesbetts ohne besondere Folgen bleibt. Das Fehlen eines Gefälles wäre daher nur in der Anwendungssituation mit Gehbelag im Mörtelbett eindeutig als Mangel zu bewerten.

Aus dem Dargestellten ergibt sich verallgemeinernd, daß eine von den allgemein anerkannten Regeln der Bautechnik negativ abweichende Ausführung ohne offensichtliche Schadensfolgen zum Zeitpunkt der Beurteilung im Grunde genommen nicht wegen der formalen Abweichung von den Regeln einen Mangel begründet, sondern der technische Mangel meist in der Minderung der Funktionssicherheit zu suchen ist. Das Qualitätsniveau des Bauteils ist damit gesenkt.

Noch schwieriger als die Frage nach dem Sicherheitsgrad des Sollzustandes ist häufig die Frage zu beantworten, welche Konsequenzen denn nun aus der festgestellten Abweichung vom Sollzustand bei Gewährleistungssituation zu ziehen sind.

Wie ist es z. B. zu beurteilen, wenn der Anschluß einer Dachabdichtung an eine Vormauerschale nicht – wie in den Regelwerken festgelegt – 15 cm, sondern nur 11 cm über die Oberkante des Gehbelages hochgeführt ist?

Rechtfertigt dieser, die Funktionssicherheit des Anschlusses mindernde Mangel aufwendige Nachbesserungsmaßnahmen wie das nachträgliche Höherlegen der Fußpunktabdichtung in der Verblendschale?

Sicher ist, daß grundsätzlich der gesetzliche Anspruch auf (Wieder-)Herstellung eines mangelfreien Werks besteht. Sicher erscheint mir jedoch auch, daß Überlegungen über die Verhältnismäßigkeit zwischen Mangel und Nachbesserungsaufwand nicht nur rein juristischer Natur sind, sondern auch vom Sachverständigen getroffen werden müssen, nur er nämlich kann die technische Bedeutung des Mangels und die Art und den Aufwand zur Nachbesserung beurteilen. Der Sachverständige hat daher wesentlich daran mitzuwirken, wo der Grenzstrich zwischen einer Beseitigung des Mangels durch Nachbesserung und einer angemessenen Berücksichtigung des Mangels durch einen Minderwert zu ziehen ist und er hat weiterhin selbstverständlich den Minderwert zu beziffern.

Wie bereits ausgeführt, hat sich die Beurteilung des notwendigen Sicherheitsgrades und damit auch die Beurteilung einer Abweichung vom Sollzustand an den Schadensfolgen und an der Wahrscheinlichkeit des Schadenseintritts zu orientieren. Diese Wahrscheinlichkeit ist jedoch – wie ebenfalls bereits erläutert wurde – wesentlich von der Beanspruchungsintensität und den konstruktiven Rahmenbedingungen abhängig. Dies sei am angesprochenen Beispiel der Unterschreitung der Aufkantungshöhe erläutert: Liegt der Dachrand mit zu geringer Aufkantungshöhe durch einen weiten Dachüberstand völlig vor Schlagregen und Schnee geschützt und ist auch durch Gefällegebung und Entwässerung ein Anstau von Wasser sehr unwahrscheinlich, so liegt eine sehr geringe Beanspruchungsintensität vor – die Wahrscheinlichkeit, daß der Mangel der zu geringen Aufkantungshöhe jemals zum Schaden führt, ist daher sehr gering. Eine Nachbesserung dieses Mangels ist daher nur bei sehr geringem Nachbesserungsaufwand angemessen, auch der Minderwert kann nicht hoch angesetzt werden. Liegt der gleiche Mangel an einer frei der Hauptwetterrichtung ausgesetzten Wandfläche vor, so ist dagegen die Wahrscheinlichkeit wesentlich größer, daß ein Schaden eintritt. Auch die Art der konstruktiven Situation kann beurteilungsrelevant sein. Ist die zu gering aufgekantete Abdichtung z. B. mit einem Flachstahlflansch fest und dicht gegen ein wasserundurchlässiges Sichtbetonbauteil angeschlossen, so spielt der Grad der Beanspruchung eine geringere Rolle als beim Anschluß an eine wassersaugende Sichtmauerwerksfläche.

Diagramm 2 zeigt grafisch, wie die Schadensanfälligkeit von der Beanspruchungsintensität und der konstruktiven Situation abhängen kann (Situation 1 = z. B. sehr geschützte Lage der Aufkantung; konstruktive Situation A = z. B. Anschluß an wenig dichtes Mauerwerk; konstruktive Situation B = z. B. dichter Anschluß an Sichtbeton).

Auf gleiche grafische Weise kann der Sachverständige z. B. auch seine Beurteilungsgrundlagen für die Einschätzung unterschiedlicher Aufkantungshöhen darlegen (Diagramm in Abb. 3).

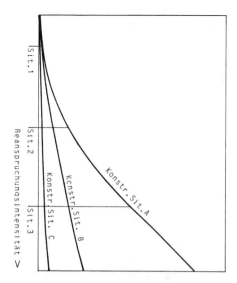

Schließlich muß der Sachverständige seine Beurteilung des Sicherheitsgrades auf die Begründung und Bezifferung von Minderwerten beziehen.

In Abb. 4 ist dies in Tabellenform geschehen, Abbildung 5 stellt eine Matrix dar, in der die Schadensfolgen Berücksichtigung finden.

Die dargestellten Diagramme erheben selbstverständlich keinen Anspruch auf Allgemeingültigkeit, sie sollen lediglich aufzeigen, auf welchen Wegen der Sachverständige zu einer differenzierten, der jeweiligen Situation angepaßten Bewertung finden kann und die einmal getroffene Entscheidung nachvollziehbar begründen kann. Insgesamt hoffe ich, daß meine Ausführungen ein Beitrag zur sachgerechten Konstruktion und Bewertung von Bauteilen leisten.

Abb. 2. Zusammenhang und Abhängigkeit der Schadensanfälligkeit von der Beanspruchungssituation und der konstruktiven Situation. (z. B. Konstruktion A ist nur bei geringer Beanspruchung gering schadensanfällig; Konstruktion C unabhängig von der Beanspruchungsintensität gering schadensanfällig.)

Abb. 4. Tabelle zu den Schlußfolgerungen bei Unterschreitung des üblichen Sicherheitsgrades

Voraussichtliches Versagen wegen Unterschreitung des üblichen Sicherheitsgrades		Schlußfolgerung
unmöglich	0%	Abweichung irrelevant
sehr unwahrscheinlich	20%	Minderwert z. B. 20%
unwahrscheinlich	40%	Minderwert z. B. 40%
eher wahrscheinlich	60%	nicht hinnehmbar
sehr wahrscheinlich	80%	nicht hinnehmbar
gewiß	100%	nicht hinnehmbar

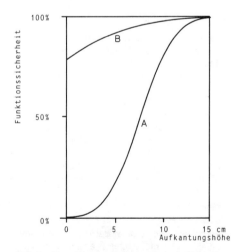

	Schadensfolgen		
	groß	mittel	gering
mit hohem Sicherheitsgrad funktionsfähig	O.K.	O.K.	O.K.
funktionsfähig	Minderwert	Minderwert	O.K.
bedingt funktionsfähig	nicht hinnehmbar	Minderwert	Minderwert
nicht funktionsfähig	nicht hinnehmbar	nicht hinnehmbar	nicht hinnehmbar	nicht hinnehmbar

Abb. 5. Matrix zur Entscheidung für Nachbesserungen mit verbleibendem Minderwert in Abhängigkeit vom Sicherheitsgrad und den Schadensfolgen

Abb. 3. Vorschlag zur Bewertung von Aufkantungshöhen: Nicht linearer Zusammenhang zwischen Funktionssicherheit und Aufkantungshöhe von Flachdächern: A= Situation mit geringer Dichtigkeit des Dichtungsrandes (z. B. Fensterbank); B= dichter Randanschluß (z. B. Flanschanschluß an wasserundurchlässigen Sichtbeton)

Die Regelwerke zum Wärmeschutz und zur Abdichtung von genutzten Dächern

Dipl.-Ing. Günter Dahmen, Aachen

1. Einleitung

Begangene – hierzu ist nicht das gelegentliche Begehen zur Wartung oder Instandhaltung des Daches zu rechnen –, befahrene oder bepflanzte Dachflächen werden i. d. R. wegen der auftretenden hohen Lasten auf einschaligen Warmdach- bzw. Umkehrdachaufbauten auf massiven Deckenkonstruktionen ausgeführt.

Das schließt jedoch nicht aus, daß auch bei zweischaligen Kaltdächern bei entsprechender Dimensionierung der oberen Schale solche Nutzungen vorgesehen werden können.

Prinzipiell ist die Schichtenfolge des Dachaufbaues über der Tragkonstruktion bis Oberkante Abdichtung bzw. Wärmedämmschicht (beim Umkehrdach) bei genutzten und ungenutzten Dächern gleich. Der wesentliche Unterschied besteht in den darüber aufgebrachten Schutz- und Nutzschichten.

An die Ausführung der Einzelschichten, insbesondere der Abdichtung, sind aber bei genutzten Dächern wegen der größeren Beanspruchungen (z. B. höhere Druckbelastung, dynamische Beanspruchungen), der fehlenden bzw. stark eingeschränkten Möglichkeit zur Kontrolle und Instandhaltung und der im Schadensfall großen Sanierungskosten besonders hohe Anforderungen zu stellen.

Die Anforderungen an den Wärmeschutz sind bei genutzten und nicht genutzten Dächern ebenfalls gleich.

2. Anforderungen an den Wärmeschutz

Seit 1977 ist der erforderliche Wärmeschutz für Gebäude mit Aufenthaltsräumen, die auf Innentemperaturen $\geq 19\,°C$ beheizt werden, in zwei nebeneinander gültigen Anforderungswerken geregelt:

In der DIN 4108 „Wärmeschutz im Hochbau" sind Mindestwerte der Wärmedurchlaßwiderstände $1/\Lambda$ für alle Bauteile festgelegt, durch die von beheizten Räumen ein Wärmedurchgang nach außen oder in angrenzende nicht oder weniger beheizte Räume stattfindet. Durch diesen Mindestwärmeschutz sollen zum einen ein hygienisches Raumklima als Grundlage für die Gesundheit der Bewohner sichergestellt, zum anderen insbesondere die Außenbauteile vor klimabedingten Temperatur- und Feuchtigkeitsbeanspruchungen und deren Folgeschäden geschützt werden.

In Tabelle 1 sind die Anforderungen der DIN 4108 an die Wärmedämmung von Dächern, Decken und Terrassen und dgl. seit 1960 zusammengestellt.

Nach dieser Norm dürfen Schichten oberhalb der Abdichtung (z. B. Kiesschichten mit Plattenbelägen, Erdüberschüttungen) beim Nachweis des Wärmeschutzes nicht in Ansatz gebracht werden, weil aufgrund der Durchfeuchtung durch Niederschlagswasser ihre zweifellos im trockenen Zustand vorhandene Dämmwirkung stark vermindert wird.

Wegen dieser Bestimmung dürfen auf Umkehrdächern bei voller Anrechnung ihrer Wärmedämmfähigkeit nur Wärmedämmplatten verwendet werden, an die nach der für diese Anwendung notwendigen bauaufsichtlichen Zulassung durch das Institut für Bautechnik in Berlin besondere Anforderungen gestellt werden. Diese Dämmplatten dürfen praktisch kein flüssiges Wasser und auch nur wenig Wasser durch Dampfdiffusion aufnehmen und müssen eine hohe Frost-/Tau-Wechselbeständigkeit aufweisen. Seit 1978 gibt es zwei Zulassungen für Dämmplatten aus extrudiertem Polystyrol-Hartschaum.

Da beim Umkehrdach ein großer Teil des Niederschlagswassers unter der Wärmedämmung abfließt, kühlt die Dachdecke stärker aus mit der Folge eines erhöhten Wärmeverlustes. Der Mindestwärmedurchlaßwiderstand muß daher 10 % größer als beim konventionellen Dach sein. Bei leichten, wenig speicherfähigen und gut wärmeleitenden Dachdeckenschalen besteht aufgrund dieses Auskühlungseffektes die

Tabelle 1: Anforderungen in Normen und anderen Regelwerken an den Wärmeschutz von genutzten/nicht genutzten Dächern seit 1960
Dipl.-Ing. G. Dahmen, Aachen

Mindestwärmeschutz	
Regelwerke/ Erscheinungsdatum	Text- und Einzelangaben
DIN 4108 - Wärmeschutz im Hochbau, 5/1960	6 Die Anforderungen, die bei Aufenthaltsräumen an den Wärmeschutz gestellt werden, sind in Tafel 3 angegeben. Hiernach gilt für Dächer, Decken unter Terrassen u. dgl. im Mittel $1/\Lambda \geq 0{,}56$ m²K/W - $k \leq 1{,}39$ W/m²K. Bei leichten Dächern mit Gewichten < 300 kg/m² werden höhere Dämmwerte gefordert (nach Tafel 4).
DIN 4108, 8/1969	Für Dächer, Decken unter Terrassen u. dgl. (nach Tab. 3) im Mittel $1/\Lambda \geq 1{,}08$ m²K/W - $k \leq 0{,}81$ W/m²K an der ungünstigsten Stelle $1/\Lambda \geq 0{,}78$ m²K/W - $k \leq 1{,}06$ W/m²K Bei leichten Dächern mit Gewichten < 125 kg/m² werden höhere Dämmwerte gefordert (nach Tab. 4).
Ergänzende Bestimmungen zu DIN 4108, 10/1974	Für Dächer, Decken unter Terrassen u. dgl. (nach Tab. 1) im Mittel $1/\Lambda \geq 1{,}29$ m²K/W - $k \leq 0{,}69$ W/m²K an der ungünstigsten Stelle $1/\Lambda \geq 0{,}78$ m²K/W - $k \leq 1{,}06$ W/m²K Bei leichten Dächern mit Gewichten < 100 kg/m² werden höhere Dämmwerte gefordert (nach Tab. 2).
DIN 4108 - Teil 2, 8/1981	1 ... Anforderungen an die Wärmedämmung und Wärmespeicherung sowie wärmeschutztechnische Hinweise für Planung und Ausführung von Aufenthaltungsräumen in Hochbauten, die auf normale Innentemperaturen ($\geq 19°C$) beheizt werden. Für Dächer und Decken unter Terrassen u. dgl. (nach Tab. 1) im Mittel $1/\Lambda \geq 1{,}10$ m²K/W - $k \leq 0{,}79$ W/m²K an der ungünstigsten Stelle $1/\Lambda \geq 0{,}80$ m²K/W - $k \leq 1{,}03$ W/m²K Bei leichten Dächern mit einer flächenbezogenen Gesamtmasse < 50 kg/m² werden höhere Dämmwerte gefordert (nach Tab. 2). 5.2.4 Bei der Berechnung des Wärmedurchlaßwiderstandes $1/\Lambda$ werden nur die Schichten innenseits der Bauwerksabdichtung bzw. der Dachhaut berücksichtigt.

WärmeschutzV, 2/1982, am 01.01.1984 in Kraft getreten	wie vor, jedoch mit um ca. 20 - 30 % verringerten Wärmedurchgangskoeffizienten Für Dächer $k_D \leq 0{,}30$ W/m²K (ca. 12 cm Dämmstoffdicke der Wärmeleitfähigkeitsgruppe 040) Zusätzlich: Begrenzung des Wärmedurchgangs bei baulichen Änderungen bestehender Gebäude 9.1 Bei erstmaligem Einbau oder Ersatz von Außenbauteilen bestehender Gebäude dürfen die in Tabelle 3 Spalte 2 aufgeführten maximalen Wärmedurchgangskoeffizienten nicht überschritten werden. Diese Anforderungen gelten als erfüllt, wenn die angegebenen Dämmstoffdicken eingehalten werden. Werden Dächer in der Weise erneuert, daß bei mind. 20 % der Gesamtfläche a) die Dachhaut (einschließlich vorhandener Dachverschalungen unmittelbar unter der Dachhaut) ersetzt wird, b) Dämmschichten eingebaut werden, gelten für die gesamte Fläche die Anforderungen nach Tabelle 3. Dies sind für Dächer $k_D \leq 0{,}45$ W/m²K erf. Dämmstoffdicke ohne Nachweis $d \geq 8$ cm (Wärmeleitfähigkeitsgruppe 040)
Anforderungen an Wärmedämmstoffe	
DIN 18 195 - Bauwerksabdichtungen, Teil 5, Abdichtungen gegen nichtdrückendes Wasser, 2/1984	5.3 Dämmschichten, auf die Abdichtungen unmittelbar aufgebracht werden sollen, müssen für die jeweilige Nutzung geeignet sein. Sie dürfen keine schädlichen Einflüsse auf die Abdichtung ausüben und müssen sich als Untergrund für die Abdichtung und deren Herstellung eignen.
Richtlinien für die Planung und Ausführung von Dächern mit Abdichtungen - Flachdachrichtlinien 1/1982	5.5 Wärmedämmschichten müssen ausreichend temperaturbeständig, formbeständig, umverrottbar und als Unterlage der Dachabdichtung trittfest und maßhaltig sein. Für Dämmschichten in nicht durchlüfteten Dächern sind Wärmedämmstoffe vom Typ WD - druckbeansprucht, z. B. unter druckverteilenden Böden und in unbelüfteten Dächern unter der Dachhaut, oder vom Typ WS, WDS oder WDH - mit erhöhter Druckbelastbarkeit für Sondereinsatzgebiete, z. B. für befahrene Dachflächen, zu verwenden. 5.6 Werden Dämmplatten verwendet, deren temperaturbedingte Längenänderungen schädigend auf die Dachabdichtung einwirken können (z. B. extrudierte Polystyrol-Hartschaumplatten), ist eine vollflächige Trennung zwischen Dachabdichtung und Wärmedämmschicht herzustellen.

Bauaufsichtliche Zulassungen für das Wärmedämmsystem "Umkehrdach" mit Dämmstoffen aus extrudiertem Polystyrol-Hartschaum seit 1978	2 Anwendungsbereich: Das Wärmedämmsystem "Umkehrdach" darf für unbelüftete Flachdächer mit a) schwerer Unterkonstruktion (Flächengewicht (Flächengewicht $\geq$ 250 kg/m²) b) leichter Unterkonstruktion (Flächengewicht < 250 kg/m²) Wärmedurchlaßwiderstand $1/\Lambda \geq 0,15$ Km²/W über Räumen von Wohn-, Büro- und anderen Gebäuden mit raumklimatisch ähnlichen Verhältnissen angewendet werden. 3.6 Die Wärmedämmplatten müssen mit einem Stufenfalz versehen sein. 5.2 Der nach DIN 4108 in der jeweils geltenden Fassung für Decken, die Aufenthaltsräume nach oben gegen die Außenluft abschließen, erforderliche Wärmedurchlaßwiderstand $1/\Lambda$ ist um 10 % zu erhöhen. 6.3 Die Dämmplatten dürfen oberhalb der Dachabdichtung verlegt werden. Sie dürfen lose verlegt oder verklebt werden. 6.4 Auf die Dämmschicht sind ... in Abhängigkeit von der Gebäudehöhe bestimmte Auflasten aufzubringen.

Energiesparender Wärmeschutz

Beiblatt zu DIN 4108, 11/1975	Das Beiblatt enthält Erläuterungen und Beispiele für einen erhöhten Wärmeschutz. Es gibt als Empfehlung den maximalen mittleren Wärmedurchgangskoeffizient für die gesamte wärmeübertragende Umfassungsfläche eines Gebäudes an (in Abhängigkeit vom Verhältnis Umfassungsfläche A zu eingeschlossenem Volumen V).
Verordnung über einen energiesparenden Wärmeschutz bei Gebäuden - WärmeschutzV, 11/1977	Auf der Basis des Beiblattes zu DIN 4108 verbindliche Begrenzung des Wärmedurchgangs bei 1. Gebäuden mit normalen Innentemperaturen ($\geq$ 19°C) 2. Gebäuden mit niedrigen Innentemperaturen (> 12°C < 19°C) 3. Gebäuden für Sport- und Versammlungszwecke ($\geq$ 15°C) durch Festlegung des maximalen mittleren Wärmedurchgangskoeffizienten $k_{m\,max.}$ für die Außenhülle in Abhängigkeit von A/V bzw. bei Gebäuden nach 1 durch Anforderungen an den k-Wert für einzelne Bauteile. Hiernach gilt für Dächer $k_D \leq 0,45$ W/m²K (ca. 8 cm Dämmstoffdicke der Wärmeleitfähigkeitsgruppe 040).

Gefahr, daß es bei starken Niederschlägen, z. B. Sommergewittern mit Hagelschauern, und feuchtem Raumklima zu erheblichen Tauwasserbildungen an der Unterseite der Deckenschale kommt. Umkehrdächer sollten daher nur auf Dachdecken mit einem Flächengewicht von mind. 250 kg/m^2 oder mit einem Wärmedurchlaßwiderstand von mind. 0,15 m^{2}K/W aufgebracht werden.

Gegenüber den in der DIN 4108 gestellten Aufgaben des Wärmeschutzes verfolgt die Verordnung über einen energiesparenden Wärmeschutz bei Gebäuden (WärmeschutzV) rein ökonomische Zwecke. Durch die in der Regel sehr viel größeren Anforderungen an die Wärmedämmung von Außenbauteilen soll der Wärmeverlust über die Außenhülle des Gebäudes und damit der Heiz- und Kühlenergiebedarf auf ein wirtschaftlich vertretbares Maß verringert werden.

Die WärmeschutzV unterscheidet bei der Begrenzung des Wärmedurchgangs von Außenbauteilen oder Bauteilen, die Gebäudeteile mit wesentlich niedrigeren Innentemperaturen abgrenzen, drei Gebäudegruppen mit unterschiedlich hohen Innentemperaturen, die aufgrund einer Beheizung während festgelegter Zeitspannen erreicht werden (siehe Tabelle 1). Bei Gebäuden mit normalen Innentemperaturen ($\geq 19\,°C$) werden zum Nachweis eines ausreichenden Wärmeschutzes zwei Berechnungsalternativen zur Wahl gestellt: Nach Verfahren 1 wird als direktes Maß für den Wärmeverlust die Einhaltung eines maximalen mittleren Wärmedurchgangskoeffizienten $k_{m,\,max.}$ für die gesamte Außenhülle eines Gebäudes vorgeschrieben, der in Abhängigkeit vom Verhältnis der Umfassungsfläche A zu dem dadurch eingeschlossenen Volumen V festgelegt ist und daher für unterschiedliche Gebäude jeweils einen anderen Wert annimmt. Je größer der Quotient A/V ist, um so kleiner muß der einzuhaltende Wert für $k_{m,\,max.}$ sein.

Durch diese Mittelwertbildung ist es möglich, schlecht gedämmte Bauteile gegen solche mit hoher Wärmedämmfähigkeit aufzurechnen. In jedem Fall sind aber die Mindestdämmwerte der DIN 4108 für die einzelnen Bauteile einzuhalten.

Nach dem 2. Nachweisverfahren werden für alle Bauteile, durch die Wärme nach außen oder in nicht beheizte Räume übertragen wird, zur Begrenzung des Wärmeverlustes unterschiedliche maximale Wärmedurchgangskoeffizienten festgelegt. Für Dächer und Decken unter Terrassen ist dieser Wert in Tabelle 1 angegeben. Die Anforderungen nach diesem 2. Verfahren sind grundsätzlich strenger.

Wenn man die Forderungen der WärmeschutzV von 1977 mit denen der novellierten Fassung von 1982, die am 01. 01. 1984 in Kraft getreten ist, vergleicht, so ist eine Verschärfung von 20–30% festzustellen. Das bedeutet für Dächer eine Erhöhung nach dem 2. Verfahren erforderlichen Dämmschichtdicke von ca. 8 cm (1977) auf ca. 12 cm (1982). Große Dämmschichtdicken führen aber nicht nur zu Schwierigkeiten bei der Gewährleistung einer ausreichenden Trittfestigkeit, sondern auch bei der Ausführung ausreichend hoher Anschlußhöhen, besonders bei auf die Dach- bzw. Terrassenflächen führenden Türen.

Die bisher beschriebenen Anforderungen an den Wärmeschutz beziehen sich ausschließlich auf die Errichtung von Neubauten. Da das Neubauvolumen stark rückläufig ist, der Altbaubestand, der i. d. R. nicht dem heutigen Anforderungsniveau des Wärmeschutzes entspricht, jedoch verstärkt zur Sanierung ansteht, stellt die novellierte WärmeschutzV folgerichtig verbindliche, erhöhte Anforderungen an den Wärmeschutz bei baulichen Änderungen an bestehenden Gebäuden für den Fall, daß Außenbauteile erstmalig eingebaut, ersetzt oder unter bestimmten Voraussetzungen erneuert werden. Diese Voraussetzungen sind u. a. (bezogen auf Dächer): Muß bei einem Flachdach, das undicht geworden ist, im Rahmen der Sanierung die alte Dachhaut bzw. die Dachhaut einschl. vorhandener Dachschalungen auf mehr als 20% der Gesamtfläche des Daches entfernt und erneuert werden, so ist für die gesamte Dachfläche, also auch für die nicht schadensbetroffenen Teilflächen, ein Wärmedurchgangskoeffizient $k \leq 0{,}45$ W/m^{2}K einzuhalten. Diese Forderung gilt als erfüllt, wenn in der Dachkonstruktion eine Dämmschicht mit einer Dicke $d \geq 8$ cm (Wärmeleitfähigkeitsgruppe 040) vorhanden bzw. eingebaut wird. Beim Einbau von Wärmedämmstoffen mit geringerer Wärmeleitfähigkeit können entsprechend kleinere Schichtdicken ausgeführt werden. Hierdurch besteht die Möglichkeit, trotz der erforderlichen Verbesserung des Wärmeschutzes die vorhandenen An- und Abschlußhöhen des Daches beizubehalten (z. B. durch Ersatz von 5 cm dicken Korkplatten mit $\lambda = 0,050$ W/mK durch Wärmedämmplatten mit $\lambda \leq 0,25$ W/mK).

Ein Nachweis der Einhaltung dieser Forderung ist nicht notwendig, schon aus dem Grunde, da solche Sanierungsmaßnahmen i. a. weder anzeige- noch genehmigungspflichtig sind. Man muß sich aber darüber im klaren sein, daß ihre Nichteinhaltung einen Verstoß gegen die WärmeschutzV mit den daraus herzuleitenden rechtlichen Folgen darstellt.

An die Wärmedämmstoffe werden bei genutzten Dächern hohe Anforderungen an die Druckfestigkeit gestellt. Während die DIN 18 195 ,,Bauwerksabdichtungen'' im Teil 5 nur allgemeine Forderungen hinsichtlich der Eignung der Dämmstoffe als Untergrund für die Abdichtung formuliert, werden in den Richtlinien für die Planung und Ausführung von Dächern mit Abdichtungen (Flachdachrichtlinien) neben allgemeingültigen Verlegerichtlinien spezielle Anwendungstypen der Dämmstoffe mit unterschiedlicher Druckbelastbarkeit für die verschiedenen Nutzungsarten angegeben (siehe Tabelle 1).

Bei der Verwendung dieser z. T. harten Dämmstoffe auf genutzten Dach- oder Terrassenflächen über Wohnräumen und Räumen ähnlicher Nutzung müssen die möglichen negativen Auswirkungen auf den Trittschallschutz, die zu starken Belästigungen der Benutzer der Räume führen können, durch entsprechende Ausbildung der Nutzschichten beachtet werden, z. B. können durch Beläge aus Betonplatten im Kiesbett Trittschallschutzmaße von bis zu + 14 dB erreicht werden, während bei direkt auf die Abdichtung aufgebrachten Estrichen selbst die Mindestanforderung der alten DIN 4109 aus dem Jahre 1969 von 0 dB unterschritten werden kann.

3. Anforderungen an die Abdichtung

Der Geltungsbereich der DIN 4122 aus dem Jahr 1968 bzw. 1978 war für Abdichtungen gegen nichtdrückendes Wasser festgelegt, d. h. gegen Wasser in tropfbarflüssiger Form, z. B. Niederschlags-, Sickerwasser, das i. a. auf die Abdichtung keinen oder nur vorübergehend einen geringfügigen hydrostatischen Druck ausübt.

Die Abdichtung genutzter Dächer gehörte demnach zu diesem Geltungsbereich.

In dieser Norm wurden für verschiedene Nutzungsarten von Dachdecken (z. B. Terrassen über beheizten Räumen, erdüberschüttete Decken von Tiefgaragen) Ausführungsbeispiele für mehrlagige Abdichtungen aus bituminösen Stoffen, Metallbändern und Kunststoff-Folien angegeben.

Die DIN 4122 wurde durch die im Jahr 1983 neu herausgegebene DIN 18 195 ,,Bauwerksabdichtungen'' ersetzt und zwar durch folgende Teile:

– Teil 1 ,,Allgemeines, Begriffe''
– Teil 2 ,,Stoffe''
– Teil 3 ,,Verarbeitung der Stoffe''
– Teil 5 ,,Abdichtungen gegen nichtdrückendes Wasser''
– Teil 8 ,,Abdichtungen über Bewegungsfugen''
– Teil 9 ,,Durchdringungen, Übergänge, Abschlüsse''
– Teil 10 ,,Schutzschichten und Schutzmaßnahmen''

Der wesentliche den Regelquerschnitt der Abdichtung betreffende Inhalt der DIN 4122 wird nunmehr in vollständig überarbeiteter Form im Teil 5 geregelt. Der Geltungsbereich wurde dabei wörtlich übernommen. Genutzte Dächer sind daher nach den Regelungen der DIN 18 195 Teil 5 zusammen mit den zuvor angegebenen weiteren Teilen auszuführen.

In Abschnitt 6 des Teils 5 werden in Abhängigkeit von der Größe der auf die Abdichtung einwirkenden Beanspruchungen durch Verkehr, Temperatur und Wasser zwei Beanspruchungsgruppen – mäßig und hoch beanspruchte Abdichtungen – unterschieden (siehe Tabelle 2). Nach dieser sehr unpräzisen und wenig aussagefähigen Definition gehören Dachabdichtungen von ungenutzten Dächern eigentlich zum Anwendungsbereich dieses Normteils, insbesondere durch die Festlegung: ,,Hierzu zählen grundsätzlich alle waagerechten und geneigten Flächen im Freien und im Erdreich.'' Durch den im Teil 1 der DIN 18 195 festgelegten Anwendungsbereich werden sie jedoch hiervon ausdrücklich ausgeschlossen. Für die Abdichtungen nichtgenutzter Dachflächen gilt stattdessen DIN 18 531 ,,Dachabdichtungen'', die als Entwurf seit April 1982 vorliegt und demnächst als Weißdruck in Form einer Vornorm erscheinen wird. Hierdurch entsteht die in Abb. 1 dargestellte Situation, nach der die Abdichtung eines Flachdaches mit schwerem

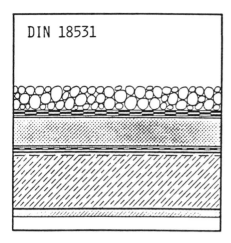 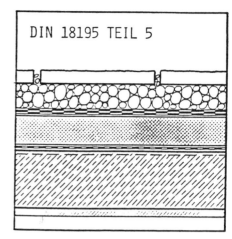

Abb. 1

Oberflächenschutz aus Kies die zum Anwendungsbereich der DIN 18 531 gehört, bei zusätzlichem Auflegen von Betonplatten auf den Kies in den Anwendungsbereich der DIN 18 195 überwechselt.

Ich halte die Zuordnung der Abdichtungen genutzter bzw. nicht genutzter Dächer in zwei unterschiedliche Regelwerke nicht für sinnvoll und anwenderfreundlich.

Den zuvor angegebenen Beanspruchungsgruppen werde in Abschnitt 7 ein- und mehrlagige Abdichtungskombinationen aus Bitumen- und Kunststoffbahnen, Metallbändern und Asphaltmastix zugeordnet. Für die zu verwendenden Kunststoffbahnen werden Mindestdicken vorgeschrieben. Bei gleichzeitiger Verwendung unterschiedlicher Materialien ist deren Verträglichkeit zu überprüfen.

Die Richtlinien für die Planung und Ausführung von Dächern mit Abdichtungen – Flachdachrichtlinien – in ihrer gültigen Fassung von 1982 machen keinen grundsätzlichen Unterschied zwischen der Abdichtung genutzter und nicht genutzter Dächer. Sie geben zwar unterschiedliche Nutzungsarten an, stellen aber keine besonderen Anforderungen an die Ausführung und Bemessung der Abdichtung von genutzten Dachflächen. Allerdings werden je nach Beanspruchung der Abdichtung Schutzschichten mit unterschiedlich großer Belastbarkeit gefordert (siehe Tabelle 2). Für die Abdichtung von genutzten Dachflächen wird auf die Beachtung von DIN 18 195 Teil 5 hingewiesen.

Dachabdichtungen aus Bitumenbahnen sind grundsätzlich mehrlagig (mind. zweilagig) aus den in der Tabelle der Abbildung 2 angegebenen Dichtungsbahnen herzustellen.

Die einzelnen Lagen der Dachabdichtung sind untereinander vollflächig zu verkleben. Diese Tabelle ist der überarbeiteten Fassung des abc der Bitumenbahnen von 1985 entnommen. Beim Vergleich mit früheren Ausgaben dieser Tabelle in den Flachdachrichtlinien 1982 bzw. im abc der Bitumenbahnen 1980 fällt auf, daß die Rohfilzpappen nicht mehr aufgeführt werden. In den Flachdachrichtlinien heißt es hierzu noch: ,,Bitumendachbahnen mit Trägereinlagen aus Rohfilz sind für Dachabdichtungen in den Neigungsgruppen I und II als Oberlage nicht und als Zwischenlage bedingt geeignet."

Polymerbitumen-Dachdichtungsbahnen bzw. -Schweißbahnen, die bisher nur in Merkblättern geregelt waren, sind seit August 1985 in DIN 52 132 bzw. 52 133 genormt. Je nachdem, ob das verwendete Polymerbitumen mit thermoplastischen Elastomeren (PYE) oder mit thermoplastischen Kunststoffen (PYP) modifiziert ist, müssen die Bahnen hinsichtlich ihres Kaltbiegeverhaltens bzw. ihrer Wärmestandfestigkeit bei unterschiedlichen Prüftemperaturen bestimmte Bedingungen erfüllen (PYE: – 25 °C bzw. + 100 °C, PYP: – 15 °C bzw. + 130 °C). Hieraus ist zu schließen, daß die PYE-Bahnen vorzugsweise bei tiefen Temperaturen, die PYP-Bahnen vorzugsweise bei hohen Temperaturen verwendet werden sollen.

1	2	3	4	5	6	7
1 Trägereinlage	Kennwerte der Bahnen gemäß Norm		Bitumen-Dachbahnen DIN 52143	Bitumen-Dachdichtungsbahnen DIN 52130	Bitumen-Schweißbahnen DIN 52131	Polymerbitumen-Dachdichtungsbahnen DIN 52132	Polymer-Bitumen-Schweißbahnen DIN 52133
2	Zugfestigkeit*	Dehnung					
3 Glasvlies	l 400 N q 300 N	2%	V13 DIN 52143	–	V60 S4 DIN 52131	–	–
4 Glasgewebe	l 1000 N q 1000 N	2%	–	G200 DD DIN 52130	G200 S4 G200 S5 DIN 52131	PYE-G 200 DD PYP-G 200 DD	PYE-G 200 S 4 PYP-G 200 S 4 PYE-G 200 S 5 PYP-G 200 S 5
5 Jutegewebe	l 600 N q 500 N	3,5% 5%	–	J300 DD DIN 52130	J300 S4 J300 S5 DIN 52131	PYE-J 300 DD PYP-J 300 DD	PYE-J 300 S 4 PYP-J 300 S 4 PYE-J 300 S 5 PYP-J 300 S 5
6 Polyesterfaservlies	l q } 800 N d	40%	–	PV 200 DD	PV 200 S5	PYE-PV 200 DD PYP-PV 200 DD	PYE-PV 200 S 5 PYP-PV 200 S 5
7 Verbindung der Nähte und Bahnen untereinander			Gießen	Gießen	Gießen oder Schweißen	Gießen	Gießen oder Schweißen

* l = längs, q = quer, d = diagonal.

Abb. 2 Tabelle der Bitumen-Bahnen

Grundsätzlich ist bei einem Vergleich der Flachdachrichtlinien 1973 und 1982 festzustellen, daß sich die Anforderungen an die Ausführung von Dachabdichtungen im Hinblick auf die Lagenzahl nicht verändert haben. An die Qualität der zu verwendenden Bahnen werden heute jedoch erhöhte Anforderungen gestellt.

Dies soll an den in Abbildung 3 dargestellten, nach den jeweiligen Flachdachrichtlinien möglichen Ausführungsbeispielen verdeutlicht werden.

Hochpolymerbahnen können einlagig verlegt werden. Ihre erforderliche Dicke hängt u. a. ab
– von der Art des Werkstofftyps
– von der Intensität der Nutzung
– von der geforderten Funktionssicherheit der Dachhaut.

Bei Dachabdichtungen aus Bitumen- und Hochpolymerbahnen ist auf Materialverträglichkeit zu achten. Je nach Nutzungsart und Oberflächenschutz sind die hochpolymeren Bahnen

```
Bitumendachhaut                1973
Dachneigung ≤ 5°

1. Lage + 2. Lage + 3. Lage

z.B.
    V 13      + R 500    + V 13

oder
    R 500    + R 500    + G 200 DD

           1. Lage + 2. Lage

z.B.    G 200 S4 +  G 200 DD
                    G 200 S4

oder    G 200 DD + Beschichtg. 4 mm
```

```
Bitumendachhaut                1982
Dachneigungsgr. I + II

1. Lage + 2. Lage + 3. Lage

z.B.
    V 13      + PV 200 DD/S + V 13
                              V 60 S4

oder
    V 13      +  V 13     + PV 200 DD/S
                 V 60 S4

           1. Lage + 2. Lage

z.B. G 200 DD/S  + PV 200 DD/S
     J 300 DD/S

oder PV 200 DD/S + PV 200 DD/S
```

Abb. 3

unter, zwischen oder über den Bitumenbahnen anzuordnen, wobei bei genutzten Dachflächen über Dämmschichten oder ähnlichen Unterlagen eine Dachdichtungsbahn mit Gewebe- und Polyesterfaservlies-Trägereinlage zu verwenden ist.

Im abc der Bitumenbahnen werden prinzipiell die gleichen Anforderungen und Ausführungsmöglichkeiten der Dachabdichtung wie in den Flachdachrichtlinien angegeben. Zur Planung und Ausführung von Dachbegrünungen werden darüber hinaus spezielle Hinweise gegeben.

Zur Frage der Gefällegebung ist festzustellen, daß nach allen zur Zeit gültigen Regelwerken und Richtlinien die Ausführung von Dächern ohne geplantes Gefälle möglich ist. In den

Tabelle 2: Anforderungen in Normen und anderen Regelwerken an die Abdichtung von genutzten Dachflächen seit 1968

Anforderungen an den Regelquerschnitt	
Regelwerke/ Erscheinungsdatum	Text- und Einzelangaben
DIN 4122 - Abdichtung von Bauwerken gegen nichtdrückendes Oberflächen- und Sickerwasser, 7/1968 bzw. 3/1978	1 Geltungsbereich: ... für Abdichtungen mit bituminösen Stoffen, Metallbändern und Kunststoff-Folien gegen nichtdrückendes Wasser, d. h. gegen Wasser in tropfbar-flüssiger Form, z. B. Niederschlagswasser, Sickerwasser, das i. a. auf die Abdichtung keinen oder nur vorübergehend einen geringfügigen hydrostatischen Druck ausübt. Die Abdichtung von genutzten Dachflächen gehört demnach zu diesem Geltungsbereich. 7 Abdichtungsarten: Ausführungsbeispiele, z. B. für erdüberschüttete Decken von Tiefgaragen, befahrbare Hofkellerdecken, Terrassen über beheizten Räumen. Abdichtungsstoffe - Trägereinlagen: nackte Pappen, Dichtungsbahnen, Metallbänder in Verbindung mit bituminösen Klebemassen und Deckaufstrichen; Kunststoff-Folien und Spachtelmassen 7.1.3 ... Die Abdichtungshaut soll i. a. mit dem abzudichtenden Baukörper vollflächig verklebt sein, um zu verhindern, daß die Abdichtung wasserunterläufig werden kann.
DIN 18 195 - Bauwerksabdichtungen Teil 5 - Abdichtungen gegen nichtdrückendes Wasser, 2/1984 Zusammen mit Teil 1 - 3 und Teil 8 - 10 Ersatz für DIN 4122	Gleicher Geltungsbereich wie bei DIN 4122 6 Arten der Beanspruchungen: 6.2 Abdichtungen sind mäßig beansprucht, wenn - die Verkehrslasten vorwiegend ruhend nach DIN 1055, Teil 3 sind und die Abdichtung nicht unter befahrenen Flächen liegt, - die Temperaturschwankung an der Abdichtung nicht mehr als 40 K beträgt, - die Wasserbeanspruchung gering und nicht ständig ist. z. B. Abdichtungen von überdachten Balkonen und Terrassen.

Fortsetzung DIN 18 195, Teil 5	6.3 Abdichtungen sind hoch beansprucht, wenn eine oder mehrere Beanspruchungen die in Abschnitt 6.2 angegebenen Grenzen überschreiten. Hierzu zählen grundsätzlich alle waagerechten und geneigten Flächen im Freien und im Erdreich.
	z. B. Abdichtungen von stark begangenen, befahrenen oder bepflanzten Dachflächen.
	7 <u>Ausführung:</u> Vorschläge für ein- und mehrlagige Abdichtungskombinationen für mäßige und hohe Beanspruchungen.
	Abdichtungsstoffe - Bitumen-Dichtungsbahnen, -Dachdichtungsbahnen, -Schweißbahnen, nackte Bitumenbahnen, Kunststoff-Dichtungsbahnen vorgeschriebener Dicke aus PIB, ECB oder PVC weich, Metallbänder, Asphaltmastix
	Auf Materialverträglichkeit achten!
	7.1.4 Die Abdichtungen sind je nach Untergrund und Art der ersten Abdichtungslage vollflächig verklebt, punktweise verklebt oder lose aufliegend herzustellen.
Richtlinien für die Planung und Ausführung von Dächern mit Abdichtungen - Flachdachrichtlinien, 1/1982	1.3.2 Genutzte Dachflächen sind für den Aufenthalt von Personen (einfache Beanspruchung), für die Nutzung durch Verkehr (schwere Beanspruchung) oder für die Bepflanzung vorgesehen.
	3.1 Die Schichtenfolge eines Dachaufbaues, die Anzahl der Lagen und ihre Bemessung sind von der Art der Unterkonstruktion, von der Dachneigung und dem Nutzungszweck des Bauwerks abhängig ... ... Die Schichten des Dachaufbaues müssen die Lasten, die in der Regel zu erwarten sind, ohne Schäden auf tragfähige Bauteile weiterleiten.
	Für die Abdichtung genutzter Dachflächen ist DIN 18 195 Teil 5 zu beachten.
	5.7.2 Dachabdichtungen aus Bitumenbahnen sind mehrlagig unter Verwendung von Bitumen-Dach, -Dachdichtungs- oder Bitumenschweißbahnen herzustellen. Die einzelnen Lagen der Dachabdichtung sind untereinander vollflächig zu verkleben. Bitumendachbahnen mit Trägereinlagen aus Rohfilz sind für Dachabdichtungen in den Neigungsgruppen I und II als Oberlage nicht und als Zwischenlage bedingt geeignet. Bei Verwendung von Bahnen mit Glasvlieseinlage in Kombination mit Bahnen mit Glasgewebe-, Jutegewebe- oder Polyesterfaservlies-Trägereinlage muß die Dachabdichtung in der Neigungsgruppe I ($\leq 3°$) aus mindestens 3 Lagen bestehen. Bei Kombination von Bahnen mit Glasgewebe-, Jutegewebe- oder Polyesterfaservlies-Trägereinlage untereinander kann die Dachabdichtung zweilagig ausgeführt werden.

Fortsetzung Flachdachrichtlinien 1/1982	5.7.3 Hochpolymere Dachbahnen können einlagig lose verlegt werden. Ihre Dicke ist u. a. von der Art des Werkstofftyps und von der Intensität der speziellen Nutzung der Dachfläche abhängig. Mindestdicken für PVC weich-, PIB- und ECB-Bahnen werden in DIN 18 195 Teil 5 angegeben. Bei Dachabdichtungen aus Bitumen- und hochpolymeren Bahnen ist auf Materialverträglichkeit zu achten. 5.7.5 Beim umgekehrten Dachaufbau kann die Dachabdichtung in der gleichen Weise, wie zuvor beschrieben, ausgeführt werden, im Randbereich jedoch verstärkt. 8 Auf geplant gefällelosen Dachflächen ist i. d. R. ein schwerer Oberflächenschutz (Kiesschüttungen, Plattenbeläge) erforderlich. Bei Beanspruchung durch Fahrverkehr ist über der Dachabdichtung eine Druckplatte erforderlich. Bei Bepflanzungen sind auf der Abdichtung eine Schutzschicht gegen mechanische Beschädigung und eine wurzelwuchshemmende Schicht erforderlich.
abc der Bitumen-Bahnen - Technische Regeln, 1980/1985	Prinzipiell gleiche Anforderungen und Ausführungsmöglichkeiten der Dachabdichtung wie in den Flachdachrichtlinien. Spezielle Hinweise zur Planung und Ausführung von Dachbegrünungen (Kap. 12).
Gefällegebung/Entwässerung	
DIN 18 195, Teil 5, 2/1984	5.4 Durch bautechnische Maßnahmen, z. B. durch die Anordnung von Gefälle, ist für eine dauernd wirksame Abführung des auf die Abdichtung einwirkenden Wassers zu sorgen. 5.7 Entwässerungsabläufe, die die Abdichtung durchdringen, müssen sowohl die Oberfläche des Bauwerks oder Bauteils als auch die Abdichtungsebene dauerhaft entwässern.

Flachdachrichtlinien wird darauf hingewiesen, daß bei Dächern der Dachneigungsgruppe I ($\leq 3°$) verbleibendes Wasser auf der Abdichtung nicht zu vermeiden ist.

Bei Terrassen und genutzten Dachflächen wird aber, in den einzelnen Regelwerken unterschiedlich, die Anordnung eines Mindestgefälles dringend empfohlen. Die Einzelangaben sind in Tabelle 2 enthalten. Zur Bedeutung des Gefälles für die Funktionssicherheit der Dachabdichtung verweise ich auf das Referat von Herrn Dr. Oswald.

Die in den Regelwerken und Richtlinien festgelegten Anschlußhöhen der Dachabdichtung an aufgehende Bauteile, ihre Veränderungen seit 1968 und die Ausnahmemöglichkeiten sind Tabelle 2 zu entnehmen.

Flachdachrichtlinien 1/1982	1.2 4 Dachneigungsgruppen DNG I ≤ 3° , DNG II > 3° - ≤ 5° DNG III > 5° - ≤ 20°, DNG IV > 20° 6.1 Bei Dächern der DNG I ist verbleibendes Wasser auf der Dachabdichtung unvermeidbar. 8.5 Bei Terrassen und genutzten Dachflächen mit Beanspruchungen durch schwere Lasten oder Fahrverkehr soll die Abdichtungsfläche ein Gefälle von mind. 1 % aufweisen. 9.11 Die Entwässerungen sind bereits bei der Planung unter Beachtung von DIN 1986 "Grundstücksentwässerungsanlagen" so anzuordnen, daß die Niederschläge auf kurzem Wege und ohne Stau abgeleitet werden. 9.11.1 Die Abläufe innenliegender Dachentwässerungen sollten an den tiefsten Stellen der Dachfläche angeordnet werden. Bei Bepflanzung ist im Bereich des Dachablaufes ein von oben zugänglicher Schacht von ca. 50 cm lichtem Durchmesser vorzusehen. Bei Terrassenflächen muß die Entwässerung in Abdichtungsebene sichergestellt sein. Bei geschlossenen Terrassen ist nach DIN 1986 Abschnitt 6.2.4 ein zusätzlicher Sicherheitsüberlauf in der Brüstung erforderlich.
abc der Bitumen-Bahnen, 1980/1985	DNG wie Flachdachrichtlinien 6.4.3.1 Das Gefälle von Abdichtungen genutzter Dachflächen ist i. a. mit etwa 1,5 % oder mehr anzuordnen. Die Abläufe, die die Abdichtung durchdringen, sind vertieft anzuordnen. Sie müssen sowohl die Oberfläche der Nutzschicht als auch die Abdichtungsebene entwässern.
Merkblatt: Bodenbeläge aus Fliesen und Platten außerhalb von Gebäuden, 1/1978, Fachverband des Deutschen Fliesengewerbes	Gefälle der Abdichtungsebene und der Belagoberfläche je nach Belagmaterial 1 - 2 %. Ausführung der Abdichtung nach DIN 18 195, Teil 5.
Grundsätze für Dachbegrünungen, 1984 Hrsg.: Forschungsgesellschaft Landschaftsentwicklung Landschaftsbau e. V., Bonn	4.1.2 "Bei Dachbegrünungen sollte eine gefällelose Ausbildung des Daches angestrebt werden."

Anschlußhöhen	
DIN 4122, 7/1968 - 3/1978	8.1.6 An Wänden, Brüstungen, Pfeilern usw. muß die Abdichtung mindestens 15 cm über Oberkante Belag hochgeführt werden.
DIN 18 195, Teil 5, 2/1984	7.1.6 Die Abdichtung von waagerechten oder schwach geneigten Flächen ist an anschließenden, höher gehenden Bauteilen in der Regel 15 cm über die Oberfläche der Schutzschicht, des Belages oder der Überschüttung hochzuführen und dort zu sichern.
Flachdachrichtlinien, 1/1973	8.1 Bei Anschlüssen an Wände, Brüstungen, Pfeiler usw. muß die Dachabdichtung mind. 15 cm über Oberkante Dachbelag (Kies, Plattenbelag und dgl.) hochgeführt und an der Oberseite regensicher verwahrt werden. 8.5.7 Türen zum Betreten der Dachflächen und Terrassen sind so anzuordnen, daß deren Schwelle die Oberkante Dachbelag bzw. Terrassenbelag mind. 15 cm überragt. Diese Mindestmaße müssen bei besonderer Anforderung, z. B. auf der Wetterseite bei Hochhäusern, entsprechend erhöht werden.
Flachdachrichtlinien, 1/1982	9.2 Die Anschlußhöhe muß i. d. R. bei den Dachneigungsgruppen I und II ca. 15 cm über Oberfläche Belag oder Kiesschüttung betragen. 9.5 Bei Türen als Zugänge zu Dachterrassen und Dachflächen muß die Anschlußhöhe i. d. R. 15 cm über Oberfläche Belag oder Kiesschüttung betragen. In Ausnahmefällen ist eine Verringerung auf mind. 5 cm möglich, wenn durch besondere spritzwassermindernde und wasserableitende Maßnahmen ein einwandfreier Wasserablauf im Türbereich sichergestellt ist. Bei niveaugleichen Übergängen, z. B. bei Krankenhäusern und Altersheimen, sind Sonderlösungen vorzusehen.
VOB Teil C DIN 18 338 Dachdeckungs- und Dachdichtungsarbeiten 8/1974	3.10.5.4 An aufgehendem Mauerwerk sind die Anschlüsse mind. 200 mm über die Oberfläche der Dachabdichtung hochzuziehen.
DIN 18 338, 9/1984	keine Angabe
abc der Bitumen-Bahnen, 1980/ 1985	9.2 Die Abdichtung ist mind. 15 cm über die wasserführende Schicht hochzuführen, auch bei Tür- und Fensteranschlüssen. Ausnahmen möglich!

Nutzschichten bei Terrassendächern

Dipl.-Ing. Hans-Joachim Steinhöfel, Grevenbroich

Warum sind auch Nutzschichten bei Terrassendächern integrierter Bestandteil der Gesamtkonstruktion?

Warum hilft auch bei Nutzschichten gewissenhafte Planung und Ausführung, Fehlerquoten zu minimieren und unübersehbare Risiken vermeiden?

Wo liegen bedeutsame Kriterien bei Nutzschichten von Terrassendächern?

Ich will versuchen, Merkmale zusammenzutragen, die einzeln und/oder im Zusammenwirken der Klärung dienen können.

Auch für Nutzschichten gilt:

Der Teufel steckt im Detail!

Schon ihre Lage als Abschluß der Beschichtung signalisiert hohe Beanspruchung aus Witterungs- und bauphysikalischen Bedingungen. Sie unterliegen in unterschiedlicher Größenordnung Nutzungseinflüssen.

In der Regel werden solche Konstruktionen als einschalige, nicht durchlüftete Flachdächer mit sogenanntem „klassischen Aufbau" ausgeführt. Es gibt auch Beispiele von Terrassendächern als sogenanntes „Umkehrdach".

Der Hinweis, daß Terrassendächer nach oben hin raumabschließende, begehbare Bauteile sind, soll hier nur zur Festlegung einer einheitlichen Diktion stehen.

Wenn in dieser Betrachtung über Nutzschichten auf Terrassendächern die der Bepflanzung nicht angesprochen wird, so deshalb, weil sie Inhalt eines gesonderten Referates ist.

Anwendung finden Terrassendächer im privaten Wohnungsbau, sowie bei öffentlichen Bauten, wie Schulen, Restaurants, Krankenhäusern, Verwaltungsbauten usw.

Die Beanspruchung steht mit im Vordergrund der Überlegungen zu einem der relevanten Kriterien bei der Wahl technisch sinnvoller Nutzschichten bei Terrassendächern.

So können wir in aller Regel davon ausgehen, daß zu wählen ist zwischen

○ massiven Materialschichten, die flächig und fest miteinander verbunden sind
○ massiven Materialschichten, die in losen Schichten, z. B. Kies, verlegt werden und
○ massiven Materialschichten, die punktweise auf Stelzlager verlegt werden.

Bei den Nutzschichten aus massiven Materialien, die flächig und fest miteinander und auch mit dem Untergrund verbunden werden, spricht man auch von einer sogenannten „konventionellen Beschichtung". Ihre konstruktive Ausbildung läßt hauptsächlich die Wahl zwischen

– Steinzeugfliesen, keramischen Spaltplatten, Bodenklinkerplatten, Betonwerksteinplatten oder Naturwerkstein, sämtliche frostbeständig in Mörtelbett oder Dünnbettverfahren oder
– zementgebundene Estriche, wie u. a. den Gartenmann-Belag oder
– kunststoffbeschichtetem Beton.

Beim Konstruktionsprinzip der losen Verlegung von Plattenmaterial wird als Lagerschicht Kies angeordnet..

Die dritte Konstruktionsart sieht Plattenbeläge auf Stelzlagern vor.

Überlegungen, welche Konstruktionsart für den Anwendungsfall technisch sinnvoll ist, führen über die Kriterien von

– Nutzungsart außen
– materialimmanentes Verhalten
– Überschaubarkeit des Fehlerrisikos bei der Herstellung der Beschichtung
– bauphysikalische Gesichtspunkte, hier auch Schalldämmung und
– Initialkosten der Beschichtung.

Diese Aufzählung, und das sei hier betont, folgt nicht dem Wichtungsprinzip. Dabei liegt allerdings auf der Hand, daß die Nutzungsart zunächst einmal vordergründig zu sehen ist. So wird sicher einleuchten, daß für hochbelastete Terrassen, insbesondere wenn Punktbelastungen, wenn auch nur zeitweise, zu erwarten sind, möglichst hohlraumfrei gelagerte Nutzschichten angeordnet werden sollten.

Das gilt z. B. für solche Terrassen, die gelegentlich mit Fassadenliften befahren werden.

Das schließt jedoch nicht aus, daß auf einem Dach mit Platten in Kies oder auf Stelzlagern bereichsweise hohlraumfrei gelagerte Platten vorgesehen werden können.

Selbstverständlich muß in diese Überlegungen die Nutzlast von der Größenordnung eingehen, wie sie Lastannahmen für Bauten DIN 1055, Teil 3, vorhalten. Sie sind für Balkone und Laubengänge über 10 m^2 Grundfläche, sowie für zugängliche Dächer von Terrassenhäusern mit 3,5 kN/m^2 und für Balkone, Laubengänge und offene, gegen Innenräume abgeschlossene, Hauslauben bis 10 m^2 Grundfläche mit 5 kN/m^2 anzusetzen.

Große Bedeutung hat erfahrungsgemäß das materialimmanente Verhalten im Hinblick auf die Witterungs-Beanspruchungen.

Es ist sicher nicht zu bestreiten, daß die Plattenbeläge auf wasserdurchlässigen Schichten risikoloser funktionieren, als solche, die flächig und fest miteinander verbunden sind.

Das gleiche gilt auch für die Überschaubarkeit des Fehlerrisikos bei der Herstellung der Beschichtung.

Ein beachtliches Kriterium stellt sicherlich von Fall zu Fall das bauphysikalische Verhalten der Konstruktion dar. Hier soll das Schallschutzverhalten der Konstruktion hervorgehoben werden, weil die Beanspruchung aus der Nutzung der darunterliegenden Räume beim Terrassendach, gegenüber einem Flachdach allgemein, keine besonderen Akzente setzt.

Schalltechnik eine Terrassenkonstruktion zu optimieren, heißt elastische Lagerung der Belagsplatten anzuordnen und feste Verbindung der Schichten untereinander zu vermeiden. Bei CR-Stelzlagern können Verbesserungsmaße von 19 bis 32 Dezibel erreicht werden, wie von der einschlägigen Industrie angegeben wird.

Was das Initialkosten-Kriterium anbelangt, so sei hier auf eine Schweizer Studie hingewiesen, deren Ergebnis zeigt, daß es insbesondere dann für ein Konstruktionssystem mit längerer Lebensdauer gerechtfertigt ist, höhere Kosten anzusetzen, wenn mit hohen Sanierungskosten gerechnet werden muß.

Das trifft für begehbare, befahrbare und begrünte Flachdächer zu.

Der kurze Überblick über die Auswahlkriterien zeigt an, welche wesentlichen bei der Planung von Nutzschichten bei Terrassendächern Akzente setzen. Von Fall zu Fall wird diesem oder jenem Kriterium Priorität einzuräumen sein, um die optimale Lösung zu finden. Denn wir wissen aus der Erfahrung, daß ideale Konstruktionen nicht zu erreichen sind. Immer gilt es, die positiven Merkmale unter Hinnahme der geringsten Negativ-Merkmale zu erhalten.

Entscheidet man sich für eine Konstruktion mit Plattenbelag in Mörtelbett, so wissen wir aus der Erfahrung, daß wir es mit einer Konstruktion zu tun haben, die sowohl planerisch wie in der Ausführung vielschichtige Mangelrisiken mit sich bringen kann.

Für die Planung gilt es hier,

– ausreichendes, **allseitiges** Gefälle, mindestens 2, besser 3%, vorzusehen. DIN 18 195, Teil 5, fordert, ohne Größenordnungen anzugeben, im Punkt 5.4 ,,Durch bautechnische Maßnahmen ist für eine dauernd wirksame Wasserabführung zu sorgen''!

– Auf der sicheren Seite liegende Fugenabstände in den einzelnen Belagsschichten anzuordnen.

Angaben in der einschlägigen Literatur hierzu sind durchaus nicht einheitlich. Sie können es auch nicht sein, denn schließlich gehen z. B. die Dicke von Betonbelagsschichten aber auch die Witterung in die Größenordnung der Abstände ein.

Es kann sich daher bei solchen Angaben immer nur um sogenannte ,,Richtwerte'' handeln. So sollte z. B. von Fall zu Fall beachtet werden, je dicker die Betonschicht, umso kleiner die Fugenabstände. Aber auch das ist von Bedeutung: Je tiefer die Temperatur bei Ausführung des Belages, umso breiter die Fugen!

Diese beiden Kriterien weisen im übrigen auf ein Verantwortlichkeitsmerkmal hin. Es wird damit der Ausführende angesprochen.

Man denke auch an das unterschiedliche Temperaturverhalten von Mörtelschichten. So hat ein Mörtel aus Sand-Portlandzement im Mischungsverhältnis 1:1 = 1,07–1,35 mm/m lineare Ausdehnung

bei 100° Temperaturdifferenz
bei 1:4 = 0,89–1,0 mm/m und
bei 1:7 = 0,85–0,99 mm/m.

Denken wir auch an die Formänderungen des Betons abhängig von der Witterung.

Einbringen des Betons im Frühjahr bedeutet:
- Zugkräfte infolge Schwindens
- Druckkräfte infolge zunehmender Erwärmung, die Volumenvergrößerung bewirkt.

Und im Herbst:
- Zugkräfte infolge Schwindens
- Zugkräfte infolge Abkühlung, die Volumenverkleinerung bewirkt.

Daraus resultiert:
Bei Frühjahrsbauten substrahieren sich die Kräfte.
Bei Herbstbauten addieren sie sich zu rissebildenden Zugspannungen.

Guten, brauchbaren Anhalt geben die Fugenabstände für

Schutzbeton	$\leqq 2-2,5$ m
Bettungsbeton	$\leqq 1,5-2$ m
Belag	$\leqq 1-1,5$ m

Wichtig für die Fugenausbildung: Sie müssen wasserdurchlässig sein. Das gilt besonders für Fugen quer zum Gefälle.

Fugen daher nie mit Bitumen ausfüllen!

Eine brauchbare Formel für die Fugenbreite ist:

$f_b = 4/1000/X\ 1$ (in mm)

Es gilt weiter:
- Schutzbeton und Bettungsbetonschichten wasserdurchlässig ausführen, d. h. wenig Bindemittel, und somit haufwerksporiges Gefüge anstreben.

Bedeutsam weiterhin:
- Ausreichende Entwässerungsquerschnitte vorsehen.

Mindestens zwei Entwässerungselemente anordnen. Zu bedenken, daß die Abflußquerschnitte nach den ihnen zuzuweisenden, anschließbaren Niederschlagsflächen nach DIN 1986, nur für trichterförmige Einläufe Gültigkeit haben. Zylinderförmige Einläufe sind strömungstechnisch ungünstig und bringen eine Einschnürung von etwa 36%. zu beachten hier auch die Bedeutung kurzer Wasserwege.

Weiter:
- Trennlagen anordnen, die die Gleitfähigkeit der massiven Schichten oberhalb der Abdichtung gewährleisten. In Terrassendach-Beschichtungen sollten Trennlagen, z. B. aus Polyäthylen, immer aus mindestens 2 Lagen bestehen, deren einzelne Dicke $\geqq 200\ \mu$ betragen sollte. Ölpapier hat sich hier nicht bewährt.

Von Fall zu Fall kann es sinnvoll sein, zur wirksamen Abführung von Wasser eine Dränschicht anzuordnen. Sie liegt dann oberhalb der Trennlage. Das Merkblatt ,,Bodenbeläge aus Fliesen und Platten außerhalb von Gebäuden" empfiehlt hier eine 30 mm dicke Kiesschicht, Körnung 8/16.

Von nicht zu unterschätzender Bedeutung ist der Farbton des Belages. Helle Töne mindern die Oberflächentemperaturen und damit das Temperaturspiel.

Bei Konstruktionen mit Nutzschichten in Kies stellen sich andere Kriterien. Das schließt nicht aus, daß dieses oder jenes Kriterium, das bei den sogenannten ,,konventionellen Konstruktionen" von Bedeutung ist, auch hier zum Tragen kommen wird und kommen muß.

So z. B. die allseitige und ausreichende, aber nicht zu starke Gefälleanordnung. Die Gefällegröße sollte 3% nicht überschreiten, um Abrutschbewegungen zu vermeiden. Solche sind ja von Flachdachkonstruktionen her allgemein bekannt. Man steuert dagegen, wenn Kiesschichten auf stärker geneigten Flächen verlegt werden sollen, durch Kiesverfestiger, die hier jedoch vorsichtig zu verwenden sind, um die Sickerfähigkeit dieser Schicht nicht zu mindern, oder gar zu verhindern.

Besondere Beachtung gilt hier der Kornabstufung der Kiesschicht. Sie sollte schon an die günstigste Abstufung nach DIN 1045 angelehnt werden.

Zum einen ist dadurch sichere Lagerfähigkeit des Plattenbelages zu bewirken, andererseits der Sickerfähigkeit Rechnung zu tragen.

Es wird einleuchten, daß eine ausschließliche Großkornanordnung der Lagersicherheit von Platten nicht dienlich wäre, da die Verschiebemöglichkeit zu groß ist. Die Hohlräume sollten möglichst weitgehend durch Kleinkorn geschlossen werden. Aber bitte kein Sand.

Daß die Größe der Belagsplatten von Bedeutung ist, erklärt sich aus der Kippgefahr, die bei kleineren größer, als bei größeren ist.

Die Mindestdicke von Betonplatten sollte 40 mm nicht unterschreiten. Die Mindestseitenabmessung 40/40 cm. Beide Abmessungen selbstverständlich in Abhängigkeit von der zu berücksichtigenden Nutzlast.

53

Zu empfehlen sind Plattenabmessungen von 50/50 oder 60/60 cm.

Bei aufgestelzten Nutzschichten wird sich die Problematik neben vorgenannten, wie z. B. der Gefälleanordnung, besonderes konzentrieren auf

– Belastungsgröße
– Abmessungen, Beschaffenheit und Form der Stelzlager und
– Größe der Belagsplatten.

Liegt die Belastungsgröße fest, sind die Abmessungen der Stelzlager in Abhängigkeit von der Beschaffenheit des Untergrundes und der Materialeigenarten des Stelzlagers selbst, zu berechnen.

Besteht die Abdichtung aus bituminösen Stoffen, ist zu bedenken, daß Bitumen ein Thermoplast ist, dessen Viskosität von der Temperatur beeinflußt wird. Sind dabei bituminöse Abdichtungen, den Regeln entsprechend, mit einem Heißbitumendeckabstrich zu versehen, sollte man hier mindestens standfestes Bitumen als Deckabstrich verwenden.

Vorteilhaft sind dabei immer Unterlagsstücke, z. B. bestehend aus Dachbahnenstücken V 13, zusätzlich anzuordnen. Sonst sinken die Stelzlager unter Umständen ein, wie es das Bild 1 zeigt.

Eine brauchbare Formel zur Errechnung der Anzahl der Stelzlager für die zu belegende Fläche ist die Formel

$$n = \frac{F - A}{1 \times b} + \frac{B + BA}{b} + \frac{L + LA}{1}$$

Darin bedeuten:

n = Anzahl der Stelzlager (Stück)
L = Länge der Terrassenfläche (m)
B = Breite der Terrassenfläche (m)
1 = Länge der Terrassenplatten (m)
b = Breite der Terrassenplatten (m)
F = Gesamtfläche der Terrasse (m^2)
A = Gesamtfläche der frei von Terrassenplatten bleibenden Terrassenzonen, wie z. B. Dachdurchbrüche (m^2)
LA = Länge einer frei bleibenden Zone (m)
BA = Breite einer freibleibenden Zone (m)

Die Höhe von Terrassenstelzlagern sollte $\geq$ ca. 25 mm betragen.

Zur Veranschaulichung der Größenordnung von Lasten, die Stelzlager auf den Untergrund zu übertragen haben, sei eine Nutzlast von 500 kp/m^2 oder 5 kN/m^2 angenommen. Zuzüg-

Bild 1

lich Eigengewicht der Betonplatten bei 50 mm Dicke von 120 kp/m^2 oder 1,2 kN/m^2 ergibt das zusammen 620 kp/m^2 oder 6,2 kN/m^2.

Bei einem Plattenformat von 50 × 50 entfällt dann auf ein Stelzlager eine Gehfläche von 0,25 m^2. Das entspricht einer Last von 620:4 = 155 kp = 1,5 kN.

Haben dagegen die Platten das Format von 60/60 cm, so resultiert daraus eine Last von 223,2 kp oder 2,23 kN.

Aus diesen Größenordnungen ergibt sich dann, je nach Druckmodul des Stelzlagers und Belastbarkeit des Untergrundes, die Fläche des Einzellagers.

Beim ,,Calenberger Elefantenfuß'' z. B., der eine Auflagerbreite von 100 mm hat, ergäbe sich aus den technischen Daten für eine Last von 223,2 kp oder 2,23 kN für 60/60 cm Betonplatten somit eine Länge von 112 m (siehe Bild 2).

Eine brauchbare Richtgröße für die Abmessung von Stelzlagern ist mit $\geq$ 150 cm^2 anzunehmen. Von der Form her haben runde Stelzlager allgemein den Vorteil, daß sie bei möglichen Punktlasten im Randbereich nicht unbedingt schadenswirksam werden müssen. Anders bei eckigen Stelzlagern, bei denen die Gefahr der Verkantungen über Eck eher besteht.

Als bevorzugte Materialien für Stelzlager sind bekannt:

Polychloroprene
PVC-weich
Polyäthylen
Gummi.

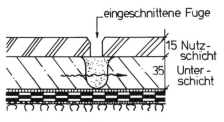

Bild 3 Gartenmann-Belag

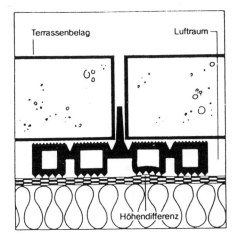

Bild 2

Als geeigneter Härtegrad für diese Materialien haben sich etwa 70 shore bewährt.

Die einfachste Form von Stelzlagern sind die aus Mörtelbatzen in Polyäthylenfolie.

Betrachtet man die angesprochenen Kriterien, die es bei den einzelnen Arten der Lagerung von Nutzschichten zu überdenken gilt, lassen sich Vor- und Nachteile der unterschiedlichen Lagerungen ablesen.

Plattenbeläge in Mörtelbett, also fest mit dem Untergrund verbundene Nutzschichten, sind risikoträchtig und haben oft schon nach dem ersten Winter zu Schäden geführt.

Es sind dies im einzelnen

- Risse infolge behinderter Zusammenziehung
- Ablösen der Platten vom Mörtelbett infolge schlechter Verbindung mit dem Untergrund
- Auffrieren des Mörtelbettes
- Anheben einzelner Platten durch Eislinsenbildung
- Zerstörung von Anschlußfugen
- Ausblühungen.

um einiges zu nennen.

Was alles mit Terrassenbelägen, gleich welcher Ausführungsart, passieren kann, wenn technische Erfordernisse nicht berücksichtigt werden, darüber berichtet Prof. Schild in „Schwachstellen", Band 1. Informativ und bedeutsam dazu die Fallstudien aus „Schadensfällen", in der Bauschädensammlung von Prof. Zimmermann.

So zeigt ein Schadensfall im Band 4 der Bauschadensammlung, daß bei vielen Vorteilen, die Stelzbeläge mit sich bringen, absolute Schadensfreiheit auch bei dieser Beschichtungsart nicht angenommen werden kann.

Im behandelten Fall lag eine falsche Lastannahme vor. Punktlasten waren anzunehmen, während mit gleichmäßig verteilter Belastung gerechnet wurde. Daraus resultierende hohe Druckbeanspruchung auf den Untergrund war schadensursächlich.

Eine Ausführungsart der fest mit dem Untergrund verbundenen Nutzschichten bei Terrassen, ist der „Gartenmann-Belag" (s. Bild 3). Das dafür erteilte Patent bezieht sich alleine auf die wasserdurchlässige, plastische Fugenfüllmasse. Er ist ansonsten ein zweischichtiger Estrich mit einer 35 mm dicken, nicht fett gemischten, Unterschicht als Rieselschicht, mit einer Korngruppe von 4–8 mm. Die Fugenteilung des Unterestrichs hat einen Abstand von etwa 2–2,5 m. In diese Fugen kann man z. B. Polystyrolschaumstreifen einlegen.

Der Oberestrich sollte eine Mischung nach Raumteilen 1:3, höchstens 1:25 haben.

Mittels Fugeisen wird der Estrich genau über den Fugen des Unterestrichs eingeschnitten, die ja als Rinnen wirken sollen. Zusätzliche Blindfugen dazwischen führen dann zu einem Fugenabstand von 1–1,25 m.

Selbstverständlich muß man auch beim Gartenmann-Belag, wie bei allen anderen konventionell aufgebrachten Nutzschichten, vor Attiken, Einläufen, Wandanschlüssen usw. sogenannte „Randfugen" anordnen. Der Abstand von diesen sollte etwa 150 bis 250 mm betragen. Geschieht das nicht, so sind ebenso Auffrierungen bzw. Temperaturaufwölbungen zu erwarten.

Die angesprochenen technischen Details signalisieren, welche große Bedeutung die Sickerfähigkeit der Belagsschichten, ausreichende Gefälleanordnung und die Fugenteilung bei der

Konstruktionsart der konventionellen Nutzschichten hat.

Praktisch frei von den eben genannten Kriterien sind die Ausführungen der Nutzschichten auf Rollkies bzw. Stelzlagern.

Bei ihnen können sich die Platten unter Witterungseinflüssen frei bewegen, denn sie werden ja nicht knirsch gestoßen, sondern sollten eine Fugenbreite von etwa 5 mm–8 mm aufweisen. Jedoch auch nicht mehr, damit Verschmutzung der Rieselschicht vermieden wird.

Als weiteres technisches Positiv-Merkmal dieser Konstruktion der aufgestelzten Nutzschicht ist anzusprechen, daß sie die Temperaturspitzen an der Abdichtung bricht. Einschlägige Literatur spricht von ca. 10°.

Natürlich ist eine Kombination Kies + Stelzlager denkbar. Damit würde der Nachteil der Stelzlager-Konstruktion eleminiert, die in Staub- und Schmutzablagerungen unter den Platten besteht.

Der Vorteil der schallschutztechnischen Seite für diese Konstruktion ist vorne angesprochen.

Was für die Funktionstüchtigkeit von Terrassenbeschichtungen allgemein gilt, hat auch Gültigkeit für Nutzschichten.

Daher ist allgemein zu empfehlen:
- Stark gegliederte Brüstungen mit vielen Vor- und Rücksprüngen sollte man vermeiden.
- Die Anzahl von Durchdringungen sollte man so gering wie möglich halten und
- Geländerstützen sollte man grundsätzlich aufständern und nicht durch die Schichten hindurch verankern.

Ein Wort noch zu den vereinzelt anzutreffenden Auffassungen, Asphalt auf Terrassen als Geh- oder gar gleichzeitig als Dichtungsschicht vorzusehen. Hierzu ein Zitat aus einschlägiger Lieratur:

„Asphalt hat weder auf Dächern, noch auf Terrassen, Loggien und Balkonen, etwas zu suchen." Dem möchte ich mich voll anschließen.

Wenn ich Ihnen zum Schluß ein rumänisches Terrassendach vorstelle, so nicht deshalb, um es zur Nachahmung zu empfehlen (s. Bild 4). Es zeigt nur, welche Bedeutung ausländische Baufachleute dem Dach ansich bemessen und, und darauf kommt es hier an, was sie dafür bereit sind, an Kosten aufzuwenden. Gutes hat eben seinen Preis.

Literatur

Schild: „Schwachstellen" Band 1

Zimmermann: „Bauschäden-Sammlung"

Zimmermann: „Flachdächer mit genutzten Oberflächen"

DAB 10/81

Eichler: „Das konstruktive Flachdach" 1956

Eichler: „Bauphysikalisches Entwerfen" 1962

Eichler/Arndt: „Baulicher Wärme- und Feuchtigkeitsschutz"

Rick: „Das flache Dach" 7. Auflage 1973

Steinhöfel: „Detaillösungen bei Flachdächern"

J. S. Cammerer: „Tabellarium aller wichtigen Größen für den Wärme- und Kälteschutz"

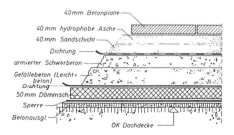

Bild 4

Die Detailausbildung bei Dachterrassen

Prof. Dipl.-Ing. Günter Zimmermann, Universität Stuttgart

Zum weit überwiegenden Teil werden Dachterrassen – ebenso wie Balkone und Loggien – aus Stahlbetonplatten und auf diesen aufgebrachten Belägen hergestellt. In der Regel sind diese Stahlbetonplatten Teil einer Decke, die auch unter benachbarten Aufenthaltsräumen durchläuft. Bei dieser Konstruktion werden die Decken der Terrassen, Balkone und Loggien fast immer mit einer hautförmigen Abdichtung abgedichtet, die an den Baukörper der benachbarten Aufenthaltsräume angeschlossen werden muß. Beim Anschluß der Terrassen, Balkone und Loggien an den Baukörper dürfen keine störenden Wärmebrücken entstehen. Die fehlerhafte Planung und Ausführung von An- und Abschlüssen war und ist die Ursache einer unübersehbaren Zahl von Bauschäden (z. B. 4, 7, 8, 9). Die in feuchte- und wärmetechnischer Hinsicht nicht einfachen An- und Abschlüsse werden im ersten Teil dieses Referats behandelt.

Im zweiten Teil wird die Möglichkeit aufgezeigt, die vielfältigen Anschlußprobleme dadurch zu vermeiden, indem Terrassen und Loggien vom Baukörper weitgehend losgelöst werden.

1. Terrassen mit hautförmigen Abdichtungen

Bei der Planung und Ausführung hautförmiger Abdichtungen sind vor allem die folgenden vier konstruktiven Grundsätze zu beachten:

- ☐ Die Abdichtung muß die gesamte Terrassenfläche überdecken, einschließlich aller Randbereiche.
- ☐ Bei Innenentwässerung muß die Abdichtung in Form einer Wanne ausgebildet werden, die innen entwässert wird; die Außenwässerung über einen freien Terrassenrand ist problematisch.
- ☐ Über den Gehbelag hochgeführte Abdichtungsteile müssen
  - gegen mechanische Beschädigung und Sonnenstrahlung geschützt sowie optisch kaschiert werden,
  - am oberen Rand mechanisch befestigt und gegen Hinterlaufen gesichert werden.
- ☐ Abdichtungsteile unter der Oberfläche des Gehbelags sind gegen mechanische Beschädigungen zu schützen durch
  - vollflächige Auflagerng der Abdichtung in der Kehle und
  - Trennung des Gehbelags von der Abdichtung.

1.1 Wand- und Türbereich

Der Anschluß des Belages – vor allem der Abdichtung – an die geschlossenen Teile einer Wand und an die in der Wand liegenden Terrassentüren muß im Zusammenhang betrachtet werden, nicht nur aus technischen, sondern auch aus formalen Gründen.

1.1.1 Anschluß an Wände

1.1.1.1 Anschlußhöhe

Sowohl nach DIN 18195 Teil 5 [1] wie nach den Flachdachrichtlinien [2] wird als Regelfall eine Anschlußhöhe von 15 cm über Oberfläche Terrassenbelag gefordert. Diese Forderung kann nur dann ohne Vorbedingungen erfüllt werden, wenn es sich um eine geschlossene Wand ohne Türen handelt. Sind Türen in der Wand vorhanden, muß man zwischen zwei konstruktiven Möglichkeiten wählen: Entweder man senkt die Terrassendecke gegenüber der Geschoßdecke ab oder man bildet in den Türen Schwellen aus.

In zunehmendem Maße führt man Entwässerungsrinnen vor Terrassentüren auch an den anschließenden geschlossenen Teilen der Wand entlang, vor allem wenn es sich um vorgefertigte Tür-Fenster-Wände handelt; die Anschlußhöhe reduziert man dann auf der gesamten Länge auf 5 cm (Ziff. 1.1.2.2).

1.1.1.2 Befestigung des oberen Abdichtungsrandes

Nur eine mechanische Befestigung gibt die Sicherheit, daß die Abdichtung auf Dauer am Untergrund angepreßt bleibt, und ein Hinterlaufen des Wassers (,,Hinterläufigkeit") ausgeschlossen bleibt. Nach den Flachdachrichtlinien

57

werden als geeignete Befestigungsmittel angesehen Flachschienen 5/50 mm^2 oder biegesteife Profilschienen, mit einem Schraubenabstand kleiner als 20 cm [2, Zeichnung Nr. B 1, B 3, B 5 usw.].

Die Befestigung des oberen Abdichtungsrandes nur durch Klebung führt bei Wärme- und Feuchtebelastung früher oder später zu einem Abrutschen oder Ablösen.

1.1.1.3 Schutz vor Schlagregen, Strahlung und mechanischer Beschädigung

Die hochgeführte Abdichtung muß vor der unmittelbaren Einwirkung von Schlagregen und Sonnenstrahlung geschützt werden. Ferner muß die hochgeführte Abdichtung auch gegen mechanische Beschädigung geschützt werden (z. B. durch Stoß mit Füßen im Gehbereich) Schließlich wird häufig aus gestalterischen Gründen eine Verkleidung gewünscht. Diese verschiedenen Forderungen lassen sich vor allem auf zwei Arten leicht erfüllen:

☐ Wenn die Außenwand mit einer hinterlüfteten Schale bekleidet ist, kann die Abdichtung leicht hinter der vorgehängten Schale hochgeführt werden [2, Zeichnung Nr. B 13, H 4].

☐ Ist solch eine vorgehängte Schale nicht vorhanden, sollte in der Wand eine horizontale Aussparung hergestellt werden, die so tief ist, daß sich nicht nur die Abdichtung mit der oberen Befestigung darin unterbringen läßt, sondern auch die kaschierende Platte (z. B. aus Faserzement).

Abzulehnen sind alle Anschlüsse, bei denen der obere Abdichtungsgrad auf der Wandoberfläche aufliegt und ungeschützt dem Wetter ausgesetzt ist [2, Zeichnung Nr. B 1, usw.]. Die in solchen Fällen auf der oberen Befestigungsschiene aufgebrachte „Kittfuge" oder „Versiegelung" hat nur eine sehr kurze Funktionsdauer.

1.1.2 Anschluß an Terrassentüren

Nur in einem der Regelwerke sind Regeln über den Anschluß der Abdichtung an Terrassentüren kodifiziert: in Ziff. 9.5 der Flachdachrichtlinien [2]. Hier werden hinsichtlich des Anschlusses der Abdichtung an die Terrassentür folgende Maßnahmen gefordert:

☐ Die Abdichtung muß am unteren Türrahmen bis unter die Schwellenschiene (Anschlag-,

Hebe- oder Laufschiene) geführt werden. Zu den Zeichnungen B 8 und B 9 der Flachdachrichtlinien muß allerdings darauf hingewiesen werden, daß es praktisch nicht möglich und auch nicht nötig ist, die außen senkrecht hochgeführte Abdichtung auch noch waagerecht unter die Schiene umzulenken.

☐ Der obere Rand der hochgeführten Abdichtung muß mechanisch befestigt und gegen Hinterlaufen gesichert werden, vor allem durch gleichmäßigen Anpreßdruck. Der senkrechte Schenkel der Schwellenschiene muß den oberen Abdichtungsgrad mindestens 3 cm überlappen.

☐ Diese Maßnahmen sind auch im Bereich unter den seitlichen Rahmenteilen nötig („Türpfosten"). Die Abdichtung muß hinter hier eventuell vorhandene Deckleisten und Rolladenschienen geführt werden. Es ist zweckmäßig, die Schwellenschiene bis zu den Außenkanten der seitlichen Rahmenteile fortzuführen, so daß hier dasselbe Detail wie im Schwellenbereich ausgebildet werden kann.

☐ Die hochgeführte Abdichtung muß gegen mechanische Beschädigung und Strahlungswärme geschützt werden, am zweckmäßigsten durch ein Schutzblech. Auch dieses Schutzblech wird sich in der Regel nur senkrecht bis unter die Schwellenschiene führen, nicht auch noch in die waagerechte Ebene umlenken lassen.

Hinsichtlich der Höhe des oberen Abdichtungsrandes unterscheiden die Flachdachrichtlinien die drei folgenden Fälle:

1.1.2.1 Regelfall: Anschlußhöhe mindestens 15 cm

Wie bei aufgehenden Bauteilen wird eine Anschlußhöhe von mindestens 15 cm über Oberfläche Belag verlangt, eine Forderung, die bereits in der Ausgabe Januar 1973 der Flachdachrichtlinien enthalten war. In der Ausgabe Januar 1982 wird die 15 cm-Forderung begründet: „Dadurch soll möglichst verhindert werden, daß bei Schneematschildung, Wasserstau durch verstopfte Abläufe, Schlagregen, Winddruck oder bei Vereisung Niederschlagswasser über die Türschwelle eindringt."

In der weit überwiegenden Zahl aller Fälle wurde die 15 cm-Regel in der Praxis mißachtet. Der wesentliche Grund dafür war der Wunsch, die Tür möglichst bequem nutzen zu können, d. h. die Schwelle zwischen Innenraum und Terrasse so niedrig wie möglich zu halten. Es ist ein Fortschritt, daß die neuen Flachdachrichtlinien diesen verständlichen Nutzerwunsch berücksichtigen.

1.1.2.2 Ausnahmefall: Anschlußhöhe mindestens 5 cm

Nach den Flachdachrichtlinien ist eine Verringerung der Anschlußhöhe auf mindestens 5 cm dann möglich, „wenn bedingt durch die örtlichen Verhältnisse zu jeder Zeit ein einwandfreier Wasserablauf im Türbereich sichergestellt ist." Diese Bedingung gilt dann als erfüllt, wenn sich im unmittelbaren Türbereich Terrassenabläufe oder andere Entwässerungsmöglichkeiten befinden.

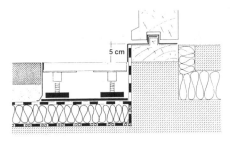

Abb. 1 Vorgefertigte Gitterroste SITA DRAIN, schematisch

Zu den „anderen Entwässerungsmöglichkeiten" zählen vor allem in den Belag eingebaute Rinnen mit oberem Gitterrost, wie sie auch in Zeichnung Nr. B 9 der Flachdachrichtlinien dargestellt sind. Die neuere Entwicklung geht allerdings dahin, auf die Blechrinnen zu verzichten und nur noch Gitterroste auf Rahmen mit höhenverstellbaren Füßen einzubauen; zur Abfangung von Kies- und Splittschüttungen werden Kiesfangleisten geliefert (Abb. 1, 2).

Die Rinnen sollten so unmittelbar wie möglich entwässert werden. Am besten baut man den Ablauf direkt in die Rinne ein. Längere Abflußwege des Wassers durch Kies- oder Splittschüttungen müssen vermieden werden.

Wie die Erfahrung mit solchen Entwässerungsrinnen zeigt, erfüllen sie voll den bezweckten Schutz vor Wassereindringung. Da diese Detailausbildung nicht nur technisch sicher ist, sondern für den Nutzen den wichtigen Vorteil einer 10 cm niedrigeren Schwelle bietet, wird dieser „Ausnahmefall" bald zum Regelfall werden.

Abb. 2 In Terrassenfläche entlang von Fensterwänden niveaugleich eingebaute Gitterroste SITA DRAIN

1.2.2.3 Sonderfall: Niveaugleicher Übergang

Ein niveaugleicher Übergang zwischen Innenraum und Terrasse wird vor allem benötigt in den Wohnungen für Rollstuhlfahrer und für alte Menschen, ferner für den Bettentransport in Krankenhäusern und Pflegestationen. Für zwei Gruppen ist die Forderung niveaugleicher Übergänge ausdrücklich festgelegt:

Zu Wohnungen für Rollstuhlbenutzer gehört regelmäßig ein Balkon, eine Loggia oder eine Terrasse; an Türen, die ins Freie führen, sind Schwellen oder Niveauunterschiede nur bis zu 2,5 cm zulässig [10; Ziff. 2.2, 6.5].

Für Altenwohnungen fordert das Institut für Altenwohnbau, daß bei Loggien, Balkonen und Terrassen Türschwellen und Stufen grundsätzlich zu vermeiden sind [11, Ziff. VII/8].

Um die Forderung nach niveaugleichem Übergang zu erfüllen, werden hauptsächlich zwei Maßnahmen gewählt („Sonderlösungen"):

☐ Die Anordnung der Terrassentür in einem gegen Schlagregen durch Überdachung und seitlichen Wänden geschützten Bereich. Diese Lösung bietet sich um so eher an, als für alle Freisitze (Balkone, Loggien, Terrassen) von Rollstuhlbenutzer- und Altenwohnungen Schutz gegen Wetter und Sicht gefordert sind (DIN 18025, Teil 1, Ziff. 2.2; Informationen zur Planung usw. Ziff. VII, 8). Dies bedeutet vor allem die Planung von Loggien.

☐ Der Einbau von Entwässerungsrinnen, wie unter Ziff. 1.1.2.2 beschrieben. Wie die Erfahrung zeigt, bieten solche Rinnen Schutz gegen eindringendes Wasser auch dann, wenn über der Belagsoberfläche überhaupt keine Aufkantungshöhe vorhanden ist. Dies hat sich auch an Wetterseiten erwiesen. Ein überzeugendes Beispiel bietet die Wohnlage für Körperbehinderte Stuttgart-Fasanenhof (Architekten Luippold + Knoblauch): Die nach Westen orientierten niveaugleichen Terrassen- und wandanschlüsse im 7. Obergeschoß sind voll dem Schlagregen ausgesetzt: Seit Inbetriebnahme der Wohnanlage im Jahre 1977 gab es hier keinen Fall von Wassereindringung. Dies muß auf den Einbau einer durchgehenden Entwässerungsrinne zurückgeführt werden (Abb. 3, 4, 5). Auch bei vielen anderen Terrassen von Behinderten- und Altenwohnungen sowie Krankenhausbauten haben sich solche niveaugleichen Übergänge mit Entwässerungsrinnen bewährt. Dort, wo mit viel

Abb. 3, 4, 5 Entwässerungsrinne vor westlicher Fensterwand im 7. Obergeschoß der Wohnanlage Stuttgart-Fasanenhof, Architekten Knoblauch + Luippold: Seit neun Jahren keine Wassereindringung in die niveaugleich angeschlossenen Wohnräume

Schnee auf der Terrasse gerechnet werden muß, sollte man besonders breite Entwässerungsrinnen wählen.

Ein Höchstmaß an Sicherheit läßt sich erreichen, wenn man die beiden o. g. Maßnahmen miteinander kombiniert: Einbau einer Entwässerungsrinne und Anordnung der Tür im geschützten Bereich.

1.2 Rand- und Brüstungsbereich

In diesem Bereich sind zwei grundsätzlich verschiedene Ausbildungen möglich: Entweder wird hier ebenfalls ein Wannenrand ausgeführt, oder aber das Wasser soll über den Rand entwässert werden, so daß eine Art Traufe hergestellt werden muß.

1.2.1 Wannenausbildung

Wird bei Innenentwässerung eine geschlossene Brüstung (z. B. aus Betonplatten) hergestellt, gelten dieselben Regeln wie oben für Anschlüsse an Wänden dargestellt

Ein niedriger Wannenrand wird in den Flachdachrichtlinien „Abschluß" genannt; dort muß die Anschlußhöhe mindestens 10 cm betragen. In diesen Fällen hat sich die Abdeckung des gesamten Randes einschließlich der hochgeführten Abdichtung mit einem U-förmigen Betonfertigteil in der Praxis bewährt; diese Lösung läßt auch die Befestigung von Geländerstützen zu, ohne die Abdichtung zu durchdringen [4, S. 120].

Verwendet man Pflanztröge als Brüstung, besteht das Risiko, daß durch Undichtigkeiten in den Trögen oder an den Stoßfugen zwischen den Trögen Wasser auf die Abdichtung gelangt und unkontrolliert an den Fassaden herunterläuft und diese verschmutzt sowie die Decke und Außenwand durchfeuchtet [7], [9]. Um dieses zu vermeiden muß am Terrassenrand ein Abschluß hergestellt werden, der das unkontrollierte Herunterfließen verhindert. Der Pflanztrog muß also vollständig über der Wanne angeordnet werden. Eine andere Lösung besteht darin, daß der Terrassenrand unter dem Pflanztrog als Traufe ausgebildet wird, wie im folgenden dargestellt.

1.2.2 Traufenausbildung

Bei Entwässerung einer Dachterrasse über den freien Rand muß dafür gesorgt werden, daß das Wasser ordnungsgemäß abgeleitet wird, ohne die Fassade zu verschmutzen und die Außenwand zu durchfeuchten. Dafür kommen grundsätzlich zwei Lösungen infrage: Entweder die Anordnung einer Regenrinne oder einer kräftigen Tropfkante.

Die Terrassenbeläge müssen entlang der Kante „abgefangen" werden. Bei Kiesbettung des Plattenbelages muß zur Stützung der Kiesschüttung ein Lochblech angeordnet werden, das gleichzeitig die Wasserableitung ermöglicht. Bei keramischen Belägen im Mörtelbett besteht ein erhebliches Risiko der Kalkablagerung an der Traufe.

Der Einbau von Einlaufblechen, Tropfblechen und Einfassungsblechen ist problematisch, weil die Bleche großen thermischen Längenänderungen unterworfen sind, welche Schiebenähte erforderlich machen, die nicht wasserdicht sein können. Eine schädliche Einwirkung der sich bewegenden Bleche auf benachbarten Schichten (z. B. auf die Abdichtung) läßt sich praktisch nicht verhindern.

2. Terrassen, losgelöst vom Bauwerk

Wenn man Betondeckenplatten mit Abstand vom Bauwerk anordnet, ist eine Wasser- und Wärmeleitung zwischen Außenwand und Terrasse infolge der vollständigen Trennung nicht möglich. Mit dieser in der Bundesrepublik Deutschland bisher wenig angewandten Konstruktion lassen sich nicht nur die vielfältigen Probleme mit dem Anschluß hautförmiger Abdichtungen an Außenwände und Terrassentüren vermeiden; es gibt auch keine Probleme mit Wärmebrücken.

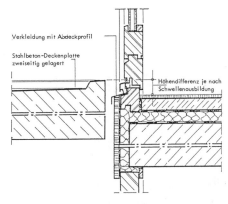

Abb. 6   Anschluß einer auf zwei Scheiben gelagerten Stahlbetondeckenplatte an Fensterwand

Bisher wurde die vollständige Trennung vorwiegend bei Loggien angewendet, weil sich dort durch Außenwände und Stahlbetonscheiben leicht die Auflager für zweiseitig gelagerte, trogartig ausgebildete Betondeckenplatten schaffen lassen (Abb. 6). Um Belästigungen durch herunterfallende Gegenstände oder Schmutz zu vermeiden, kann die offene Fuge zwischen Baukörper und Deckenplatte mit einem Metallprofil abgedeckt werden. Daß sich diese Lösungen in der Praxis bewähren, zeigen in den sechziger Jahren errichtete Bauten (z. B. [12], [13]).

Es ist durchaus möglich, diese Lösung nicht nur bei Loggien anzuwenden. Bei Verwendung von Stützen oder Abhängungen lassen sich auch Terrassenflächen frei vor dem Baukörper anordnen.

Literatur

[1] DIN 18195: Bauwerksabdichtungen. Teil 5 Abdichtungen gegen nichtdrückendes Wasser, Bemessung und Ausführung. Ausg. Febr. 1984; Teil 9 Durchdringungen, Übergänge, Abschlüsse. Ausg. Aug. 1983.

[2] Zentralverband des Deutschen Dachdeckerhandwerks e. V., und Bundesfachabteilung Bauwerksabdichtung im Hauptverband der Deutschen Bauindustrie e. V.: Richtlinien für die Planung und Ausführung von Dächern mit Abdichtungen – Flachdachrichtlinien. Ausg. Januar 1982.

[3] Fachverband des Deutschen Fliesengewerbes im Zentralverband des Deutschen Baugewerbes e. V.: Merkblatt Bodenbeläge aus Fliesen und Platten außerhalb von Gebäuden /. Ausg. Juni 1978.

[4] Schild, E.; Oswald, R.; Rogier, D.; Schweikert, H.: Schwachstellen. Schäden, Ursachen, Konstruktions- und Ausführungsempfehlungen. Band I Flachdächer – Dachterrassen – Balkone. Bauverlag. Wiesbaden, Berlin, 3. Aufl. 1980.

[5] Steinhöfl, H.-J.: Detaillösungen bei Flachdächern. Planung – Ausführung – Schadensverhütung. Verlagsgesellschaft R. Müller. Köln-Braunsfeld. 1984.

[6] Reichert, H.: Konstruktionen, Details. In: Mauerwerk-Atlas. Institut für Internationale Architektur – Dokumentation. München. 1984.

[7] Schild, E.; Rogier, D.: Balkone und Terrassen – Freiräume eines Terrassenhauses. Feuchtigkeitsschäden. Ein- und Überlaufen von Niederschlagswasser an An- und Abschlüssen. In: Bauschäden-Sammlung. Band 2. S. 30–33. Forum-Verlag. Stuttgart. 1976.

[8] Zimmermann, G.: Regenwasserentwässerung bei einem Terrassenhaus. Regenwasser dringt über Terrassen in Wohnungen ein. In: Bauschäden-Sammlung. Band 3. S. 36–37. Forum-Verlag. Stuttgart. 1978.

[9] Zimmermann, G.: Pflanztröge als Terrassen-Brüstungen. Durchfeuchtung, Beschädigung, und Verschmutzung der Außenwände. Bauschäden-Sammlung. Folge 7.1/86. Deutsches Architektenblatt, Jg. 1986. H. 7.

[10] DIN 18025 Teil 1: Wohnungen für Schwerbehinderte; Planungsgrundlagen; Wohnungen für Rollstuhlbenutzer. Aus. Januar 1972. Entwurf Juli 1982.

[11] Institut für Altenwohnbau, Köln: Informationen zur Planung/Bau von Altenwohnungen, Altenwohnhäusern. März 1981.

[12] Götz + Partner: Katholisches Gemeindezentrum Heidelberg-Boxberg. Deutsche Bauzeitschrift. Jg. 1976, H. 2, S. 157–160.

[13] Götz + Partner: 12-geschossige Wohnhochhäuser in Mannheim-Vogelstang. Bauen + Wohnen. Jg. 1970, H. 8, S. 293–304.

Anforderungen an die Konstruktion von Parkdecks aus wasserundurchlässigem Beton

Dipl.-Ing. Gottfried Lohmeyer, Bauberatung Zement Hannover

1. Technische Regelwerke

Beim Bau von Parkdecks sind im wesentlichen folgende Vorschriften mit den zugehörigen Normen, Richtlinien und Merkblättern zu beachten:

DIN 1045 — Beton und Stahlbeton – Bemessung und Ausführung, Ausgabe Dezember 1978, (Entwurf 1986), Deutscher Ausschuß für Stahlbeton DAfStb.

ZTV Beton 78 — Zusätzliche Technische Vorschriften und Richtlinien für den Bau von Fahrbahndecken aus Beton 1978, Bundesminister für Verkehr.

Richtlinie zur Verbesserung der Dauerhaftigkeit von Außenbauteilen aus Stahlbeton, März 1983 Ergänzende Bestimmungen zu DIN 1045, Deutscher Ausschuß für Stahlbeton DAfStb.

Richtlinie zur Nachbehandlung von Beton, Fassung Februar 1984, Deutscher Ausschuß für Stahlbeton DAfStb.

Merkblatt „Betondeckung", Fassung Oktober 1982

Sofern Spannbeton zur Anwendung kommt ist weiterhin zu berücksichtigen:

DIN 4227 — Spannbeton, Teil 6 Bauteile mit Vorspannung ohne Verbund, Ausgabe Mai 1982.

2. Anforderungen an den Beton für Parkdecks

Parkdecks sind vielfältigen Beanspruchungen ausgesetzt:
- statische und dynamische Beanspruchungen durch ständige Lasten und Verkehrslasten,
- Temperaturänderungen bei Wechsel Tag/Nacht und Sommer/Winter sowie bei direkter Sonneneinstrahlung,
- Niederschläge als Regen oder Schnee und Eis,
- chemisch angreifende Stoffe wie Auftaumittel oder Treibstoffe und Öl,
- mechanische Oberflächen-Beanspruchung durch Fahrzeuge.

Es ist möglich, all diese Beanspruchungen dem Beton zuzuweisen. Beton ist imstande, diesen Beanspruchungen dauerhaft zu widerstehen. Allerdings muß bei Planung und Ausführung „betongerecht" vorgegangen werden. Hierbei sind Ausführungen aus Fertigteilen, aus Ortbeton oder aus Kombinationen beider Bauweisen möglich, wobei die Betonplatte direkt befahren wird (Bilder 1 bis 3).

Typische Mängel bei Parkdecks

Es ist zu beobachten, daß einige typische Mängel bei Parkdecks auftreten:
- Verschleiß und Abrieb an der befahrenen Betonoberfläche,
- Betonabplatzungen und Korrosion der Stahleinlagen,
- Frost-Tausalz-Absprengungen,
- Risse und Durchfeuchtungen mit Ausblühungen,
- Versagen der Fugendichtung.

Häufige Einflüsse auf das Entstehen von Mängeln

Einige Einflüsse wirken sich häufig auf das Entstehen von Mängeln bei Parkdecks aus:
- Fehlplanungen bei Bauweise und Konstruktion,
- unzureichende Leistungsbeschreibung,
- ungeeignete Baustoffe,
- fehlerhafte Ausführung.

Typische Fehler bei der Planung

Bei Planung und Festlegung der Konstruktion sind häufig nachstehende Fehler der Anlaß zu späteren Mängeln:
- unzureichendes Gefälle (erf. mindest. 2%),

- nicht einwandfreie Wasserabführung (Stützen, Gully),
- nicht geeignete Bewehrungsart,
- zu geringe Betondeckung,
- falsche Fugenausbildung.

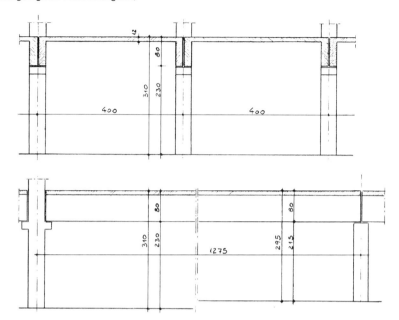

Bild 1 Auto-Regalanlage System Hochtief Liebenau

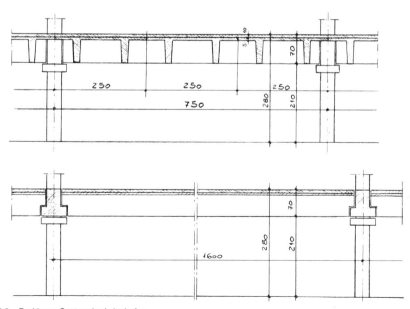

Bild 2 Parkhaus System Ludwigshafen

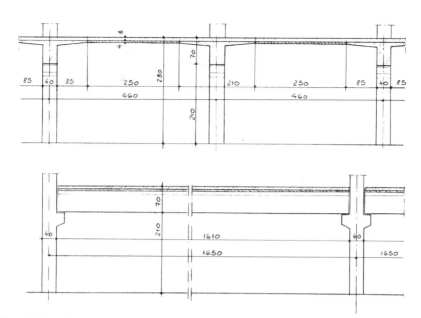

Bild 3 Parkhaus System Ramp Engineering Hannover

Typische Fehler bei der Ausführung

Bei der Ausführung von Parkdecks verursachen folgende Fehler künftige Mängel:
- Beton mit fehlendem Verschleißwiderstand,
- Beton mit fehlendem Frost-Tausalz-Widerstand,
- zu wenig und falsche Abstandhalter für die Bewehrung,
- fehlende oder unzureichende Nachverdichtung des Betons,
- zu spät einsetzende oder nicht genügend langfristige Nachbehandlung des Betons.

Beton für Parkdecks

Für den Bau von Parkdecks reicht normaler Konstruktionsbeton nicht aus. Hierfür ist ein Spezialbeton erforderlich:

Beton für Parkdecks = Beton mit besonderen Eigenschaften nach DIN 1045

als Beton BII Abschnitt 5.2.2.
und Stahlbeton der Festigkeitsklasse B 35
 Abschnitt 6.5.1
als wasserundurchlässiger Beton
 Abschnitt 6.5.7.2
mit hohem Frost- und Tausalz-Widerstand
 Abschnitt 6.5.7.3
mit hohem Widerstand gegen schwachen chemischen Angriff Abschnitt 6.5.7.4
mit hohem Verschleißwiderstand
 Abschnitt 6.5.7.5

Erforderliche Maßnahmen für besondere Beton-Eigenschaften

Zum Erreichen der vorgenannten besonderen Eigenschaften des Betons im Bauwerk sind folende Maßnahmen erforderlich:
- Betonzusammensetzung mit geeigneten Ausgangsstoffen (Zement, Zuschlag, Zusatzmittel),
- Nachweis der besonderen Eigenschaften durch Eignungsprüfungen vor Beginn der Ausführung,
- Lieferung des Betons durch bewährte Transportbetonwerke,
- Einbau des Betons durch besondere Bauunternehmen mit erfahrenem Personal und geeigneten Geräten,
- Eignungsprüfung durch Betonfachmann mit unternehmenseigener Betonprüfstelle und geschulten Betonprüfern,
- Fremdüberwachung durch „Güteschutzverband Beton B II-Baustellen" oder eine „Amtliche Materialprüfanstalt".

Genaue Abstimmung zwischen allen Beteiligten

Zum Erreichen einwandfrei und dauerhaft funktionierender Parkdecks ist eine genaue Abstimmung zwischen den mit der Durchführung der Baumaßnahme Beteiligten erforderlich:

- Planungsbüro (Gestaltung, Entwurf, Leistungsverzeichnis),
- Konstruktionsbüro (Ausführungszeichnungen, Bewehrungspläne, Fugenpläne),
- Transportbetonwerk (Ausgangsstoffe, Mischwerk, Fahrzeuge),
- Bauunternehmen (Personal, Maschinen, Geräte, Betonzusammensetzung),
- Betonprüfstelle (Betonprüfer, Prüfgeräte, Prüfdurchführung),
- Fremdüberwachung,
- Prüfingenieur.

Die Abstimmung zwischen den Beteiligten muß zeitig genug stattfinden. Einerseits sollten praktische Belange bei der Festlegung der Konstruktion berücksichtigt werden können. Andererseits sind Eignungsprüfungen anzusetzen, deren Ergebnisse vor Betonierbeginn vorliegen müssen (= 28 Tage). Daraus ergibt sich eine erforderliche Zeitspanne von etwa 6 Wochen.

3. Beispiel zur Betonzusammensetzung

Nachstehende Betonzusammensetzung ist als Beispiel für einen Beton anzusehen, der bei einem Parkdeck voll der Witterung ausgesetzt ist und direkt befahren wird. Andere Betonzusammensetzungen mit anderen Ausgangsstoffen sind möglich. Die besonderen Eigenschaften des Betons sind in einer Eignungsprüfung vor Beginn der Betonierarbeiten nachzuweisen.

330 kg Zement Z 35 F
155 kg Wasser Wasserzementwert w/z = 0,47
515 kg Sand 0/2 mm (28 vol.-%)
220 kg Kiessand 2/8 mm (12 Vol.-%)
660 kg Quarzkies 8/16 mm (30 Vol.-%)
595 kg Splitt 16/22 mm (30 Vol.-%)
200 cm³ Luftporenbildner LP
                          Luftporengehalt 4,5 Vol.-%
5000 cm³ Fließmittel FM
                          Ausbreitmaß a_0 = 33 cm
                                       a_F = 45 cm

4. Ausführung von Parkdecks

Die Durchführung der Betonierarbeiten bei Parkdecks kann auf verschiedene Weise erfolgen.

Beispiel einer Bauausführung
- Einbau des Betons entsprechend vorstehender Zusammensetzung,
- Abziehen und Verdichten des Betons mit Zwillings-Rüttelbohle im erforderlichen Gefälle,
- Aufbringen eines Besenstrichs für rauhe Oberflächenstruktur,
- Aufsprühen eines Nachbehandlungsfilms sofort nach Fertigstellung der Oberfläche,
- Abdecken der Oberfläche mit Folie bzw. Dämmatten.

Variante zur Bauausführung
- Betonzusammensetzung als Konstruktionsbeton B 35,
- Beton mit Fließmittel oder Beton mit Vakuumbehandlung,
- Abziehen und Verdichten des Betons mit Rüttelbohle im Gefälle,
- Aufbringen einer Hartstoffschicht durch Auftreten und Einarbeiten einer trockenen Mischung aus Hartstoffen und Zement nach DIN 18 560 Teil 5,
- Einarbeiten der Hartstoffschicht durch Scheibenglätter,
- mehrfache Übergänge mit Flügelglätter,
- Abdecken der Oberfläche mit Folie bzw. Dämmatten.

Beispiel einer Bauausführung für das Dach-Parkdeck
- Einbau des Betons als Konstruktionsbeton B 35,
- Abziehen und Verdichten des Betons mit Rüttelbohle im Gefälle,
- Splitt 2/5 mm als Dränschicht ≈ 5 cm dick,
- Filtervlies (treibstoffbeständig),
- Variante: statt Splitt und Filtervlies zweischichtige Filter- und Dämmatten,
- Sandbett ¼ mm als Pflastersand 3...5 cm dick,
- Beton-Verbundpflaster 8 cm nach DIN 18 501.

Beheizte Betonplatten

Es kann von Vorteil sein, die Einfahrtsrampen oder besondere Bereiche von Parkdecks zu beheizen. Dadurch kann das Entstehen von Glätte verhindert werden. Außerdem wird die Gefahr von Frost-Tausalz-Abplatzungen verringert.

Bei der Ausführung von beheizten Betonplatten fallen folgende Arbeitsgänge an:
- evtl. Dämmung an der Unterseite der Betonplatte,
- Betonplatte aus Beton mit besonderen Eigenschaften für Parkdecks,
- Einbau von Heizleitungen zwischen unterer und oberer Bewehrung,
- Abziehen und Verdichten des Betons mit Zwillings-Rüttelbohle,
- Oberflächenstruktur durch Aufbringen eines Besenstrichs,
- Nachbehandlung des Betons.

5. Anforderungen an die Bewehrung bei Parkdecks

Bei Parkdecks und besonders bei Rampen und in Einfahrten ist davon auszugehen, daß durch Fahrzeuge mit Schneematsch auch Tausalz von den Zufahrtsstraßen eingeschleppt wird. Es ist also mit einem Angriff durch Chloride zu rechnen, auch wenn im Parkhausbereich selbst kein Tausalz gestreut wird. Der Beton kann so hergestellt werden, daß er einen hohen Frost-Tausalz-Widerstand aufweist (DIN 1045 Abschnitt 6.5.7.3).

Zum Schutz der Bewehrung gegen Korrosion sind die nachstehenden Maßnahmen zu beachten:

Maßnahmen beim Bewehren von Parkdecks
○ genügend dichte und dicke Betondeckung:
- Mindestmaß min c =3,5 cm, Nennmaß c = 4,0 cm,
- geeignete Abstandhalter (z. B. aus Beton oder Faserzement).
○ Bewehrung zur Beschränkung der Rißbreite:
- engmaschige Bewehrung (nach Falkner, Leonhardt, Schießl, u. a.)
- Litzenspannglieder ohne Verbund nach DIN 4227 Teil 6.

Die Anordnung von Litzenspanngliedern kann eine sinnvolle Maßnahme zur Verringerung der Rißgefahr sein (Bild 4).

Litzenspannglieder ohne Verbund für Betonplatten

- Litze aus 7 Drähten in PE-Mantel mit Fettschicht
- Stahlgüte St 1570/1770
- Durchmeser 12,9 oder 15,3 mm
- zul Vorspannkraft zul P_v = 124 bzw. 173 kN
- Abstand der Litzenspannglieder ≈ 0,5 m
- Teilvorspannung 30%
  so früh wie möglich bei $\beta_w \geq 12$ N/mm^2
- Vollvorspannung 100 % $\beta_w \geq 24$ N/mm^2
- Betondruckspannung bei Vollvorspannung
  $\sigma_b \approx 1,0 \ldots 1,5$ N/mm^2
- Betondruckspannung im Endzustand
  $\sigma_b \approx 0,8 \ldots 1,2$ N/mm^2

Bewehrung mit rißverteilender Wirkung gestattet es, auf Bewegungsfugen gänzlich zu verzichten. Die Anzahl potentieller Gefahrenstellen wird dadurch verringert.

Schießl und Wölfel beschreiben im Heft 1/1986 der Zeitschrift Beton- und Stahlbetonbau die „Konstruktionsregeln zur Beschränkung der Rißbreite – Grundlage zur Neufassung DIN 1045 Abschn. 17.6". Dabei wird aber auch darauf verwiesen, daß es in vielen Fällen für den praktischen Ingenieur eine lohnendere und für das Bauwerk eine bekömmlichere Aufgabe sein dürfte, sich der konstruktiven Durchbildung des Bauwerks und der Beeinflussung des Bauablaufs zu widmen. Dieses sollte in einem für die Rißbildung und die Dauerhaftigkeit günsti-

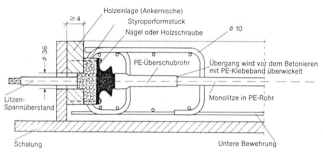
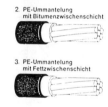

Bild 4   Litzenspannglieder ohne Verbund für Betonplatten

gen Sinne geschehen, anstatt bei üblichen Bauwerken einige Prozent Betonstahl durch Anwendung verfeinerter Berechnungen zu sparen.

6. Ausbildung von Fugen bei Parkdecks

Nach DIN 1045 Abschnitt 14.4.1 sind bei längeren Bauwerken, bei denen durch Temperaturänderungen und Schwinden Zwänge entstehen können, zur Rißbeschränkung geeignete konstruktive Maßnahmen zu treffen, z. B.:

- Bewegungsfugen (Breite b $\geq$ a/1200 mit Fugenabstand a $\leq$ 30 m)
- Bewehrung (nach Falkner/Leonhardt, Schießl u. a.)
- zwangfreie Lagerung (Gleitlager, Pendelstützen).

Jede einzelne dieser drei Maßnamen kann angewendet werden, aber auch eine Kombination mehrerer Maßnahmen ist möglich.

Für die Berechnung von Längenänderungen durch Temperaturdifferenzen, Schwinden oder Kriechen sind in DIN 1045 bzw. DIN 4227 Rechenwerte angegeben. Dabei ist zu bedenken, daß die Rechenwerte lediglich mittlere Werte sind. Je nach Betonzusammensetzung, Alter und Feuchte können die Werte größer oder kleiner sein und zwar:

- Elastizitätsmodul E_b bis zu $\pm$ 20%
- Temperaturdehnzahl α_T bis $\pm$ zu 50%.

Eine Beeinflussung ist insbesondere durch Verwendung geeigneter Betonzuschläge mit kleiner Wärmdehnung möglich (z. B. Hochofenschlacke, Diorit, Gabbro).

Im Einzelfall ist zu prüfen, ob die Temperaturänderung gegenüber DIN 1045 Abschnitt 16.5 größer anzusetzen ist, z. B. mit

$\Delta_T = \pm 25$ K.

Zur Sicherung und Abdeckung von Fugen gibt es verschiedene Möglichkeiten, die sich in der Praxis bewährt haben. In jedem Fall handelt es sich um Spezialfugenabdichtungen für Parkdecks aus wasserundurchlässigem Beton (Bilder 5 bis 7).

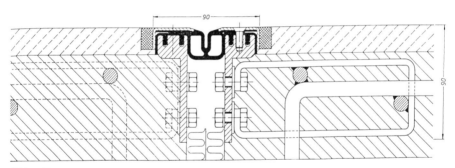

Bild 5 Fugendichtungsprofil für Parkdecks (System Migua)

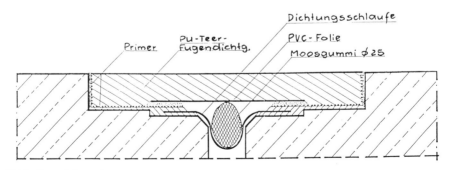

Bild 6 Fugendichtung für Parkdecks (System MC)

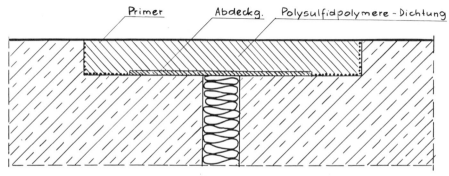

Bild 7 Fugendichtung für Parkdecks (System PCJ)

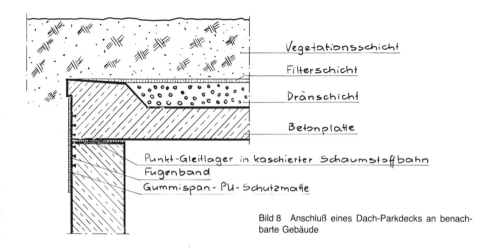

Bild 8 Anschluß eines Dach-Parkdecks an benachbarte Gebäude

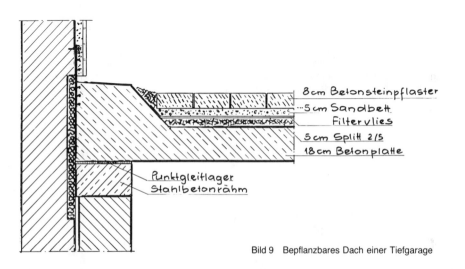

Bild 9 Bepflanzbares Dach einer Tiefgarage

7. Lagerung der Betonplatten von Dach-Parkdecks

Die in DIN 1045 Abschnitt 14.4.1 genannte zwangfreie Lagerung kann weitgehend durch Gleitlager erreicht werden. Dabei ist eine klare Trennung zwischen Unterkonstruktion und Dachdecke erforderlich. Zwischen Stahlbeton-Wandkrone bzw. -Ringanker und Dachdecke werden Gleitlager angeordnet. Diese Gleitlager können die Reibungskräfte in der Auflagerung zwar nicht vollständig aufheben, wohl aber stark verringern.

Damit eine einwandfreie Trennung erfolgt, wird über allen tragenden Wänden zunächst eine kaschierte Schaumstoffbahn verlegt, die oberseitig mit einer Abdeckfolie versehen ist. Sie ist etwa 5 bis 10 mm dick und besitzt in 1 m großen Abständen jeweils Aussparungen für die Gleitlager. Zusätzliche Aussparungen können eingestanzt werden, wenn es die statischen Verhältnisse für engere Lagerabstände erfordern, z. B. bei Auflagern von Überzügen, Blindbalken usw. In die Aussparungen werden die Punktgleitlager (rund oder rechteckig) eingesetzt. Die Betondecke liegt dann stelzenartig auf den Gleitlagern auf. Verdrehungen und Verformungen der Betondecke können ohne weiteres aufgenommen werden, Kantenpressungen entstehen nicht.

Die zulässige Belastung eines Punktgleitlagers beträgt je nach Fabrikat 30 bis 100 kN. Die maximale Pressung im Gleitlager kann 5 N/mm^2 sein. Der Reibungsbeiwert beträgt etwa $\mu = 0,10$ (große Auflast) bis $\mu = 0,25$ (geringe Auflast).

8. Zusammenfassung

Konstruktionen aus Stahlbeton-Fertigteilen oder aus Ortbeton oder aus beiden Bauweisen kombiniert können mit wasserundurchlässigem Beton B 35 so hergestellt werden, daß sie ohne weitere Abdichtungen und Verschleißschichten direkt genutzt werden. Hierzu sind aufeinander abzustimmen:

- Konstruktion
- Betonzusammensetzung
- Betonverarbeitung
- Bauüberwachung.

Es entsteht dadurch eine einfache und wirtschaftliche Bauweise mit geringen Fehlerquellen. Diese Bauweise führt bei Beachtung der vorgenannten Empfehlungen zu dauerhaft funktionierenden Bauwerken. Dem Bauherrn sollte jedoch bewußt sein, daß auch er die Qualität der Arbeit bestimmt. Unter zu starkem Preisdruck und unter zu großer Terminnot wird auch hier wie allgemein im Baugeschehen stets die Qualität beeinträchtigt.

Literatur

Benz, H.-J.: Neubau einer Autoregalanlage, Container-Terminal Bremerhaven. Industriebau 6/81

Kitschun, P.: Parkhaus in Lübeck – Weitgespannte Betonkonstruktion in schlanker Dimensionierung. Beton 7/1979

Lohmeyer, G.: Flachdächer – einfach und sicher. Konstruktion und Ausführung von Flachdächern aus Beton ohne besondere Dichtungsschicht. Beton-Verlag Düsseldorf 1982

Lohmeyer, G.: Stahlbetonbau – Bemessung, Konstruktion, Ausführung. B. G. Teubner, Stuttgart 1983.

Pfefferkorn, W.: Dachdecken und Mauerwerk. Verlagges. Rudolf Müller Köln 1980

Schießl, P., Wölfl E.: Konstruktionsregeln zur Beschränkung der Rißbreite – Grundlage zur Neufassung DIN 1045, Abschnitt 17.6 (Entwurf 1985). Beton- und Stahlbetonbau 1/1986

Meier, U.: Parkdecks „auf der grünen Wiese". Betonwerk + Fertigteil-Technik, 3/1978

Verein Deutscher Zementwerke: Zement-Taschenbuch. Bauverlag GmbH Wiesbaden 1984

Zimmerman, G.: Flachdächer mit genutzter Oberfläche. Deutsches Architektenblatt 10/1981.

Begrünte Dachflächen – Konstruktionshinweise aus der Sicht des Sachverständigen

Dr.-Ing. Rainer Oswald, Aachen

1. Zur Situation

In den letzten Jahren werden in zunehmendem Maße Dachflächen begrünt. Damit werden vermehrt auch Geschoßwohnungen gartenähnliche private Freiflächen zugeordnet. Zugleich kann ein positiver Beitrag zur Verbesserung des Kleinklimas, insbesondere in städtischen Gebieten geleistet werden. Weiterhin wirken die über der Dachabdichtung liegenden Schichten – wie auch andere schwere Schutzschichten – temperaturausgleichend auf die Dachkonstruktion und die darunterliegenden Räume.

Diesen positiven Aspekten stehen im konstruktiven Bereich einige negative Auswirkungen gegenüber:

– Es ist mit einer zusätzlichen Belastung der Konstruktion zu rechnen;

Abb. 1 + 2 Beispiele intensiv begrünter Dächer

– die Dachhaut wird durch Wurzeln beansprucht;
– es besteht ein erhöhtes mechanisches Beschädigungsrisiko bei gärtnerischen Arbeiten;
– insbesondere bei Anstaubewässerung wird die Dachabdichtung ständig unter stehendem Wasser gehalten;
– die Zugänglichkeit der Dachabdichtung für Wartungs- oder Reparaturarbeiten ist insbesondere bei intensiven Begrünungen sehr erheblich erschwert. Die Nachbesserungskosten beim Versagen der Abdichtung sind daher äußerst hoch.

Allein aus dem zuletzt genannten Aspekt ergibt sich, daß die bautechnischen und abdichtungstechnischen Maßnahmen im Bereich von begrünten Dächern auf eine extrem hohe Funktionssicherheit abzielen müssen. Bei dem Bemühen, dieses Ziel zu erreichen, stößt der planende Architekt und Ingenieur jedoch schnell auf ein Dilemma: Langfristig funktionssicher Planen heißt nämlich u. a. Planen mit Bauweisen und Materialien, die seit langem auch praktisch bewährt sind.

Auf dem Gebiet der Dachbegrünungen gibt es aber eine derartige Langzeitbewährung in großem Umfang nicht, wenn man davon ausgeht, daß eine Dachabdichtung unter einer intensiven Begrünung mit Bäumen und Sträuchern praktisch während der gesamten Gebäudestandzeit funktionsfähig und wartungsfrei bleiben muß. Aus der mangelnden Langzeiterfahrung ergibt sich weiterhin, daß ebenfalls auch keine allgemein anerkannten Regelwerke vorliegen, die angemessene konstruktive Maßnahmen bei begrünten Dächern empfehlen oder vorschreiben. Der Planer und Anwender ist also im wesentlichen auf die z. T. widersprüchlichen Informationen der Produkthersteller sowie einzelne Fachveröffentlichungen angewiesen, deren Autoren sich leider vereinzelt bei näherer Nachprüfung ebenfalls als firmengebunden herausstellen. Es ist ein großer Verdienst der Mitglieder der Forschungsgesellschaft Land-

Abb. 3 und 4 Mit großem Kostenaufwand zu sanierende, undichte, intensiv begrünte Dächer

schaftsentwicklung – Landschaftsbau e. V., Bonn, durch qualifizierte Veröffentlichungen insbesondere durch die Broschüre ,,Grundsätze für Dachbegrünungen", (2. Auflage, Bonn 1984) hier eine erste Abhilfe geschaffen zu haben. Einige Ausführungen dieser Broschüre stehen aber offensichtlich ebenfalls noch in der Diskussion.

Zusammenfassend stelle ich also fest, daß zur Zeit mit Sicherheit begrünte Dachkonstruktionen eine ,,neue Bauart" darstellen. Der Planer hat also den Bauherrn unter Aufzeigen aller Konsequenzen über das damit verbundene erhöhte Risiko aufzuklären, wenn er sich nicht im Versagensfall vor Gewährleistungsansprüche gestellt sehen will.

2. Begrünungsarten und Schichtenfolgen

Es ist hier nicht meine Aufgabe als beratender Ingenieur und bautechnischer Sachverständiger sehr detailliert über die verschiedenen Arten der Dachbegrünung zu sprechen. Daher dazu nur stichwortartig die wesentlichen Aspekte:

Es wird zwischen extensiver und intensiver Begrünung unterschieden. Die extensive Begrünung besteht aus niedrigem Bepflanzungen (z. B. Steinbrecharten), die nur geringen Anspruch an das Nährstoff- und Wasserangebot und die Substratdicke haben. Extensive Begrünungen sind auf Schichtdicken von 5–10 cm möglich, also Aufbauhöhen, die auch bei kiesüberschütteten Dächern auftreten. Intensive Begrünungen stellen Rasen- und Gartenbepflanzungen mit Konstruktionshöhen von ca. 15 bis 150 cm dar. Hier sind wesentlich höhere Anforderungen an das Substrat, das Wasserangebot und die Tragfähigkeit des Untergrundes gestellt.

Bepflanzungen auf dem Dach sind einerseits erhöhter Verdunstung ausgesetzt, da sie meist sehr frei bewittert liegen, andererseits stehen tiefere Erdreichschichten mit Grundwasser bei Trockenperioden als Wasserlieferant nicht zur Verfügung.

Will man möglichst wenig auf die wenig umweltfreundliche, künstliche Bewässerung angewiesen sein, so muß für die Rückhaltung des Niederschlagswassers gesorgt werden. Dazu gibt es grundsätzlich 2 Wege:

– Anstau des Wassers in oder unter der Dränschicht;
– Wasserspeicherung durch saugfähige Partikel im Substrat.

Die grundsätzliche Schichtenfolge oberhalb der Abdichtung lautet von unten nach oben:

– Wurzelschutzschicht – schützt die Abdichtung vor Durchwurzelung;
– Spatenschutzschicht – schützt die Wurzelschutzschicht und die Abdichtung vor Beschädigung;
– Dränschicht – leitet überschüssiges Wasser ab bzw. staut Wasser an;

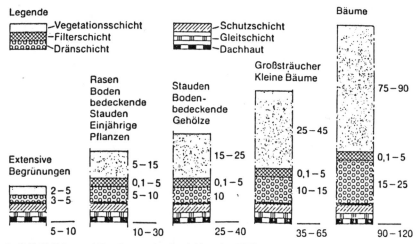

Abb. 5 Schichtstärken und Begrünungsarten (nach Liesecke, DDH 5/85)

- Filterschicht – verhindert, daß Bodenfeinteile die Dränschicht zusetzt;
- Vegetationsschicht – dient als eigentliche Wachstumsschicht für die Pflanzen.

Die verschiedenen Systemhersteller fassen teilweise mehrere dieser Funktionsschichten in einer einzelnen Schicht zusammen.

Ich möchte im folgenden auf 4 Aspekte der Schichtenfolge eingehen, die mir für die bautechnische Funktionsfähigkeit begrünter Dächer wesentlich erscheinen. Auf die Lösung der Details möchte ich nicht eingehen, da dazu eine gesonderte Abhandlung vorliegt.

3. Durchwurzelungsschutz

Hinsichtlich des Wurzelwachstums sind Pflanzen mit intensivem Wurzelwachstum und Pflanzen mit aggressivem Wurzelwachstum zu unterscheiden. Die letzteren bilden ggf. nur eine geringe Zahl von langsam wachsenden Wurzeln, können aber mit großer Krafteinwirkung Baustoffe durchwachsen.

Die in zurückliegender Zeit zur Untersuchung der Durchwurzelung von Vergußmassen von Abwasserleitungen (DIN 4038) und Dichtstoffen für Bauteile aus Beton (DIN 4062) verwendeten Prüfverfahren haben sich als völlig unzureichend erwiesen, da sie weder hinsichtlich der verwendeten Pflanzen noch hinsichtlich der Einbausituation, der Dichtungsmaterialien und der Testdauer eine realistische Simulation der ungünstigerweise auf einem begrünten Dach auftretenden Beanspruchung darstellten.

Im Jahre 1984 hat die bereits zitierte Forschungsgesellschaft ein neues Verfahren zur Untersuchung der Durchwurzelungsfestigkeit von Wurzelschutzbahnen bei Dachbegrünungen entwickelt. Dieses Verfahren simuliert praktische Einbausituationen mit Nähten, Querstößen und Knickstellen in den Bahnen und verwendet wurzelaggressive Pflanzen (Erlen, Zitterpappeln, Disteln). Die Testzeit beträgt 4 Jahre. Die seit Anfang 1984 laufenden Tests werden also erst 1988 verläßliche Aussagen über die tatsächliche Leistungsfähigkeit der verschiedenen Wurzelschutzbahnen möglich machen.

Wie hat sich in dieser Situation ein heute planender Architekt und Ingenieur zu verhalten?

Zunächst einmal ist sicher, daß bituminöse Dichtungsbahnen und Massen auch solche mit Metallbandeinlagen oder Wurzelschutzzusätzen **nicht** durchwurzelungssicher sind, da eine Durchwachsung zumindest an den Bahnenstößen erfolgen kann. Von einigen Fachleuten und Herstellern werden lose, doppelt verlegte PE-Folien mit weiter Überlappung als Schutz vorgeschlagen. Dünne PE-Folien (0,2 mm) werden beim Verlegen sehr leicht beschädigt, jede lose Überlappung wird mit der Zeit unterwachsen. Das Argument, das Wurzelwachstum würde die weite Überlappung nicht überwinden, erscheint mir nicht hinreichend glaubhaft, wenn man – wie ich es bereits angedeutet habe – eine Liegedauer des Daches von 80 Jahren vor Augen hat (die Fotos zeigen eine an Löchern und Überlappungen durchwachsene doppelte PE-Folienlage in einem 17 Jahre alten Dach). Aus dem gleichem Grund halte ich auch alle anderen mit lose überlappt liegenden Bahnen arbeitenden Verfahren nicht für verläßlich langzeit-sicher. Nach den mir vorliegenden Informationen scheinen sorgfältig verschweißte PVC-Weich-Dachdichtungsbahnen, die ohne Knickstellen verlegt wurden, einen verläßlichen Durchwurzelungsschutz zu bieten (dies trifft selbstverständlich nicht für die bis zur Mitte der 70er Jahre verwendeten PVC-Weich-Bahnen mit erhöhtem Weichmacherverlust zu). Bei der Verlegung dieser Bahnen ist auf die Verträglichkeit mit den angrenzenden Baustoffen zu achten, ggf. sind Trennlagen einzuschalten.

Bis zum Vorliegen der genaueren Testergebnisse wird der Planer also unerläßlich den Bauherrn über die noch zur Zeit bestehenden Unsicherheiten aufklären müssen.

4. Beschädigungsschutz

Dieser Schutz kann durch Schutzestriche erreicht werden, die in engem Abstand (3–4 m) mit Dehnfugen versehen sein müssen. Da die Längenänderungen solcher Estrichplatten grundsätzlich ein Beschädigungsrisiko darstellen, da es schwierig ist, den besonders wichtigen Schutz der aufgekanteten Ränder der Dachabdichtung im Zusammenhang mit Estrichen herzustellen und da der freie Kalk in zementgebundenen Baustoffen zu Kalkhydratbildungen in den Dachabläufen und damit zum Zusetzen der Rohrleitungen führen kann, sind nach meiner Ansicht 10–20 mm dicke Bautenschutzmatten (Recycling-Platten) eine rationellere und bessere Lösung der mechanischen Beschädigungsschutzes. Der Bauherr und Nutzer eines derartigen Daches muß sich selbstverständlich darüber im klaren sein, daß er nicht in beliebiger Weise und mit beliebigen Werkzeugen den Untergrund beschädigen darf.

5. Wasserdampfdiffusionstechnische Anforderungen

Wasseranstau oder ständige Wasserhaltung im Substrat bedeuten, daß über der Abdichtung ganzjährig Wasserdampfsättigungsdruck

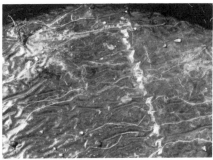

Abb. 6 und 7 An Stößen und Beschädigungsstellen durchwachsene PE-Folien-Schutzschicht

herrscht. Eine Wasserdampfabgabe oder Austrocknung nach oben findet bei einem derartigen Dach daher nicht statt. Im Gegenteil kann es bei Umkehrung des Temperaturgefälles von außen nach innen, ggf. während des Sommers zu Tauwasserbildungen auf der Oberseite der Dampfsperre kommen. Dieser Sachverhalt hat jedoch – im Gegensatz zu häufig anders geäußerten Meinungen – bei üblichen bituminös abgedichteten einschaligen Dachquerschnitten mit üblicher Dampfsperre (Dampfsperrwert 100 m) keinen bedeutenden Einfluß auf den

Wasserdampfhaushalt und die Tauwasserbelastung des Dachquerschnitts, da alleine aufgrund der großen Dampfdichtigkeit der Abdichtungsschicht die durch diese Schicht transportierten Wasserdampfmengen sehr gering sind. Lediglich bei hochpolymer abgedichteten Dächern, bei denen Dampfsperren mit sehr niedrigem Dampfsperrwert eingesetzt werden, kann die nach den Normklimabedingungen der DIN 4108 ermittelte Tauwassermenge deutlich ansteigen. Insgesamt wird nach meiner Einschätzung das Tauwasserproblem bei begrünten Dächern häufig überschätzt.

6. Gefällegebung

Der Wunsch nach gleichmäßig im Untergrund verteilten und verfügbaren, möglichst nicht durch Bewässerung zugeführtem Wasser, läßt es zunächst einmal aus gärtnerischer Sicht sinnvoll erscheinen, die gesamte Dichtungsebene als wasserhaltende Wanne gefällelos auszubilden. Entsprechend heißt es auch in den ,,Grundsätzen für Dachbegrünungen", Abschnitt 4.1.2: ,,Bei Dachbegrünungen auf Flachdächern sollte eine gefällelose Ausbildung des Daches angestrebt werden ...".

Abb. 8 Ausführungsvorschlag Intensivbegrünung mit Abdichtung im Gefälle und Anstau auf der Wurzelschutzbahn

Dem stehen Schadenserfahrungen mit gefällelosen Dächern gegenüber: Unsere Schadenserhebungen ergaben, daß gefällelos ausgeführte Dachflächen überproportional häufig schadhaft werden, da bei starker, andauernder Wasserbeanspruchung bereits kleinste Undichtigkeiten erhebliche Durchfeuchtungen zur Folge haben. Auch das weitgehende Verschwinden der bis Mitte der 70er Jahre in größerem Umfang propagierten, wasserüberschütteten Dächer belegt diese Schadenserfahrung. Aus der Sicht des immer wieder mit kostspieligen Schäden befaßten Sachverständigen erscheint es mir angesichts der erforderlichen, extrem hohen Funktionssicherheit bautechnisch nicht angemessen, insbesondere intensiv begrünte Dächer gefällelos auszuführen.

Es besteht im übrigen zwischen Gefällegebung und Wasserhaltung kein unüberbrückbarer Gegensatz: So befinden sich Polystyrol-Formplatten auf dem Markt, die durch Filterschichten abgedeckte Hohlräume zum Anstau aufweisen. Ab einer bestimmten Stauhöhe wirken diese Platten zugleich als Dränschicht. Eine weitere, von mir selbst praktizierte Ausführungsform besteht darin, die Wurzelschutzbahn nach dem Fischtreppenprinzip mit Erhöhungen auszustatten, so daß die Wurzelschutzschicht zugleich als Anstauschicht wirkt. Unterhalb der Wurzelschutzschicht wird dann eine zügige Entwässerung der eigentlichen Abdichtung sichergestellt. Ich fordere daher sehr dazu auf, gerade bei bepflanzten Dächern durch die Gefällegebung einer selbstverständlich hochwertigen Abdichtung die Langzeitfunktionssicherheit deutlich zu verbessern.

Es ist mir klar, daß derartige Lösungen relativ kostenaufwendig sind und daher auch nicht den ungeteilten Beifall verschiedener Systemhersteller und auf die Planung von Dachbegrünungen spezialisierten Planers finden werden, die auf eine Ausweitung des Marktes bedacht sind. Mir scheint es jedoch gerade hinsichtlich des äußerst großen Nachbesserungsaufwandes bei intensiv begrünten Dachflächen und angesichts des gegenwärtigen unvollständigen Kenntnisstandes unerläßlich, mit dem heute höchstmöglich erzielbaren Sicherheitsgrad zu planen.

Parkdecks und befahrbare Dachflächen mit Gußasphaltbelägen

Dr.-Ing. Alfred Haack, STUVA (Studiengesellschaft für unterirdische Verkehrsanlagen e. V.), Köln

1. Planungsgrundlagen

Planung und Ausführung der Abdichtung von Parkdecks und befahrbaren Dachflächen stellen besondere Anforderungen. Beides muß abgestimmt sein auf die spezifischen Beanspruchungen solcher Bauteile. Sie unterscheiden sich zum Teil erheblich von denjenigen bei anderen Ingenieurbauwerken. Von der technischen Lösung her lassen sich grundsätzlich zwei Wege verfolgen: nämlich einerseits die flächenhafte Abdichtung an sich wasserdurchlässiger Bauteile unter Verwendung von Dichtungsbahnen auf Bitumen- oder Kunststoffbasis und andererseits die Herstellung eines von vornherein wasserundurchlässigen Baukörpers z. B. aus Beton. Im folgenden wird ausschließlich auf Fragen im Zusammenhang mit bahnenartigen Flächenabdichtungen von Parkdecks und befahrbaren Dachflächen eingegangen. Dabei sind für die Abdichtung Beanspruchungen mechanischer, thermischer und chemischer Art zu berücksichtigen. Dies wird nachstehend näher erläutert [1]:

a) Mechanische Beanspruchungen

Allgemein ist sowohl von ruhenden Lasten (Eigengewicht der Deckenkonstruktion, abgestellte Fahrzeuge) als auch von dynamischen Belastungen (fahrende Fahrzeuge) auszugehen. Hinzu kommen Beanspruchungen auf Bauteilverformungen, die zum größten Teil mit der Funktion der Befahrbarkeit der Bauteile nichts zu tun haben.

Bezüglich der ruhenden Lasten ist bei der statischen Berechnung der Tragkonstruktion mindestens von Brückenklasse 6 nach DIN 1072 [2] auszugehen, sofern nicht von vornherein z. B. aufgrund geringer Durchfahrtshöhe eine Nutzungsbeschränkung auf Pkw mit maximal 2,5 t zulässigem Gesamtgewicht erfolgt. Wenn das Parkdeck oder die befahrbare Dachfläche zugleich als Feuerwehrzufahrt dient, ist Brückenklasse 12 oder 30 nach DIN 1055 [3] anzusetzen. Im Hinblick auf die Abdichtung interessiert in diesem Zusammenhang vor allem die Hinterradlast. Sie ist für den 2,5 t-Pkw mit 7,5 kN und für den 30 t-SLW mit 50 kN anzunehmen. Die Radaufstandsfläche beträgt dabei für den Pkw 20 × 20 cm², für den SLW 20 × 40 cm². Je nach Art und Dicke des Fahrbelages (Lastverteilung) und unter Einbeziehung eines Schwingbeiwertes $\varphi = 1,4$ (DIN 1055, [3]) erhält man damit in der Abdichtungsebene Druckspannungen zwischen etwa 0,2 und 0,5 MN/m². Hinzuzurechnen ist das Eigengewicht des Belages. Die sich so ergebenden Druckspannungen stellen i. a. bei der Wahl der Abdichtungsstoffe kein Problem dar. Sie sind aber unbedingt zu beachten, wenn eine Wärmedämmung anzuordnen ist. Dies gilt vor allem für solche Flächen, für die eine Nutzung durch schwerere Fahrzeuge wegen fehlender baulicher Begrenzung der Durchfahrthöhe trotz Verbots durch entsprechende Beschilderung letztendlich nicht sicher ausgeschlossen werden kann. Hier ist zu bedenken, daß bereits das einmalige Befahren durch ein größeres Abschlepp- oder Reinigungsfahrzeug u. U. die Abdichtung zerstören kann.

Zu den ruhenden Lasten kommen dynamische aus dem Fahrverkehr. Die hiervon rührenden Schwingungen werden durch Einrechnen des bereits erwähnten Schwingbeiwertes $\varphi = 1,4$ berücksichtigt. Für die Abdichtung sind aus dem Fahrverkehr außerdem noch horizontale Beanspruchungen infolge von Anfahr- und Bremsvorgängen anzunehmen. An den Gebäudefugen treten i. a. zusätzlich schwingende Vertikalbewegungen von 1 bis 2 mm Ausschlag und Verdrehungen auf bei Frequenzen von etwa 1 bis 2 Hz.

Eigengewicht und Verkehrslast (ruhend oder fahrend) verursachen Verformungen des Bauwerks, die ebenfalls bei der Planung der Abdichtung zu berücksichtigen sind. In erster Linie sind hier Durchbiegungen und Verdrehungen zu nennen. Sie werden im Bereich der Gebäudefugen überlagert von Vertikalbewegungen aus Setzungsdifferenzen der beiden benachbarten Baukörper und von Horizontalbewegungen aus Temperaturbeeinflussung. Für beide Bewegungsrichtungen muß i. a. jeweils von etwa 5 bis 10 mm ausgegangen werden. Bei größeren, fugenlos zusammenhängenden Deckenflächen können die temperaturbedingten Längenänderungen absolut gesehen aber durchaus auch Werte von 50 bis 60 mm annehmen, z. B. bei größeren Messehallen oder Einkaufszentren mit befahrbaren Dachflächen. Besondere Verhältnisse können sich auch bei Decken aus Stahlbetonfertigteilen (z. B. TT-Platten) ergeben. Je nach statisch konstruktiver Ausführung der Fugen zwischen den Platten ist das Abdichtungskonzept festzulegen.

Die Auswirkungen der Verkehrslast auf die Abdichtung hängen im wesentlichen von der Art und Dicke des Fahrbelags ab. Hier kommen im allgemeinen in Betracht:

- Asphalt
- Verbundpflaster
- Betonplatten in Sand oder Mörtelbett oder
- Ortbeton.

Von großem Einfluß ist aber auch die Art der Baukonstruktion:

- Ortbeton bzw. Ortbeton auf filigranen Fertigteilplatten oder
- Fertigteile als selbständig tragende Deckenteile

Letztere sollten unbedingt durch Anordnung entsprechender Anschlußbewehrung eine biegesteife Verbindung in den Fugen erhalten, sofern diese nicht gerade mit einer Gebäudefuge zusammenfallen. Läßt sich dies im Einzelfall nicht sicherstellen, muß die Abdichtung über alle Fertigteilfugen so ausgebildet werden wie normalerweise nur über den Gebäudefugen, bei kleineren Relativbewegungen mindestens aber mit Schleppstreifen versehen sein. Andernfalls sind auf die Dauer schwere Schäden nicht auszuschließen.

Über Art und Größe aller zu erwartenden Verformungen muß der Abdichter bzw. der Abdichtungsplaner in jedem Fall verbindliche Aussagen vom Bodengutachter sowie vom Statiker erhalten [4].

b) Temperaturbeanspruchungen

Überlegungen zum geeigneten Abdichtungsaufbau eines Parkdecks oder einer befahrbaren Decke müssen auch die möglichen Temperaturbeanspruchungen einbeziehen. Diesbezüglich ist im Bereich der Bundesrepublik Deutschland von Verhältnissen nach Tabelle 1 auszugehen:

Tabelle 1: Auf die Abdichtung von Parkdecks einwirkende Temperaturänderungen im Bereich der Bundesrepublik Deutschland

Frequenz	max T [K]	Ursache
stündlich	15	Schauer, Hagelschlag
täglich	20	Tag, Nacht
jährlich	100	Sommer, Winter

Im Zusammenhang mit den relativ kurzfristig auftretenden Temperaturänderungen und den damit verbundenen Abkühlungen durch starken Regenfall oder Hagelschlag kann für die Abdichtung i. a. eine beträchtliche Dämpfung des Temperatursturzes durch den Fahrbelag angenommen werden. Dennoch sind aber unter Umständen bei der Wahl des Abdichtungssystems die Auswirkungen aus der kurzzeitig auftretenden ungleichmäßigen Temperaturverteilung in der Deckenkonstruktion zu berücksichtigen. Die schnelle Abkühlung an der Oberseite kann bei nahezu unveränderten Temperaturen an der Unterseite zu erheblichen Spannungen in der Deckenplatte führen. Das gilt in besonderem Maße für teilweise durch höher gelegene Parkebenen überdachte, in anderen Bereichen aber frei bewitterte Zwischendecken. Hier muß die Abdichtung den Verformungen der Deckenkonstruktion schadlos folgen und eventuell im Betonuntergrund auftretende Spannungsrisse dauerhaft überbrücken können. Bei weitem nicht so extrem liegen die Verhältnisse bei den Temperaturschwankungen infolge Tag- und Nachtwechsel. Hinsichtlich der Jahresschwankungen geht DIN 1072 [2] für Betonbrücken bei der Ermittlung von Bewegungen an Lagern und Fahrbahnübergängen von − 40 °C im Winter und + 50 °C im Sommer aus. Diese Temperaturspanne von 90 K kann sich für die Abdichtungsebene durchaus noch etwas erhöhen, wenn man eine Aufheizung der Belastungsoberfläche bei direkter Sonnenbestrahlung auf etwa 80 °C einbezieht. Vor diesem Hintergrund ist in Tabelle 1 ein Wert von 100 K aufgeführt.

c) Chemische Beanspruchung

Eine chemische Beanspruchung der Abdichtung ist bei Parkdecks und befahrbaren Decken nicht ganz auszuschließen. Dies gilt in besonderem Maße für die Abdichtung über Gebäudefugen, für drei bewitterte Flächen, aber auch für den übrigen Bereich. In erster Linie ist hier auf das Tausalz hinzuweisen. Unter Umständen ist aber auch das Einwirken von Schmier- und Kraftstoffen auf die Abdichtung gegeben. Das Ausmaß derartiger Beanspruchungen hängt wesentlich vom Fahrzeugwechsel, vom Fahrbelag und von der Fugenkonstruktion ab. Auf die Fläche bezogen ist die Gefährdung der Abdichtung beispielsweise bei einem im Sand verlegten Verbundpflaster oder kleinformatigen Plattenbelag wegen der zahlreichen Fugen größer als bei einem Asphalt- oder Ortbetonbelag. In dieser Frage müssen je nach geplanter Nutzung u. U. geeignete Schutzvorkehrungen getroffen werden. Dazu zählt z. B. der Einsatz entsprechend beständig ausgelegter Dichtungsbahnen oder Metallbänder.

Die genannten Einflüsse und die üblicherweise bei Parkdecks und befahrbaren Dachflächen anzutreffenden Rundbedingungen wirken sich in ihrer Gesamtheit auf den Abdichtungsaufbau aus.

2. Bemessungsgrundlagen

Maßgeblich für die Bemessung einer Abdichtung der hier betrachteten Bauteile ist DIN 18195, Teil 5 [5]. Sie unterscheidet bei den Abdichtungen gegen nichtdrückendes Wasser zwischen mäßiger und hoher Beanspruchung. Eine mäßige Beanspruchung liegt danach immer dann vor, wenn:

- die Verkehrslasten im Sinne von DIN 1055 [3] vorwiegend ruhend sind und die abzudichtende Fläche nicht befahren wird,
- die Temperaturschwankungen in der Abdichtungsebene nicht mehr als 40 K betragen und
- die Wasserbeanspruchung gering und nicht ständig ist.

Eine hohe Beanspruchung liegt dagegen vor, wenn eine oder mehrere der vorgenannten Beanspruchungsgrenzen überschritten wird.

Bei den Parkdecks und befahrbaren Dachflächen werden zweifellos die beiden erstgenannten Bedingungen nicht erfüllt. Es liegt somit eindeutig eine hohe Beanspruchung vor – unabhängig davon, ob es sich um ein Palettenparkhaus, eine P + R-Anlage in halber Tiefenlage oder eine Tiefgarage handelt (Bild 1).

Lediglich bei ausschließlich privat genutzten Tiefgaragen in Wohnhäusern (kein Kundenverkehr!) kann in Sonderfällen und bei geeigneter Stoffwahl von vorstehender Regelung abgewichen, d. h. eine mäßige Beanspruchung angenommen werden. Hier lassen sich die Verkehrslasten wegen der relativ wenigen Fahrzeugbewegungen als vorwiegend ruhend, die Temperaturschwankungen wegen der Tiefenlage als gering und die Wasserbeanspruchung ebenfalls als gering und nicht ständig wirkend beurteilen. Diese Kriterien würden allerdings nicht mehr zutreffen bei einem Parkhaus in Hanglage, das zwar an drei Seiten geschlossene Wandflächen mit Erdanschüttung, an der vierten Seite aber eine freistehende Wand mit fensterartigen Öffnungen zu Belüftungszwecken aufweist.

Grundsätzlich stellt sich die Frage, ob alle Parkebenen bei mehrgeschossigen Parkhäusern abzudichten sind oder nur das oberste, frei bewitterte Deck. Die Antwort wird entscheidend beeinflußt von der Struktur des Parkhauses. Wenn die tiefer gelegenen Parkebenen nicht voll überdacht sind oder bei offenen Seitenwänden durch Schlagregen beansprucht werden, sollten sie unbedingt auch vollflächig abgedichtet werden. Sie unterliegen dann in der Regel in großen Teilbereichen den gleichen Temperaturschwankungen wie die frei bewitterten Parkdecks, wegen der Teilüberdachung u. U. sogar größeren Zwängungen. In jedem Fall ist aber auch für voll überdachte, tiefer gelegene Parkgeschosse eine Beanspruchung durch Schnee- und Regenwasser zu beachten, das in nicht unbeträchtlichem Maße durch einfahrende Fahrzeuge je nach Wetterlage mitgeschleppt wird. Selbst bei Decken in Tiefgaragen sollte daher die Betonoberfläche nach Möglichkeit

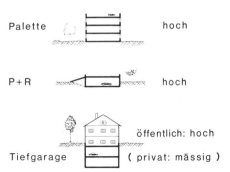

Bild 1 Einstufung und Abdichtungsbeanspruchung nach DIN 18195, Teil 5 bei befahrbaren Decken

geschützt, d. h. z. B. versiegelt werden. Zumindest die Fugen solcher Decken müssen zum Schutz darunter abgestellter Fahrzeuge ordnungsgemäß abgedichtet sein.

Allgemein kommen in Verbindung mit Gußasphaltbelägen folgende Abdichtungsstoffe in Frage (DIN 18195, Teil 2 [5]):

- Dichtungsbahnen, Dachdichtungsbahnen und Schweißbahnen aus Bitumen; nackte Bitumenbahnen R500N sind i. a. nicht geeignet, da die für sie erforderliche Mindesteinpressung von 10 kN/m^2 durch das Eigengewicht des Belages nicht sichergestellt wird.
- Metallriffelbänder aus Kupfer oder Edelstahl; Aluminiumbänder sollten wegen der möglichen Tausalzbeanspruchung nicht eingesetzt werden.
- Kunststoffdichtungsbahnen aus PIB (Polyisobutilen) nach DIN 16935, PVC-P (weichmacherhaltiges Polyvinylchlorid), bitumenverträglich nach DIN 16937 sowie ECB (Etyhlencopolymerisat-Bitumen) nach DIN 16729 [6 bis 9] jeweils zwischen zwei Lagen aus den oben bereits genannten Bitumenbahnen und
- Asphaltmastix der Qualität 13/16 (vorzugsweise in Flächen, wo nur wenige bzw. einfach auszuführende Anschlüsse an Einbauteile und aufgehende Gebäudeteile erforderlich sind).

Die zulässige Flächenpressung liegt je nach gewähltem Bahnenmaterial zwischen 0,6 und 1,0 MN/m^2. Für solche Flächen, die von ihrer Nutzung her auf Pkw's und leichtere Feuerwehrfahrzeuge (oder auch Reinigungsfahrzeuge) beschränkt sind, können im Hinblick auf die zu erwartenden maximalen Druckspannungen in der Abdichtungsebene daher alle genannten Stoffe ausnahmslos zur Anwendung gelangen.

3. Aufbau der Flächenabdichtung

3.1 Mastixabdichtungen

Im Zusammenhang mit Asphaltbelägen (Bild 2) wird auch heute noch Mastix eingesetzt. DIN 18195, Teil 2 sieht für Asphaltmastix im Abdichtungsbereich die beiden Qualitäten 13/16 und 18/22 vor. Die Zahlen kennzeichnen den Massenanteil an löslichem Bindemittel, d. h. ein Asphaltmastix 13/16 enthält 13 bis 16 Gewichts-% Bitumen. Als Bitumen gelangt in der Regel ein Primärbitumen B45 oder auch ein B65 zur Anwendung. Asphaltmastix 18/22 ist für das Abstellen von Fahrzeugen zu weich. Ebenso weist auch ein zweilagiger Mastixaufbau für diesen Zweck i. a. eine zu geringe Standfestigkeit auf. Aus diesem Grund eignen sich für Parkdecks und befahrene Decken nur einlagige Mastixaufbauten mit einer mittleren Dicke von 10 mm. Der Mastix darf an keiner Stelle unter 7 oder über 15 mm dick sein. Bei Mastixabdichtungen erfordert die Lösung von Anschlüssen, Übergängen, Aufkantungen und Durchdringungen ganz besondere Sorgfalt und den Einsatz geeigneter Bahnenmaterialien. So läßt DIN 18195, Teil 5 Mastixabdichtungen bei hohen Beanspruchungen auch nur zu, wenn derartige Details aus anderen Bitumenwerkstoffen oder bitumenverträglichen Werkstoffen hergestellt werden. Im Übergang von der Mastixabdichtung auf die Bitumenbahnen zum Beispiel im Bereich von Abdichtungsaufkantungen reichen die in DIN 18195 angegebenen Regelüberlappungsbreiten von 10 cm nicht aus. Hier sollte von mindestens 20 cm ausgegangen werden.

Mastixabdichtungen dürfen nur auf waagerechten oder schwach geneigten Flächen angeordnet werden. Sie erfordern eine ausreichend hitzebeständige Trennlage (z. B. aus Rohglasvlies) auf dem Untergrund. Außerdem ist unter befahrbaren Flächen eine mindestens 30 mm dicke Schutzschicht aus Gußasphalt vorzusehen. Die in DIN 18195 vorgeschriebene Mindestdicke von 20 mm reicht zwar für erdüberschüttete, begrünte Tiefgaragendecken aus, wegen der Kornzusammensetzung mit geringerem Größtkorn nicht aber für Fahrverkehr oder das Abstellen von Kraftfahrzeugen.

Bild 2 Parkdeck mit Gußasphaltbelag

3.2 Verbundbauweise mit einlagiger Schweißbahnabdichtung

Von Frankreich kommend wird seit Anfang der 70er Jahre zunehmend häufig eine Sonderbauweise angewandt. Sie geht zunächst von einer Lage aus Schweißbahnen aus. Die Schweißbahn muß nach ZTV Bel B [9] eine Dicke von mindestens 4,5 mm und eine Vlieseinlage von 80 bis 120 g/m² aufweisen. Dieser Abdichtungsaufbau erfordert zwingend eine Schutzschicht aus Gußasphalt. Aus Gründen einer ausreichenden Hitzebeständigkeit und zur Vermeidung eines Durchkochens weicher Bitumenmassen beim Aufbringen der Gußasphaltschicht erhalten die Schweißbahnen eine oberseitige Metallkaschierung. Hinsichtlich der besseren Tausalzbeständigkeit ist dabei Edelstahl in einer Dicke von mindestens 0,05 mm zu bevorzugen. Aus Kostengründen wird jedoch in vielen Fällen eine Kaschierung aus mindestens 0,1 mm dickem Aluminiumriffelband gewählt. Die Nähte der metallkaschierten Schweißbahnen sind wegen der Gefahr des Durchkochens lückenlos abzukleben. Hierzu eignen sich nicht Wasser saugende Klebebänder auf Kunststoff- oder Alu-Basis, deren Breite aus handwerklichen Gründen nicht unter 10 cm gewählt werden sollte. Anstelle der Metallkaschierung gelangen seit 3 bis 4 Jahren auch Schweißbahnen mit kunststoffmodifizierten Bitumendeckmassen zum Einsatz. Sie enthalten eine ausmittig, etwa 0,2 bis 0,5 mm unter der Bahnenoberseite angeordnete Polyestervlieseinlage von ca. 250 g/m² Flächengewicht und sind insgesamt 4,5 bis 5 mm dick. Die Einmischung makromolekularer Kunststoffe gibt dem Deckbitumen dieser Bahnen ausreichend Hitzebeständigkeit für einen gefahrlosen Einbau des Gußasphalts. Das Abkleben der Nähte kann bei diesen Bahnen entfallen. Bezüglich des Durchkochens der Bitumendeckmassen solcher neuartigen Schweißbahnen wurden bei der Baubehörde Hamburg Versuche durchgeführt. Dabei zeigten die derzeit auf dem Markt befindlichen Bahnen deutliche Unterschiede. Vor diesem Hintergrund ist dringend zu empfehlen, nur bei hochwertigen Spezial-Schweißbahnen auf eine Metallkaschierung zu verzichten.

Der Untergrund muß mit einem Voranstrich oder einer Kunststoffgrundierung versehen sein. Bei Gußasphaltschichten vor allem größerer Dicke sollte grundsätzlich bedacht werden, daß mit deren Einbau eine beträchtliche Wärmemenge in die Bitumenschichten der Schweißbahnen eingeleitet wird. Dabei können eventuell noch nicht abgelüftete Siedeschwänze des bisher üblicherweise eingesetzten Bitumenvoranstrichs auf Lösungsmittelbasis verdampfen. Die Schweißbahnen lassen aufgrund ihrer Dicke, der Metallkaschierung und der Dichte der Glasvlieseinlagen derartige Dämpfe nicht ausreichend schnell entweichen. Dies kann zu einer kleinstrukturierten Teilablösung der Schweißbahnen vom Untergrund führen. In diesem Zusammenhang wurde in den letzten Jahren von einer sog. Näpfchenbildung in der wieder erweichten Klebeschicht gesprochen. Vor diesem Hintergrund hat es sich in der Praxis mehr und mehr durchgesetzt, an Stelle des Lösungsmittel-Bitumenvoranstrichs eine hitzebeständige (über 400 °C), systemverträgliche Grundierung aus lösungsmittelfreiem Epoxidharz zu verwenden. Mit ihrer Hilfe soll und muß ein optimaler Verbund der Schweißbahnen mit dem Betonuntergrund erreicht werden.

Bild 3 Einbau einer metallkaschierten Schweißbahn mit mehrstrahliger Brennerbatterie

Das Aufschweißen der Bahnen erfolgt mit Propangas unter Einsatz einer manuell oder maschinell geführten mehrstrahligen Brennerbatterie (Bild 3). Diese Sonderbauweise kann im Sinne von DIN 18195, Teil 5 als zweilagiger Aufbau betrachtet werden, wenn in allen Anschlüssen und im Bereich von Aufkantungen der Abdichtung die durchgehende Schweißbahnlage mit einer zweiten Bahnenlage verstärkt wird. Auch im Bereich der Mittelfugen im Gußasphalt muß ein zweiter Bahnenstreifen mit mindestens 50 cm Breite angeordnet werden. Hierauf weist z. B. Benecke [11] hin. In der Fläche wird bei einem solchen System die zweite Abdichtungslage durch den bei fachgerechter Rezeptur und Einbauweise hohlraumarmen und wasserundurchlässigen Gußasphalt gebildet.

Im Gegensatz zu der unter 3.1 beschriebenen Mastixabdichtung mit darunter befindlicher Trennlage ist die hier betrachtete Schweißbahnabdichtung wegen des bei fachgerechter Ausführung vollflächigen Verbundes mit dem Untergrund (sog. Verbundbauweise) nicht unterläufig. Dies ist von wesentlichem Vorteil, wenn örtlich z. B. im Bereich von Anschlüssen oder Aufkantungen Undichtigkeiten auftreten. Die Schweißbahnabdichtung weist außerdem vor allem unter frei bewitterten Parkdeckflächen eine bessere Standfestigkeit auf als ein 10 mm dicker Mastix.

3.3 Zweilagige Bahnenabdichtungen

In Verbindung mit einem Gußasphaltbelag ist im Sinne von DIN 18195 auch ein zweilagiger Abdichtungsaufbau aus Bitumenbahnen möglich. Er ist allerdings bei Parkdecks in der Regel auf wärmegedämmte Deckenflächen (siehe unter 3.5), auf Sonderfälle wie z. B. Sanierungen oder auf die Abdichtung von relativ beweglichen und fugenreichen Fertigteildecken beschränkt. Die untere, auf den mit Voranstrich oder Grundierung versehenen Untergrund vollflächig verklebte Lage kann z. B. aus Bitumendichtungsbahnen oder Bitumendachdichtungsbahnen bestehen, die obere Lage aus Bitumenschweißbahnen. Die Schweißbahnen müssen eine Dicke von mindestens 4 mm aufweisen. Sie müssen auch bei dieser Lösung ausreichend hitzebeständig sein und erhalten dafür – wie beschrieben – eine oberseitige Metallkaschierung oder speziell kunststoffmodifizierte Bitumendeckschichten. Allgemein empfiehlt es sich nicht, für die erste Lage ebenfalls Schweißbahnen zu wählen. Bei einem solchen zweilagigen Schweißbahnaufbau besteht die Gefahr einer Kanülenbildung beim Überdecken der Nähte aus der ersten Lage mit den Bahnen der zweiten Lage. Um diesen schwerwiegenden Nachteil sicher auszuschließen, wäre bei dicken Bahnen ein Abspachteln der Nahtkanten unmittelbar nach dem Aufschweißen der Bahn erforderlich. Das wird aber aus Kostengründen meist nicht gemacht. In dieser Hinsicht fehlt im übrigen bei vielen Firmen auch die handwerkliche Erfahrung. Die erste Abdichtungslage sollte zur Erhöhung der Standfestigkeit und im Hinblick auf die nachfolgend auftretende hohe Einbauwärme des Gußasphalts mit gefüllter Bitumenklebemasse eingebaut werden.

3.4 Schutz- und Verschleißschicht aus Gußasphalt

Der Gußasphalt dient mit ca. 6 bis 9 Gew.-% Bitumengehalt bei den vorbeschriebenen Abdichtungsaufbauten als Schutz- und Verschleißschicht, zumindest bei der Verbundbauweise zusätzlich aber auch als zweite Abdichtungslage. Bei befahrbaren Flächen ist vor dem Hintergrund dieser Mehrfachkonstruktion eine zweilagige Ausführung erforderlich. Es ist dementsprechend eine ausreichende Bauhöhe verfügbar zu halten. In statischer Hinsicht ist für den Gußasphalt ein Raumgewicht von 2,4 bis 2,5 t/m^3 zugrundezulegen.

Der zweilagige Gußasphalt läßt Dickenunterschiede im Nahtbereich der Schweißbahnen zuverlässig und qualitativ hochwertig ausgleichen. Außerdem lassen sich bei Aufbringen der zweiten Gußasphaltlage die in der ersten Lage trotz aller Vorsicht evtl. doch aufgetretenen Kanülenbildungen infolge Durchkochens der weicheren Bitumenmassen z. B. im Nahtbereich der Bahnen sicher verschmelzen. Die zweilagige Ausführung des Gußasphalts bietet schließlich den Vorteil, die Schutzschicht durch Einsatz eines Bitumens B45 flexibler auszubilden, die Verschleißschicht dagegen durch mengenmäßig geringeren Zusatz (z. B. 6 bis 7 Gew.-%) des härteren Bitumens B25 standfester und rissesicherer. Nicht zuletzt stellt der zweilagige Gußasphalt eine Reparaturfähigkeit des Belages ohne Gefährdung für die Abdichtung sicher. Für die Ausbesserung wird dabei nur die obere Gußasphaltschicht, d. h. die Verschleißschicht abgefräst. Bei einer aus falsch verstandener Sparsamkeit nicht selten anzutreffenden einlagigen Ausführung des Gußasphaltbelages ist ein solches Vorgehen ohne Beschädigung der Abdichtung praktisch nicht möglich. Die einlagige Bauweise sollte wegen der erheblichen Nachteile im Gebrauchszustand unbedingt auf Sonderfälle der Sanierung beschränkt und bei Neubaumaßnahmen generell ausgeschlossen werden.

Die Dicke der mit ca. 240 °C eingebauten Gußasphaltschutzschicht sollte i. a. 30 mm betragen bei einer Körnung 0/8 mm oder besser 35 mm bei einer Körnung 0/11 mm. In beiden Fällen darf die Eindringtiefe nicht mehr als 3,5 mm betragen, um eine ausreichende Standfestigkeit der Gußasphaltschicht zu gewährleisten. Die Gußasphaltdeckschicht sollte mindestens 25 mm dick sein bei einer Körnung von 0/8 mm oder besser 30 mm bei einer

Körnung 0/11 mm. Die Eindringtiefe sollte auch hier das Maß von 3,5 mm nicht überschreiten. Bei dem auf Parkdecks oder befahrbaren Dachflächen üblichen Handeinbau des Gußasphalts sollten große Flächen durch Anordnung von Fugen gegliedert werden. Insbesondere vor Abdichtungsaufkantungen im Bereich von Durchdringungen, Gebäudefugen und markanten Einschnürungen oder Aufweitungen in der Grundfläche des Parkdecks sind Fugen im Gußasphalt anzuordnen. In dieser Frage sollte unbedingt eine sorgfältige Abstimmung zwischen Planer und ausführender Firma **vor** Beginn der Arbeiten erfolgen (s. DIN 18345 [12]). Die ca. 15 bis 20 mm breiten Fugenspalte sind bituminös zu vergießen.

Die befahrene Gußasphaltoberfläche sollte bei frei bewitterten Flächen zur Aufrauhung und Verbesserung der Standfestigkeit abgesplittet sein. Dabei empfiehlt sich aus Gründen einer guten Wärmeabstrahlung der Einsatz von hellfarbenen Splitten im Gußasphaltmischgut sowie eines ebenfalls hellfarbenen, leicht bituminierten Abstreusplitts mit 2/5 mm oder 5/8 mm Körnung (z. B. Moräne, Luxovite). Der Splitt wird auf die noch heiße Oberfläche des Gußasphalts gegeben (Bild 4) und mit Glatt- oder Riffelwalze angedrückt. Bei überdachten Parkdeckflächen reicht zur Abstumpfung eine Abstreuung mit trockenem, staubfreiem Sand 0/2 mm. Besandete Oberflächen lassen sich i. a. leichter reinigen und auch mit Einkaufswagen besser befahren. In Sonderfällen kann die besandete Gußasphaltoberfläche auch farbig gestaltet werden. Zu diesem Zweck werden nach Aufbringen einer Grundierung weichmacherfreie, ölbeständige Polyurethan- oder Epoxidharzbeschichtungen aufgespachtelt oder aufgewalzt.

Bild 4 Gußasphalt-Handeinbau; im Vordergrund Verteilung des Abstreusandes

3.5 Abdichtung auf wärmegedämmten Deckenkonstruktionen

Besondere Überlegungen erfordert der Abdichtungsaufbau im Zusammenhang mit Wärmedämmaßnahmen bei befahrbaren Dachflächen z. B. über Geschäftsräumen. Unbedingt ist in solchen Fällen auf eine ausreichende Druckfestigkeit der Wärmedämmung bei geringer Stauchverformung zu achten. Mögliche Aufbauten zeigen die Bilder 5 bis 7. In allen drei Fällen wird auf den Rohbeton zunächst ein Voranstrich – in der Regel auf Lösungsmittelbasis – aufgebracht. Er muß vor dem Einbau der Dampfsperre gut durchgetrocknet sein, d. h. im allgemeinen mindestens 24 Stunden alt sein. Das Nachtrocknen mit dem Propangasbrenner ist unzulässig. Das Voranstrichmittel ist auf der Rohdecke so zu verteilen, daß Pfützen- und Hautbildung ausgeschlossen sind. Für die Dampfsperre kommen in erster Linie nackte Metallbänder oder Dichtungsbahnen mit Metallbandeinlage in Betracht. Darauf wird die Wärmedämmung verlegt. Sie sollte zumindest stellenweise aufgeklebt sein. Bei Schaumglas ist unbedingt auf eine vollflächige hohlraumfreie Bettung der Platten und ein lückenloses Vergießen der Stoßfugen mit Bitumen zu achten. Es besteht sonst vor allem unter Einwirkung der dynamischen Verkehrsbelastungen die Gefahr einer fortschreitenden Zerstörung des Zellgefüges. Die Abdichtung ist je nach gewähltem Bahnenmaterial im Sinne von DIN 18195, Teil 5 mindestens zwei- oder dreilagig auszuführen.

Wenn der Fahrbelag aus Gußasphalt erstellt werden soll, empfiehlt sich die Anordnung einer Stahlbetonschutzschicht von ca. 10 cm Dicke (Bild 5). Es muß dann allerdings zwischen Abdichtung und Schutzschicht eine Trennlage z. B. aus zwei Lagen PE-Folien mit 0,2 mm Dicke und unter dem Gußasphalt eine weitere Trennlage z. B. aus Rohglasvlies ausgelegt werden. Ein solcher Aufbau war in der zwischenzeitlich durch DIN 18195, Teil 5 ersetzten DIN 4122 (Absatz 7.3.1.1) enthalten [13]. Der mit Baustahlmatten bewehrte Schutzbeton dient vor allem auch als Lastverteilungsplatte, um die Verformungen der Wärmedämmung klein zu halten. Der Fugenabstand sollte wegen der nur geringen Asphaltüberdeckung nicht größer als 3 m gewählt werden. Die Fugen sind bituminös zu vergießen. Ein unmittelbar befahrener Schutzbeton – schließt den Einsatz von Tausalz aus. Bei unzureichender Wartung der Fugen besteht ebenfalls Gefahr der Zerstörung, und

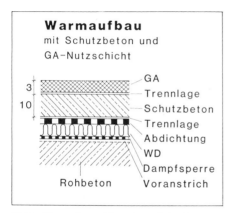

Bild 5 Warmaufbau mit bewehrtem Schutzbeton und Nutzbelag aus Gußasphalt

Verbund- oder Natursteinpflaster, das in etwa 5 cm dickem Sandbett 0/3 verlegt ist. Anstelle des Sandes kann auch Feinsplitt verwendet werden, um den Anteil abschwemmbarer Körnung kleiner zu halten.

Die in Bild 7 dargestellte Lösung enthält im Gegensatz zu Bild 6 eine Verschleißschicht aus Gußasphalt. Im übrigen ist der Aufbau von Bild 6 unverändert beibehalten. Der zweilagige Gußasphaltaufbau darf nicht befahren werden. Er ist lediglich begehbar. Denn durch die unter der Abdichtung befindliche Wärmedämmung wird vor allem im Hochsommer eine ausreichende Wärmeableitung behindert. Damit wird der zweilagige Gußasphalt im allgemeinen zu stark aufgewärmt und verliert so seine sonst ausreichende Standfestigkeit.

zwar von den Plattenrändern her. Die zahlreichen Schäden an derartigen Parkdecks lassen die Nachteile aus dem unmittelbaren Befahren deutlich erkennen.

Sofern die oberste Abdichtungslage aus nackten Metallbändern oder einer metallkaschierten Schweißbahn besteht, kann unmittelbar darauf eine Schutzschicht aus Gußasphalt aufgebracht werden (Bild 6). Andernfalls ist eine Trennlage z. B. aus Rohglasvlies zwischenzulegen. Ein Aufbau mit Trennlage weist aber den erheblichen Nachteil eines fehlenden Verbunds und damit einer Unterläufigkeit zwischen Abdichtung und Gußasphalt auf. Er ist daher für Parkdecks und befahrbare Deckenflächen ungeeignet und somit auszuschließen. Als Fahrbelag dient bei einer Lösung gemäß Bild 6 z. B.

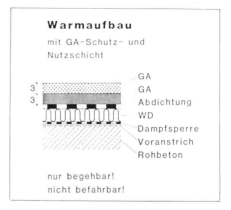

Bild 7 Warmaufbau mit zweilagigem Gußasphalt als Schutz- und Verschleißschicht; nicht befahrbar!

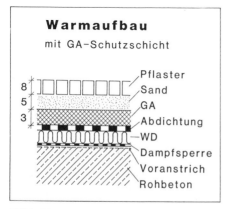

Bild 6 Warmaufbau mit Gußasphalt-Schutzschicht und Nutzbelag aus Pflaster

4. Bauliche Erfordernisse

Um mit einiger Sicherheit Schäden mit erheblichen Folgekosten bei der Abdichtung von Parkdecks bzw. befahrbaren Dachflächen (Beispiele s. Bilder 8 und 9) auszuschließen, sind bestimmte bauliche Erfordernisse zu beachten. Entsprechende Hinweise enthält DIN 18195, Teil 5 im Abschnitt 5. Danach sind bei der Planung des abzudichtenden Bauwerks die Voraussetzungen für eine fachgerechte Anordnung und Ausführbarkeit der Abdichtung sowie ihrer An- und Abschlüsse zu schaffen. Insbesondere ist auch die Wechselwirkung zwischen Abdichtung und Bauwerk zu beachten. Dies betrifft vor allem die Überlegungen zur richtigen Anordnung der Gebäudefugen.

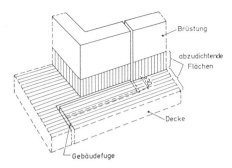

Bild 8 Kalkauswaschung im Bereich einer schadhaften Parkdeckfuge

Bild 10 Falsche Fugenführung bei einem Parkdeck: Fuge läuft durch Eckpunkt und teilweise in Kehle; a) Systemskizze; richtige Fugenführung ist eingestrichelt [4]; b) Ausführungsbeispiel

Bild 9 Rinne zum Fassen und Ableiten von Leckwasser bei Undichtigkeiten einer befahrbaren Dachfläche

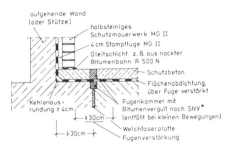

Bild 11 Mindestabstand einer Gebäudefuge zu einer Bauwerkskehle [4]

So dürfen Fugen in keinem Fall durch Eckpunkte bzw. unmittelbar in oder neben Kehlen und Kanten verlaufen (Bild 10). Es besteht sonst erhöhte Gefahr eines Abdichtungsschadens infolge örtlicher Überbeanspruchung der Abdichtung. Hierauf wurde ausführlich in [4] eingegangen. Der Abstand einer Fuge von der Kehle bzw. der Kante muß mindestens 30 cm betragen, so daß eventuell erforderliche Verstärkungsstreifen auf voller Breite beiderseits der Fuge in ein und derselben Ebene liegen und sich etwaige Anschlüsse sowie die Kehlenausbildung handwerklich einwandfrei ausführen lassen (Bild 11).

Der Schnittwinkel von Fugen untereinander und mit Kehlen oder Kanten soll möglichst 90 betragen. Eine entsprechende Lösung ist in Bild 10a eingestrichelt. Die technisch einwandfreie Ausführung der Abdichtung über einer Fuge setzt naturgemäß auch voraus, daß die beiden aneinandergrenzenden Bauteile nicht von vornherein eine die üblichen Rohbautoleranzen weit übersteigende gegenseitige Abstufung in der Fuge aufweisen (Bild 12).

Normgemäß (DIN 18195, Teil 5) muß eine Abdichtung für Parkdecks oder befahrbare Dachflächen Risse überbrücken können, die zum Zeitpunkt ihres Auftretens nicht breiter als 0,5 mm sind und sich nachträglich nicht weiter als bis auf 2 mm öffnen. Der Versatz der Rißkanten in der Abdichtungsebene muß auf

Bild 12   Unzureichende Rohbaugenauigkeit im Bereich einer Parkdeckfuge

Bild 13   Unzureichend feste Betonoberfläche

höchstens 1 mm beschränkt bleiben. Die Vermeidung größerer Risse erfordert eine ausreichende Bewehrung und je nach Nutzung der unter der Decke befindlichen Räume auch eine ausreichende Wärmedämmung sowie eine geeignete Fugenaufteilung.

Der Untergrund für die Abdichtung muß genügend fest sein. Für den Beton wird in diesem Zusammenhang eine Haftzugfestigkeit von 1,5 N/mm² gefordert [14, Absatz 6.7.3.4]. Die Frage einer ausreichenden Druckfestigkeit des Untergrundes ist besonders bei der Auswahl der Wärmedämmstoffe zu berücksichtigen. Die abzudichtende Fläche muß außerdem trocken (Betonalter mindestens 3 Wochen), eben und in ihrer Oberfläche frei von Nestern, klaffenden Rissen und Graten sein. Die in den Bildern 13 und 14 ersichtlichen Betonflächen sind für das Aufbringen einer Bitumenabdichtung völlig unzureichend. Die großenteils losen Zementschlämme sowie die Betongrate müssen durch Klopfen, Flammstrahlen oder andere geeignete mechanisch wirksame Verfahren entfernt werden. Insbesondere für das Schweißverfahren darf der Abdichtungsuntergrund nicht zu rauh, aber auch nicht zu glatt (kein Kellerglattstrich!) sein. Für die Beurteilung der richtigen Oberflächenrauhigkeit hat sich ein einfaches, 1982 von der Bundesanstalt für Materialprüfung (BAM) in Berlin definiertes Prüfverfahren als geeignet erwiesen. Bei der sog. Sandfleckmethode wird ein kleines Gefäß (z. B. Schnapsglas) mit 25 bis 35 cm³ Volumen randvoll mit trockenem Quarzsand der Körnung 0,2 bis 0,5 mm gefüllt. Der Inhalt wird auf der Betonoberfläche ausgeleert und etwa kreisrund verteilt. Das Verteilen kann mit einem beliebigen Gegenstand erfolgen, der eine feste, gerade Kante von 20 bis 25 cm Länge aufweist (Lineal, Zollstock, feste Pappe

Bild 14   Grate und Vorsprünge infolge unsachgemäßer Oberflächenbehandlung des Betons

etc.). Diese Kante wird so lange kreisförmig über den Sandhaufen gestriffen, bis sie praktisch nur noch über die Spitzen der Betonoberfläche schleift und eine weitere Ausdehnung des Sandflecks nicht mehr zu erwarten ist. Der gemessene mittlere Durchmesser d darf nicht kleiner sein als der Mindestdurchmesser D gemäß Tabelle in Bild 15, weil sonst eine zu große Rauhigkeit vorliegt. Die Werte in Bild 15 entsprechen einer Rauhtiefe von 1,5 mm.

Kanten und Kehlen sollen fluchtrecht gefaßt (Einlegen von Dreikantleisten in die Schalung) bzw. gerundet sein. Bei bitumenverklebten Abdichtungen sollte die Fasung etwa 3 cm, der Ausrundungshalbmesser mindestens 4 cm betragen.

Eine zentrale Bedeutung kommt auch der Entwässerung einer Parkdeckfläche zu. Eine unzureichende Entwässerung führt zu Pfützenbildung und im Winter durch Eisbildung zu Gefahren für den Fahrzeugverkehr, aber auch für die Fahrzeugnutzer z. B. beim Ein- und Ausstei-

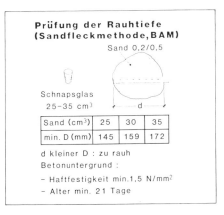

Bild 15 Prüfung der Rauhtiefe

Entwässerung

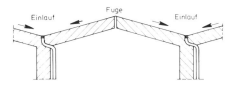

stets weg von Brüstung oder Gebäudeteilen!

Bild 16 Prinzipielle Gefälleausbildung bei der Abdichtung eines Parkdecks oder einer befahrbaren Dachfläche; a) Herausheben der Gebäudefugen; b) Fortleiten des Wassers von Brüstungen und aufgehenden Gebäudeteilen

gen. Schließlich kann Eisbildung Frostaufbrüche im Fahrbelag verursachen.

Um derartige Risiken auszuschalten, müssen Parkdecks bzw. befahrbare Dachflächen in ihrer Oberfläche unbedingt ein Gefälle aufweisen (vgl. DIN 18195, Teil 5, Absatz 5.4). Es ist so auszurichten, daß sich die Gebäudefugen in den Firstlinien befinden und das Wasser von hier den Einläufen in den Kehlen zugeleitet wird. Außerdem empfiehlt es sich dringend, das Wasser stets von Brüstungen und aufgehenden Gebäudeteilen wegzuleiten (Bild 16). Das einwandfreie Ablaufen des Wassers setzt ein bestimmtes Mindestgefälle voraus. Nach [15] soll das Quergefälle möglichst 2,5% betragen. Erfahrungen aus der Praxis haben gezeigt, daß je nach Art des Belages ein Quergefälle von mindestens 1,5% bis 2,5% notwendig ist, nämlich:

bei Verbundpflaster wegen der zahlreichen Fugen 2,5%
bei Gußasphalt, gesplittet 2,0%
bei Gußasphalt, abgesandet 1,5%
bei Beton 2,0%

Dies ist bei der Festlegung des Quergefälles zu berücksichtigen. Das Quergefälle sollte nach Möglichkeit bereits mit der Rohbaukonstruktion erreicht werden. Gefällebeton ist zwar aus abdichtungstechnischer Sicht von seiner Funktion her gleich zu bewerten, sofern er eine mittlere Mindestdicke von 5 cm aufweist und an keiner Stelle auf 0 cm ausgezogen wird. Generell ist aber bei einer solchen Lösung zu bedenken, daß der Gefällebeton eine in vielen Fällen vermeidbare und damit unnötige Totlast dar-

stellt. Die Entwässerungsrinnen sollten ein Mindestgefälle von etwa 1% aufweisen. Der Einlaufabstand sollte nicht größer als 15 m gewählt werden. Dieser Abstand führt bei dem genannten Gefällewert in den Rinnen bereits zu Höhendifferenzen von 7,5 cm.

Die Einläufe müssen sowohl die Belagsoberfläche als auch die Abdichtungsebene und nötigenfalls zusätzlich die Schutzschicht entwässern (Bild 17). Der Anschluß der Abdichtung erfolgt über einen Ringflansch. Dessen Breite muß bei Verwendung als Klebeflansch nach DIN 18195, Teil 9 [5] bzw. DIN 19599 [16] mindestens 100 mm betragen. Enden auf dem Klebeflansch mehrere Lagen, so sind diese gestaffelt aufzukleben. Dient der Ringflansch als Festflansch einer Klemmkonstruktion (Bild 17), so muß er mindestens 70 mm breit und 6 mm dick sein. Die Bolzen müssen bei einem Abstand von 75 bis 150 mm einen Durchmesser von mindestens M 12 aufweisen.

Allgemein muß die Abdichtung hohlraumfrei eingebettet sein. Dies gilt in besonderem Maße für die hier betrachteten bitumenverklebten Abdichtungen und solche aus Asphaltmastix.

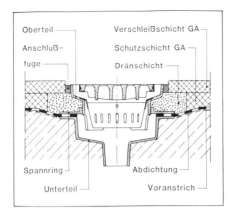

Bild 17 Einlauf zur Entwässerung des Fahrbelags und der Abdichtungsebene (Prinzip [17]); a) Prinzip; b) Undichtigkeit aufgrund eines mangelhaften Abdichtungsanschlusses

Schließlich müssen in konstruktiver Hinsicht geeignete Maßnahmen getroffen werden, damit der Abdichtung keine planmäßigen Kräfte parallel zu ihrer Ebene zugewiesen werden. Andernfalls besteht die Gefahr eines Abgleitens von Bauteilen – insbesondere bei bitumenverklebten Abdichtungen – oder auch das Risiko einer örtlichen Zerstörung der Abdichtung. Nötigenfalls sind zur Erfüllung dieser baulichen Erfordernis Nocken, Anker oder Widerlager anzuordnen.

5. Detailausbildung

5.1 *Gebäudefugen*

Nach den Definitionen in DIN 18195, Teil 8 [5] liegt mit den Fugen eines Parkdecks zweifelsfrei der Fugentyp II vor. Hierunter werden solche Fugen verstanden, bei denen häufig wiederkehrende, z. B. aus tageszeitlichen Temperaturschwankungen herrührende Längenänderungen auftreten oder schnell ablaufende Bewegungen, z. B. aus Verkehr zu erwarten sind. Derartige Fugen dürfen im Gegensatz zu den Fugen des Typs I mit nur langsam ablaufenden und einmaligen oder selten wiederkehrenden Verformungen in keinem Fall mit metallbandverstärkten Abdichtungen überbrückt werden.

Generell ist für den Bereich der Parkdecks und befahrbaren Dachflächen zwischen zwei Lösunsprinzipien bei der Fugenausbildung zu unterscheiden. Hierauf wird im folgenden näher eingegangen:

a) Einkleben oder Einflanschen nicht auswechselbarer Dichtungsbahnstreifen bzw. Dichtprofile

Die Bitumendichtungsbahnen der Flächenabdichtung sind zu unterbrechen und stattdessen Elastomer- oder thermoplastische Kunststoffbahnenstreifen über die Fugen hinwegzuführen. Diese Bahnenstreifen sind auf beiden Seiten der Fuge mit jeweils 15 cm Breite oder mehr in das Abdichtungspaket einzukleben oder besser mit Hilfe einer Los- und Festflanschkonstruktion bei mindestens 30 cm Gesamtbreite an die Flächenabdichtung anzuschließen (Bild 18). Diese Lösung entspricht im übrigen praktisch derjenigen aus der bis 1983 gültigen DIN 4122 (dort Bild 13; [13]). Die Festflanschbreite muß dabei mindestens 70 mm betragen, die Dicke mindestens 6 mm. Der Losflansch muß eine Breite von mindestens 60 mm aufweisen und ebenfalls mindestens 6 mm dick sein.

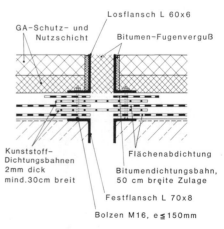

Bild 18 Fugenabdichtung mit unterbrochener Flächenabdichtung (Prinzip)

Die Bolzen mit einem Mindestdurchmesser M 12 sind in einem Abstand von 75 bis 150 mm anzuordnen (DIN 18195, Teil 9). Die Kunststoffbahnenstreifen sind in jedem Fall zwischen geeignete Dichtungsbahnen einzukleben und nicht unmittelbar an Mastix oder Gußasphalt anzuschließen. Wegen des geringen Bitumenanteils in diesen Schichten (siehe unter 3.1 bzw. 3.4) würde sich keine ausreichende Klebehaftung einstellen.

Ein schlaufenartiges Verlegen der Kunststoffbahnenstreifen über der Fuge setzt voraus, daß die Bahnen vor dem Einbau gefügt werden. Eine zuverlässige Bahnenverschweißung in Schlaufenform, wobei eine der beiden Bahnen schon fertig verlegt ist, erscheint handwerklich ausgeschlossen. Im übrigen ist eine schlaufenartige Bahnenverlegung in Winkeln, L-, T- und Kreuzungsbereichen nicht konsequent durchführbar, weil sich an solchen Stellen für die verschiedenen Bahnenzonen auf engstem Raum unterschiedliche Biegeradien einstellen. Aus diesem Grund sollte bei Parkdecks oder befahrenen Dachflächen mit komplizierter, verwinkelter Fugenführung möglichst nicht auf eine derartige Lösung zurückgegriffen werden. Vielmehr empfiehlt es sich dann, von vornherein Fugensysteme mit vorgefertigten Profilstücken in die Planung einzubeziehen.

Bei größeren Bewegungen mit einem Gesamtmaß von 20 bis 30 mm können auch profilierte Elastomerbänder auf der Basis von CR (Chloropren) oder SBR (Styrolbutadien) in die Bitumenabdichtung eingeklebt werden. Ein Beispiel hierzu zeigt Bild 19. Bei derartigen Bändern kommt es darauf an, daß das Lieferprogramm werkmäßig gefertigte Sonderteile wie Winkel, L-, T- und Kreuzungsstücke beinhaltet. Die Profile müssen neben der Einbaustelle an den Stößen sorgfältig vulkanisiert (nicht geklebt!) werden.

Bei den beschriebenen Lösungen liegt die Abdichtungsebene je nach Fahrbelagsaufbau mindestens 5 bis 10 cm unter der Fahrbelagsoberfläche. Der oberhalb der Abdichtung befindliche Fugenraum muß daher verfüllt oder in geeigneter Weise abgedeckt werden, um ein gefahrloses Begehen sowie ein möglichst störungsfreies Befahren sicherzustellen. Außerdem muß diese Maßnahme zumindest ein grobes Ableiten von Niederschlagswasser in der Ebene der Fahrbelagsoberfläche sowie eine dauerhafte Funktionsfähigkeit der Gebäudefuge gewährleisten. Ein Verfüllen des oberen Fugenraumes kann bei bitumenverklebten Abdichtungen und kleineren Fugenbewegungen durch Vergießen mit geeigneter Bitumenvergußmasse z. B. nach SNV 671625a (vgl. Bilder 11 und 18) erfolgen. In den letzten Jahren wurden jedoch auch verschiedene Systeme zur Abdeckung des Fugenraumes entwickelt. Sie sind meist nicht für sich allein wasserdicht. Dies gilt insbesondere, wenn für die elastischen Fugenprofile aus thermoplastischen oder elastomeren Materialien keine werkstattgefertigten Formteile für Fugenabwinklungen sowie T- oder Kreuzstöße verfügbar sind. Die eigentliche Abdichtungsaufgabe wird dann ausschließlich von den in die Flächenabdichtung eingeklebten Kunststoffbahnenstreifen oder Profilbändern übernommen.

b) Fugensysteme mit auswechselbaren Dichtprofilen

Nehmen die Fugenverformungen Werte über 30 mm an, sollten unbedingt geeignete, speziell entwickelte Fugensysteme angeordnet werden. Die Flächenabdichtung wird hierbei vollständig unterbrochen. Die Abdichtung über der Fuge erfolgt allein durch elastische, auswechselbare Dehnprofile z. B. auf der Basis von CR oder SBR. Ein prinzipielles Beispiel zeigt Bild 20. An eine solche Lösung sind folgende Anforderungen zu stellen:

– hinsichtlich des Fugensystems (Halteschienen und Dichtprofil)
● ausreichende Tragfähigkeit im Rahmen der geplanten Nutzung des Parkdecks bzw. der befahrbaren Dachfläche unter Einbeziehung evtl. für die Zufahrt zuge-

Bild 19 Beispiel eines Elastomer-Profilbandes zum Einkleben in eine Bitumenabdichtung im Bereich von Gebäudefugen (System Phoenix Gummiwerke AG und Max Poburski + Söhne, beide Hamburg)

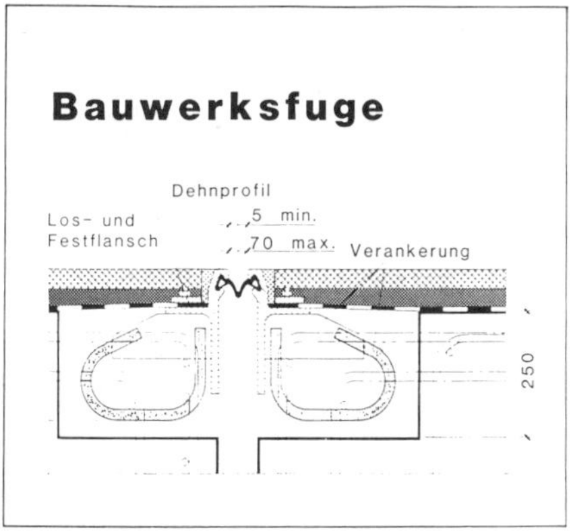

Bauwerksfuge

Bild 20 Beispiel für Fugenüberbrückung mit auswechselbarem Elastomerprofil

lassener Feuerwehr-, Reinigungs- oder Lieferfahrzeuge
- ausreichende Geschlossenheit in der Parkdeckoberfläche, um Stolpergefahr auszuschließen und ein weitgehend problemfreies Überfahren mit Einkaufswagen (bei Einkaufszentren) sicherzustellen
- Auswechselbarkeit des Dichtprofils ohne Beeinträchtigung des angrenzenden Fahrbelags
- problemlose Schweißbarkeit der Halteschienen sowohl aus Werkstoffsicht als auch von der Profilgebung her
- ausreichende Tausalzbeständigkeit der Profilbänder und ihrer Halteschienen
- umfassendes Lieferprogramm von geeigneten Formteilen der Halteschienen z. B. für Wandanschlüsse, Fugenaufkantungen und Fugenendpunkte (Vermeidung von Hinterläufigkeit!)
- hinsichtlich des Dichtprofils
  - ausreichende Beweglichkeit im Hinblick auf die erwarteten größten Dehn- und Stauchvorgänge sowie mögliche Setzungsdifferenzen in dem unter 1, Abschnitt b) aufgeführten Temperaturbereich
  - ausreichende Benzin- und Ölbeständigkeit
  - ausreichende Festigkeit oder entsprechender Schutz gegenüber Perforation durch Stöckelabsätze, Spazierstöcke und dergleichen
  - ausreichende Festigkeit gegen Beschädigung z. B. durch Glasscherben vor allem bei Parkdecks im Bereich von Einkaufszentren oder ähnlichem
- vollständiges Lieferprogramm vor allem von werkstattgefertigten Formteilen (Gießlinge oder Preßlinge) des Dichtprofils im Bereich von Fugenabwinklungen, Fugenaufkantungen an Brüstungen oder aufgehenden Bauteilen sowie von T- und Kreuzstößen, um komplizierte Gehrungsschweißungen auf der Baustelle auszuschließen.

Die Halteschienen müssen so ausgebildet sein, daß ein einwandfreier Anschluß der Flächenabdichtung mittels Klebeflansch oder geschraubtem Klemmflansch im Übergang zum Elastomerprofil als der eigentlichen Fugenabdichtung möglich ist.

5.2 Verwahrung der Flächenabdichtung

Die Aufkantung an aufgehenden Wänden wird in einer Höhe von mindestens 15 cm über der obersten wasserführenden Ebene (= Oberfläche Fahrbelag) bzw. Schrammbord mit einer Klemmschiene gesichert. Nach DIN 18195, Teil 9 [5] muß eine solche Klemmschiene mindestens 50 mm breit und 5 bis 7 mm dick sein. Die Abdichtung muß auch im Bereich der Aufkantung vor mechanischer Beschädigung geschützt werden, z. B. durch eine ausreichend breite Klemmschiene oder bei höheren Aufkantungen durch ein Schutzmauerwerk entsprechend DIN 18195, Teil 10. Eine Ausführung wie in Bild 21 ist falsch und äußerst riskant. Wegen der fehlenden Klemmschiene ist der obere Abdichtungsgrad mechanisch ungeschützt. Es besteht die Gefahr der Hinterläufigkeit.

Die Oberkante der Abdichtung sollte zusätzlich mit einer geeigneten Spachtel- oder Spritzmas-

Bild 21 Fehlende Sicherung der Aufkantung einer Parkdeckabdichtung

se auf Bitumen- oder bitumenverträglicher Kunststoffbasis gesichert werden. Hierzu sind vorbereitend die angrenzenden Flächen zu grundieren bzw. mit Voranstrich zu versehen. Eine solche oberhalb der Klemmschiene angeordnete Versiegelung kann allerdings in keinem Fall eine ordnungsgemäße Verschraubung der Klemmschiene ersetzen.

Im Übergang von der Flächenabdichtung zur Aufkantung muß eine Kehlenausbildung angeordnet werden. Dies gilt auch für den Fugenbereich. Eine polygonale Ausbildung der Fugenprofile – wie aus Bild 22 ersichtlich – führt leicht zu Undichtigkeiten.

Bild 23 Unzureichende Abdichtung einer Brüstungsfuge: Eingeschnittenes Quetschprofil am Brüstungskopf (oben), mangelhafte Fugenflanken (darunter)

Bild 22 Fehlerhafte, polygonale Kehlenausbildung eines Fugenprofils im Bereich der Aufkantung

5.3 Brüstungsfugen

Unterschätzt wird in vielen Fällen das Problem der Brüstungsfugen bei Parkdecks. Sie müssen insbesondere bei darunter befindlichen hochwertig genutzten Räumen abgedichtet sein, um eine Hinterläufigkeit der Parkdeckabdichtung auszuschließen. Dabei macht es keinen Unterschied, ob es sich um Brüstungsfugen in Verlängerung von Gebäudefugen handelt oder um zusätzliche Fugen in der Brüstung z. B. bei Verwendung von Betonfertigteilplatten. In beiden Fällen kann bei fehlender bzw. unzureichender Fugendichtung vom Brüstungskopf und von den Wandflächen her Niederschlagswasser hinter bzw. unter die Flächenabdichtung gelangen und so erhebliche Schäden bewirken (vgl. Bilder 8 und 9).

Bei der Abdichtung der Brüstungsfugen sind temperaturbedingte Längenänderungen der Brüstungselemente zu berücksichtigen. Das Aufkleben von Abdeckbändern allein reicht nicht aus. Hierbei ergeben sich nämlich in der Regel Probleme schon hinsichtlich der Klebung. Sie setzt einwandfreie, trockene Klebeflächen, frei von Nestern, Staub und losen Teilen sowie ohne fett- und lösungsmittelhaltige Verunreinigungen voraus. Hinzu kommen Schadensrisiken aus Vandalismus und Witterungseinflüssen, die über kurz oder lang zumindest stellenweise zu Ablösungen der Bänder führen. Unzureichend sind aus gleichem Grund im allgemeinen auch Quetschprofile mit Hohlquerschnitt. Bei ihnen läßt sich meist keine genügend große Vorspannung erzielen. Dies gilt insbesondere, wenn in den Ecken am Brüstungskopf zur Erleichterung der Profilabwinkelung ein Großteil des Profils keilförmig herausgeschnitten wird oder die Fertigteile an den Fugenflanken mangelhaft ausgebildet sind (Bild 23). Schließlich führen auch sogenannte „dauerelastische" Verfüllungen in der Regel nicht zum Ziel. Sie weisen in den meisten Fällen eine zu geringe Dehnfähigkeit auf. Nach DIN 18540, Teil 1 [18] vermögen diese Materialien je nach Stoffbasis eine Gesamtverformung (Dehnung + Stauchung) von maximal 25% aufzunehmen. Bei einer Fugenausgangsbreite von 20 mm macht aber eine durchaus übliche, nicht als extrem zu bezeichnende Fugenverformung $\pm$ 5 mm bereits eine Gesamtverformung von 50% aus. Außerdem haben sich in der Praxis die Frage der Flankenhaftung, die dauerhafte Funktionsfähigkeit bei freier Bewitterung sowie der Vandalismus vielfach als äußerst problemhaft herausgestellt.

Eine einwandfreie Lösung zur Abdichtung der Brüstungsfugen ist in Bild 24 aufgezeigt. Dort ist ein Kunststoffdichtungsbahnstreifen beiderseits der Fuge auf die Brüstung geklebt. Zur

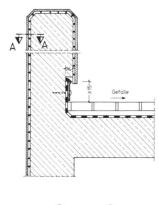

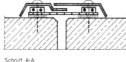

Schnitt A-A

Bild 24 Abdichtung einer Brüstungsfuge mit Kunststoffdichtungsbahn und Metallabdeckung (Prinzip)

den Bauteile und das Herausziehen abdichtungstechnischer Details. Diese Planungsunterlagen sollten fachtechnisch überprüft und vom Abdichter gegengezeichnet werden. Ein solches Vorgehen hilft, Planungsfehler zu vermeiden oder zumindest in ihrer Auswirkung zu verringern.

Unterstützung und dauerhaften Sicherung der Klebung wird die Dichtungsbahn an ihren Rändern mit Hilfe eines metallischen Abdeckprofils angeklemmt. Die Metallabdeckung schützt die Fugendichtung vor unmittelbarer Bewitterung und Beschädigung infolge Vandalismus. Die Fugenbeweglichkeit wird durch eine Zweiteilung der Metallabdeckung erreicht. Wichtig ist bei einer derartigen Lösung das Übergreifen über die Aufkantung der Flächenabdichtung.

6. Schlußbemerkung

Die vorstehenden Ausführungen können naturgemäß nur einen Teil der Planungserfordernisse widerspiegeln, die sich im Zusammenhang mit der Abdichtung von Parkdecks und befahrbaren Dachflächen ergeben. Sie sollen zum besseren Verständnis der wichtigsten abdichtungstechnischen Belange beitragen, können aber eine Fachberatung durch erfahrene Firmen oder Sonderfachleute nicht ersetzen. Dies gilt insbesondere für den Fall, daß schwierige objektspezifische Details zu erarbeiten sind. Die Einschaltung der Fachleute sollte zu einem möglichst frühen Zeitpunkt der Planung erfolgen und nicht erst, wenn die Baustelle bereits angelaufen ist. Zu empfehlen ist grundsätzlich die zeichnerische Darstellung des Abdichtungsverlaufs in den Schalplänen der abzudichten-

Literatur

[1] Haack, A.: Abdichtung von Parkdecks und befahrbaren Decken; Straßen + Tiefbau 37 (1983), S. 17–29

[2] DIN 1072: Lastannahmen für Straßen- und Wegebrücken

[3] DIN 1055: Lastannahmen für Bauten

[4] Haack, A.: Bauwerksabdichtung – Hinweise für Konstrukteure, Architekten und Bauleiter; Bauingenieur 57 (1982) 11, S. 407–412

[5] DIN 18195: Bauwerksabdichtungen
Teil 1: Allgemeines, Begriffe
Teil 2: Stoffe
Teil 3: Verarbeitung der Stoffe
Teil 4: Abdichtung gegen Bodenfeuchtigkeit; Ausführung und Bemessung
Teil 5: Abdichtungen gegen von außen nichtdrückendes Wasser; Ausführung und Bemessung
Teil 6: Abdichtungen gegen von außen drückendes Wasser; Ausführung und Bemessung
Teil 7: Abdichtungen gegen von innen drückendes Wasser; Ausführung und Bemessung (in Vorbereitung)
Teil 8: Abdichtungen über Bewegungsfugen
Teil 9: Durchdringungen, Übergänge, Abschlüsse
Teil 10: Schutzschichten und Schutzmaßnahmen

[6] DIN 16729: Bahnen aus Ethylencopolymerisat-Bitumen (ECB). Anforderungen, Prüfung

[7] DIN 16935: Kunststoff-Dichtungsbahnen aus Polyisobutylen (PIB); Anforderungen

[8] DIN 16937: Kunststoff-Dichtungsbahnen aus weichmacherhaltigem Polyvinylchlorid (PVC-P), bitumenverträglich; Anforderungen

[9] ZTV Bel B (Entwurf): Zusätzliche Technische Vorschriften und Richtlinien für die Herstellung von Brückenbelägen auf Beton; Bundesminister für Verkehr, Abt. Straßenbau, Bonn

[10] ZTV bit StB84: Zusätzliche Technische Vorschriften und Richtlinien für den Bau bituminöser Fahrbahndecken, Ausgabe 1984; Bundesminister für Verkehr, Abt. Straßenbau, Bonn

[11] Benecke, P.: Erfahrungen mit Abdichtungen und Gußasphaltbelägen auf Hamburger Brücken, Bitumen 47 (1985) 4, S. 154–159

[12] DIN 18354: Asphaltbelagarbeiten; VOB, Teil C: Allgemeine Technische Vorschriften für Bauleistungen

[13] DIN 4122: Abdichtung von Bauwerken gegen nichtdrückendes Oberflächenwasser und Sickerwasser mit bituminösen Stoffen, Metallbändern und Kunststoff-Folien; Richtlinien

[14] ZTV-K 80: Zusätzliche Techniche Vorschriften für Kunstbauten, Ausgabe 1980; Bundesminister für Verkehr, Bonn/Deutsche Bundesbahn

[15] Merkblatt für bituminöse Brückenbeläge auf Beton, Herausgeber: Forschungsgesellschaft für das Straßenwesen, Köln, Ausgabe 1976

[16] DIN 19599: Abläufe und Abdeckungen in Gebäuden, Klassifizierung, Bau- und Prüfgrundsätze, Kennzeichnung

[17] Richtlinien und Richtzeichnungen für Abdichtungs- und Belagsarbeiten, Ausgabe 1986; Herausgeber: Baubehörde der Freien und Hansestadt Hamburg, Tiefbauamt

[18] DIN 18540: Abdichtungen von Außenwandfugen im Hochbau mit Fugendichtungsmassen; konstruktive Ausbildung der Fugen

Detailprobleme bei bepflanzten Dächern

Dipl.-Ing. Eberhard Hoch VDI, Architekt, Achim

In Konstruktionsdetails und deren Umsetzung in die Praxis lagen und liegen die häufigsten Ursachen für Flachdachschäden, kein Grund, solche Schwachpunkte auf begrünte Dachflächen zu übertragen. Anschlußbereiche erfahren auf engstem Raum große Temperaturunterschiede. Stehendes Wasser auf der Dachfläche befindet sich z. B. in unmittelbarer Nähe zur aufgehenden trockenen und besonnten Anschlußabdichtung.

Allein Wirtschaftlichkeitsüberlegungen verbieten billige Detaillösungen, die im Störungs- oder Schadensfall zunächst das Abräumen von begrünten Bereichen erforderlich machen, bevor mit Maßnahmen zur Schadensbehebung begonnen werden kann. Das bedeutet, daß sämtliche An- und Abschlußpunkte, Dehnungsfugen und Dachdurchbrechungen sowie sonstige Materialwechselbereiche unter Beachtung vorgeschriebener Mindestanschlußhöhen, unter Verwendung der besten für den jeweiligen Beanspruchungsfall geeigneten Materialien bei sorgfältigster handwerklicher Verarbeitung ausgebildet werden. Um diese und auch die finanziellen Voraussetzungen zu schaffen, ist dem Auftraggeber zu erklären, warum gerade bei begrünten Dächern ein beliebiges Auswechseln von hochwertigen und damit meistens kostspieligeren Stoffen gegen billige gefährlich und teuer werden kann. Planerischerseits muß sichergestellt werden, daß erforderliche Anschlußhöhen erreicht werden können, daß der Untergrund für die Aufnahme mechanischer Befestigungen geeignet und daß genügend Bewegungsspielraum für die handwerkliche Durchführung vorhanden ist. Bei der losen Verlegung der Funktionsschichten sollte im Rand- und Eckbereich eine Kombination von mechanischer Befestigung und Auflast angestrebt werden (siehe hierzu auch die Randauflasttabelle).

Wegen der besseren Kontrollierbarkeit aller An- und Abschlußpunkte und wegen einer geringeren Beanspruchung durch die Vegetation empfiehlt sich die Anordnung eines bekiesten Streifens zwischen diesen Punkten und der Flachdachbegrünung. An Außenwandflächen zu höher gestaffelten Gebäudeteilen übernimmt der Kiesstreifen außerdem die Aufnahme und Weiterleitung des von der Fassadenfläche ablaufenden Schlagregenwassers.

Die handwerkliche Ausführung kann in ihrer Qualität durch planungsbedingte Vorgaben, wie bereits erwähnt, wesentlich verbessert werden. Bei begrünten Dächern sind zusätzlich zu den bekannten Flachdachschichten noch die Wurzelschutzbahn und die mechanische Schutzschicht an allen An- und Abschlüssen bis auf die jeweils erforderliche Anschlußhöhe hochzuführen und gegebenenfalls zu verwahren. Dabei darf die Klärung der Verträglichkeit der Stoffe untereinander (z. B. Wurzelschutzbahn aus PVCweich mit einer Bitumenabdichtung) nicht vergessen werden.

Hier bedarf es der Festlegung, wer die Wurzelschutzmaßnahme und die Verlegung der mechanischen Schutzschicht vornimmt. Gebräuchlich ist die Regelung, daß der Dachdecker mit der Abdichtung abschließt und der Landschaftsgärtner mit der Verlegung der Wurzelschutzbahn und der mechanischen Schutzschicht beginnt.

Sehr wichtig ist die Einhaltung einer bewährten Praxis, nach der alle An- und Abschlüsse möglichst aus dem gleichen Material wie die flächige Abdichtung hergestellt werden sollen. Im Hinblick auf den Wurzelschutz wird die Sicherheit in den Anschlußbereichen durch materialgleiche, homogene Naht- und Stoßfügun-

Höhe der Dachfläche über Gelände		Auflast Randbereich kg/m	
		MIT Befestigung am Dachrand	OHNE Befestigung am Dachrand
bis	8 m	80	120
über 8 bis	20 m	130	190
über	20 m	160	260

gen erheblich erhöht. Alle hochgezogenen Lagen sind an ihrem oberen Punkt mechanisch zu befestigen. Bei Kunststoffdichtungsbahnen können Werksverlegevorschriften generell eine Kehlbefestigung vorschreiben, sofern man sich nicht schon wegen der Windsogsicherung z. B. als Linienbefestigung vorsieht.

Die wichtigsten Voraussetzungen für die Planung und Ausführung von An- und Abschlüssen an begrünten Dächern lassen sich in folgenden Punkten zusammenfassen:

1. Planung

1.1 Anschlußhöhen

Unter Berücksichtigung aller Konstruktions- und Funktionsschichten sind je nach Anschlußlage Mindesthöhen für hochgezogene Anschlußabdichtungen, wie sie in DIN 18531 und in den ,,Flachdachrichtlinien" festgelegt sind, einzuhalten. Bei bis an An- und Abschlüsse heranreichende Begrünungen sind Filtermatten bzw. Filtervliese, Schutzschichten und Wurzelschutzbahnen wie die Abdichtung hochzuführen.

1.2 Mechanische Befestigung

Ohne Ausnahme sollen die oberen Endungen der Anschlußabdichtungen – ob geklebt oder lose verlegt – mechanisch befestigt werden. Mechanische Rand- und Kehlbefestigungen sind in Verbindung mit einer Kiesauflast zur wirkungsvollen Abtragung von Windsoglasten gerade im Randbereich zu empfehlen. Verlegevorschriften von einigen Kunststoffbahnenherstellern schreiben die Kehlbefestigung bereits vor.

Bei Wand- und Brüstungsanschlüssen ist die vertikale Anschlußfläche zurückzusetzen.

1.3 Kiesrandstreifen

Um an begrünten Dächern eine ähnliche Kontrolle zu ermöglichen, wie sie bei normalen Flachdächern durchgeführt werden sollte, sind wenigstens alle An- und Abschlußbereiche so zu gestalten, daß dort eine visuelle Überwachung möglich ist. Durch Kiesbettstreifen in etwa 1 m Breite wird die Voraussetzung hierfür geschaffen. Aus brandschutztechnischen Gründen kann der Kiesrandstreifen auch breiter werden, z. B. 5,00 m bei angrenzenden aufgehenden Wänden mit Fensteröffnungen. Der Kies ⌀ 16/32 ab 5 cm Dicke bietet zusammen mit einer mechanischen Randbefestigung außerdem in den Randzonen eine Windsogsicherung, die dem Stand der Technik entspricht (siehe auch Randauflasttabelle und DIN 18531!). Dort, wo der Kies an Außenwandflächen höher gestaffelter Gebäudeteile der begrünten Dachfläche vorgeschaltet ist, nimmt er die nicht unerheblichen Mengen des Schlagregenwassers auf, die an der Fassade herunterrinnen. Im Bodensubstrat werden auf diese Weise Ausspülungen vermieden.

Um Lichtkuppeln herum und beiderseits von Dehnungsfugen erfüllen Kiesrandsstreifen die Forderung nach Kontrollierbarkeit in bestmöglicher Weise. Darüberhinaus bieten Kiesrandstreifen dort Hilfe, wo die Einhaltung der Mindestanschlußhöhen auf Grund der Mächtigkeit von Drainage- und Vegetationsschichten Schwierigkeiten bereitet. Durch Anböschung oder Begrenzungselemente kann die Konstruktionshöhe aller für die Begrünung erforderlichen Schichten auf die Dicke der Kieslage reduziert werden.

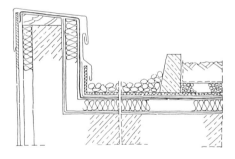

Bei Dachrandaufkantungen in Form von Attiken empfiehlt es sich, die Abdichtung über die senkrechte Innenfläche und die Attikakrone bis zur Außenkante zu führen. Bei Brüstungen bietet sich die Wandanschlußausbildung an. Die Wurzelschutzbahn könnte mit der Begrünung abschließen und an dem Begrenzungselement senkrecht hochgezogen werden. In dieser Skizze wurden Wurzelschutzbahn und Schutzmatte unter dem Kiesrandstreifen hindurch und bis zur Attika verlegt. Beide Lagen enden erst mindestens 15 cm über dem oberen Niveau der Kieslage. Die Schutzfunktion der Schutzmatte gegenüber der Abdichtung übernimmt dann die Attikaabdeckung und die innere senkrechte Attikabekleidung.

Da Aussaaten und Fremdwuchsbilduung in Kiesrandstreifen begrünter Dächer erwartet werden müssen, sind der Wurzelschutz und die Schutzlage auch unter diesen Bereichen hindurchzuführen.

1.4 Bewegliche und starre An- und Abschlüsse

Das Konstruktionskonzept des ganzen Gebäudes, aber auch der Dachdecke sowie der Wand- und Randelemente lassen starre und voneinander getrennte Einheiten entstehen, die ihren Gegebenheiten entsprechend auch abdichtungstechnisch berücksichtigt werden müssen. An dieser Stelle soll nicht auf die konstruktive Durchbildung im Einzelfall eingegangen, sondern im Hinblick auf bepflanzte Dächer daran erinnert werden, daß im einen wie im anderen Fall zusätzlich für die Unterbringung von Wurzelschutzbahn und ggf. von Schutzlagen oder Schutzschichten gesorgt werden muß.

Abb. 1 Eine üppige Extensivbegrünung (Cotoneaster) hat bereits die Dachränder erfaßt. Eine optische Kontrolle, wie weit sich z. B. die Wurzelbildung dem Dachrandanschluß genähert hat, ist hier nicht mehr möglich.

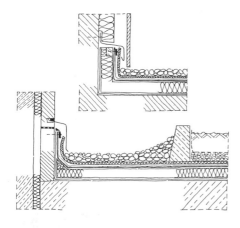

Abb. 2 Klar angelegte Kiesrandstreifen erleichtern die Kontrolle von An- und Abschlüssen sowie von Dachdurchbrechungen.

An allen Wandanschlüssen müssen Fassadenbekleidungen oder Kappleisten die Schutzaufgaben von Schutzmatten oder Schutzlagen nach oben hin fortsetzen. Die Wurzelschutzbahn sollte die Anschlußabdichtung bis zu ihrem oberen Endpunkt begleiten, damit auch im direkten Anschlußbereich ein Wurzelschutz geschaffen wird.

Bei Kiesrandstreifen orientiert sich die Anschlußhöhe an der Kiesschüttdicke und nicht an dem wesentlich höheren Niveau der Oberfläche des Bodensubstrates.

1.5 Keine Unterbrechungen von An- und Abschlüssen

Es ist wohl ausführungstechnisch unmöglich, durch Dachabläufe, Geländerstützen oder Dehnungsfugenbänder unterbrochene An- und Abschlüsse dauerhaft zuverlässig herzustellen. Das muß im Planungsstadium bereits klar sein. Diese Einschränkung verstärkt sich noch durch die Notwendigkeit, besonders auch den Wurzelschutz ohne Unterbrechung bis zu den erforderlichen Mindestanschlußhöhen hochzuführen.

1.6 Dehnungsfugen

Dehnungsfugen sollen bekanntlich aus der Wasserebene herausgehoben werden. Mit gleicher Konsequenz ist anzustreben, sie von der

Bepflanzung fernzuhalten. Das erfolgt zweckmäßigerweise, wie schon erwähnt, durch Kiesrandstreifen beiderseits des Fugenverlaufs.

1.7 Türaustritte

Neben den hinlänglich bekannten Forderungen nach den minimal zulässigen Anschlußhöhen und dem Ablauf in unmittelbarer Türnähe ist der Wurzelschutz mit der Abdichtung möglichst bis unter die Sattelschiene der Tür zu führen, obwohl hier die Bepflanzung deutlich von der Dachfläche zurücktritt. Der Verfasser empfiehlt eine Kiesrandstreifenverbreiterung auf mindestens 1,5 m. Ausnahmen bilden Containerbegrünungen.

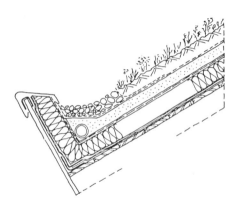

1.8 Geländerstützen

Geländerstützen sind wie bei nicht begrünten Dächern von unten in der Deckenplatte oder in vorgefertigten aufgesetzten Stahlbetonrandelementen zu befestigen, ohne daß der Wurzelschutz, die Abdichtung und die anderen Funktionsschichten unterbrochen werden müssen.

1.9 Arbeitsspielraum

Die besten Planungsideen sind zum Scheitern verurteilt, wenn der ausführende Handwerker nicht den Spielraum zur Verfügung hat, den er für eine fachgerechte Arbeit benötigt. Dieser Hinweis muß bereits bei der Planung Berücksichtigung finden. Konkret wird solch ein Fall z. B. bei der Umwandlung eines normalen Flachdaches in ein begrüntes, wo Wandanschlüsse hinter einer vorhandenen Fassadenbekleidung, die man nicht entfernen möchte, odnungsgemäß hergestellt werden sollen.

Der Ortgangabschluß bei geneigten Gründächern bereitet kaum Schwierigkeiten (z. B. durch die Verwendung von Verbundblechprofilen). Um so mehr Überlegung erfordert die Konstruktion des Traufpunktes. Das Konzept des Umkehrdaches sieht die Entwässerungsebene unter Wärmedämmschicht vor, so daß das Drainagerohr auf der Abdichtung am tiefsten Punkt des Daches im Dämmschichtquerschnitt liegen müßte. Damit wäre eine Schwächung des Dämmschichtquerschnittes entstanden, die sich durch eine oberseitige Dämmummantelung nahezu ausgleichen ließe. Würde man die Wärmedämmschicht ohne Unterbrechung fortsetzen, dann läge das Drainrohr auf der Wärmedämmschicht, aber es würde sich in dem gedämmten Dreieck unter dem Drainrohr ein Wasseranstau bilden (s. obenstehende Skizze!). Aus diesen Gründen bietet sich die Überlegung an, bei geneigten Gründächern entweder die Abdichtung generell auf der Wärmedämmschicht anzuordnen, oder beim Um-

1.10 Außenliegende Entwässerung

Bei Gefälledächern mit Begrünung wie z. B. bei Grasdächern oder Blumenhügeldächern stellt sich die Frage nach der Frostsicherheit der Entwässerungselemente. Wenn das Drainrohr am tiefsten Punkt des Daches im Bereich eines Dachüberstandes untergebracht ist, so wird es zwar mit überschüssigem Niederschlagswasser beim UK-Dach aus einer warmen Ebene gespeist, aber bei einer Eisbildung im Drainrohr (und in den Fallrohren) ergibt sich davor ein Wasserstau infolge Eisbildung. Ein unerwünschter Wasseranstau und eine weitere Eisschollenbildung im Traufbereich können die Folge sein.

Abb. 3 Die intensiv begrünte Fläche ist durch Randelemente abgegrenzt und schafft Raum für Kiesrandstreifen und Nutzungsflächen.

Abb. 4 Bei dieser Innenhof-Intensivbegrünung wurde allein wegen des an den Fassadenflächen ablaufenden Schlagregenwassers die Anordnung von Kiesrandstreifen erforderlich.

Abb. 5 Die bis an die Lichtkuppelaufsatzkränze herangewachsene Extensivbegrünung macht deutlich, wie wichtig auch der Wurzelschutz an allen Anschlüssen ist.

kehrdach etwa 1 bis 2 m je nach Dachneigung vor dem tiefsten Punkt der Traufe die Dachabdichtung auf die Wärmedämmschicht zu führen, wodurch im unmittelbaren Traufbereich eine herkömmliche Einschalendachkonzeption geschaffen würde.

Welcher Weg auch immer gewählt wird, in jedem Fall ist die Frostsicherheit des Drainrohres und der Fallrohre zu erreichen. Geringer Dachüberstand und Dämmummantelung des Drainrohres von allen Seiten sind hierfür die wichtigsten Voraussetzungen.

2. Planung und Ausführung

2.1 Wurzelschutz und mechanischer Schutz

Beide Maßnahmen sind getrennt vorzusehen. An allen An- und Abschlüssen werden Wurzelschutzbahnen bis zu den vorgeschriebenen Anschlußhöhen hochgeführt. Mechanische Schutzschichten in Form von Matten oder Bahnen sollen unter Abdeckungen oder Bekleidungen verwahrt werden. An Rand- und Wandanschlüssen können Abdeckelemente oder Wandbekleidungen den mechanischen Schutz darstellen, wenn sie an die in der Fläche liegende Schutzschicht möglichst mit einer Sicherheitsüberdeckung anschließen.

2.2 Materialgleichheit und Nahtverbindungen

Eine Erkenntnis aus Flachdachschäden an An- und Abschlüssen hat dazu geführt, daß man bemüht ist, alle An- und Abschlüsse möglichst aus dem gleichen Material herzustellen, aus dem auch die flächige Abdichtung besteht. Bei thermoplastischen Kunststoffbahnen und bei Bitumenschweißbahnen besteht die Möglichkeit, durch Schweißen eine homogene Naht- und Stoßverbindung zu schaffen, so daß die Dachabdichtung ihre stoffgleiche Fortsetzung in allen An- und Abschlußpunkten bis zur jeweils vorgeschriebenen Höhe findet. Bei PVCweich-Bahnen z. B. kann diese Materialgleichheit über Verbundbleche, aus denen entsprechende Halte- und Anschlußprofile gekantet wurden, noch erweitert werden. Diese stoff-

Abb. 6 Anschlüsse an Lichtkuppelaufsatzkränzen sollen besonders bei begrünten Dächern bis an den Auflageflansch für die Lichtkuppel hochgeführt werden und aus Dichtungsbahnen bzw. -stoffen mit Wurzelschutzeigenschaften bestehen.

bezogene Konsequenz ist nicht nur abdichtungstechnisch zu begrüßen, sondern trägt in wünschenswerter Weise dem Wurzelschutz Rechnung, wenn mit der Wurzelschutzbahn ebenso verfahren wird. Bitumenverträgliche Kunststoffdichtungsbahnen (z. B. PVCweich gem. DIN 16937) mit Wurzelschutzeigenschaften werden gelegentlich bei leichten Extensivbegrünungen als Dachabdichtung und Wurzelschutz zugleich eingesetzt. Dadurch vereinfachen sich natürlich die An- und Abschlußausbildungen. Vereinfachungen in der Ausführung lassen sich z. B. auch dadurch erzielen, daß Dachabdichtungen und Wurzelschutzbahn aus zwei gleichartigen schweißfähigen und wurzelschützenden Dichtungsbahnen bestehen, die untereinander verträglich sind und die gemeinsam an den Fixpunkten miteinander verschweißt werden können.

Abb. 7 Die Dachüberstände von begrünten Dächern mit deutlichem Gefälle zum Dachaußenrand hin sind zur Verringerung der Eisbildung im Drainrohr und im Traufbereich überhaupt auf ein Minimum zu beschränken. In die Wand verlegte und wärmegedämmte Fallrohre sind in diese Überlegungen mit einzubeziehen.

2.3 Versiegelung und Verklebung

Die obere Kante hochgezogener und mechanisch befestigter Anschlußbahnen ist elastisch zu versiegeln. Die Fugenflanken sind zu säubern und meistens zu primern. Bei freiliegenden Anschlüssen dieser Art ist die Anschlußfläche gegenüber der Wand- bzw. Brüstungsfläche zurückzusetzen, damit die Schlagregenflut mindestens bündig über den Anschluß hinweggeht.

Auch an senkrechten Flächen aufgeklebte Anschlußbahnen sind an ihrem oberen Rand mechanisch zu befestigen, erforderlichenfalls auch in der Kehle.

2.4 Profilierte Bleche

Gekantete Bleche oder bereits werkseitig profilierte haben sich besonders gut als Abdeck- und Bekleidungselemente an An- und Abschlüssen erwiesen. In dem Fall, wo sie mit der Abdichtung kraftschlüssig in Verbindung gebracht werden sollen oder müssen, sind Dehnungsausgleicher vorzusehen. Im Interesse einer hochzuführenden Wurzelschutzbahn sollte diese und die Dachabdichtung hinter dem Blechprofil hochgezogen werden.

2.5 UV-Schutz und Witterungsstabilität

Wo, aus welchen Gründen auch immer, Dachabdichtung und/oder Wurzelschutzbahn ungeschützt aus der Vegetationsschicht oder aus dem Kiesrandstreifen herauskommen, müssen diese Bahnen durch Abdeckungen, Randelemente oder Bekleidungen geschützt werden. Sind solche Bahnen auch nur vorübergehend dem Sonnenlicht ausgesetzt oder gibt es Fugen, durch die Sonnenstrahlen auf diese Bahnen treffen, so müssen uv-stabile Qualitäten gewählt werden. Das kann bereits bei verzögertem Ausführungsfortschritt, wo die Abdichtung über eine bestimmte Zeit ganz oder in Teilbereichen nackt liegt, der Fall sein.

2.6 Entwässerungsschächte

Zur besseren Kontrolle der Dachabläufe sind Entwässerungsschächte vorzusehen, die aber durch Filterpackungen oder hochgezogene Filtermatten und -vliese gegen Feinteile aus der Substratschicht zu sichern sind. Hier ergeben sich keine Anschlußprobleme, da Entwässerungsschächte oberhalb der Drainschicht angeordnet werden, sich also in jedem Fall außerhalb (oberhalb) von Abdichtung und Wurzelschutz befinden.

Bepflanzte Dächer leben. Sie verändern ihr Aussehen, dabei gehen Pflanzen ein, es gesellt sich oft Fremdwuchs hinzu und das an Stellen, wo er unerwünscht ist. Das ist z. B. an allen An- und Abschlußbereichen der Fall. Sie müssen genauso kontrolliert werden, wie auch je nach Begrünungsart eine mehr oder weniger aufwendige Pflege der Pflanzen erforderlich wird.

Begrünte Flachdächer aus der Sicht des Dachdeckerhandwerks

Gert Wolf, Beratender Ingenieur und DDM, Zentralverband des Dachdeckerhandwerks, Köln

Die Begrünung von Dachflächen mag aktuell sein. Sie mag auch eine Modeerscheinung sein. Ob die Begrünung einer Dachfläche sinnvoll und auch nutzbringend ist, sei zunächst dahingestellt, dies ist zumindestens umstritten.

Andererseits ist die Begrünung von Dachflächen fast zwangsläufig die Folge der Planung und Ausführung von gefällelosen Dachflächen, die in dieser Form erst eine Begrünung ermöglichen.

Wenn man davon ausgeht, daß wir nach in 35 Jahren gesammelten Erfahrungen, bei fortgeschrittener Werkstofftechnologie und ausgereifter Anwendungstechnik nunmehr in der Lage sind, sichere und langfristig funktionsfähige Dachabdichtungen herzustellen, dann muß man nachdrücklich die Frage aufwerfen, ob wir uns mit der großflächigen Begrünung von Flachdächern nicht bereits wieder neue, derzeit noch nicht erkennbare Probleme einhandeln.

Die vollflächige oder auch teilweise Begrünung einer Dachfläche stellt eine besondere Beanspruchung der Dachabdichtung her. Die ständige Beanspruchung durch Feuchtigkeit, die Einwirkung von Wurzeln, die Entwicklung von Mikroorganismen und nicht zuletzt auch die Auflast sind Beanspruchungsarten, auf die der gesamte Schichtenaufbau abgestimmt werden muß. Nach meiner Ansicht macht man es sich zu leicht, wenn die Begrünung einer Dachfläche auf einem konventionellen Schichtenaufbau vorgesehen wird. Dabei muß man auch darüber nachdenken, daß nach den Aufbringungen der für die Begrünung erforderlichen zusätzlichen Schichten die mögliche Kontrolle der Dachabdichtung ganz erheblich eingeschränkt wird. Die Dachabdichtung wird genutzt. Sie wird durch die Bepflanzung genutzt, die wiederum einer Wartung und Pflege bedarf, die es wiederum erforderlich macht, daß die Dachfläche auch begangen wird. Von einem Dach im Sinne dieses Begriffes kann unter Umständen nach meiner Ansicht keine Rede mehr sein. Vielmehr wird das Dach zur Terrasse und das, was man üblicherweise als Dachabdichtung bezeichnet, wird zur Bauwerksabdichtung.

Darüber muß man sich im klaren sein. Dies darf man zu keiner Zeit während der Planung und Ausführung vergessen.

Auch in den ,,Richtlinien für die Planung und Ausführung von Dächern mit Abdichtungen" wird man vergeblich detaillierte Hinweise für die Abdichtung genutzter Dachflächen suchen. Man war sich darüber im klaren, daß bei der Ausführung von Abdichtungen auf genutzten Dachflächen die DIN 18 195 ,,Bauwerksabdichtungen" zu beachten ist. Vielmehr beschränken sich die Flachdachrichtlinien zunächst auf eine Begriffsbestimmung, nach der genutzte Dachflächen für den Aufenthalt von Personen, für die Nutzung durch Verkehr oder für die Bepflanzung vorgesehen sind. Etwas detaillierter werden Beläge für genutzte Dachflächen in den Flachdachrichtlinien beschrieben. Es wird unterschieden zwischen Belägen für die einfache Beanspruchung und Belägen für die schwere Beanspruchung.

Auf Dachflächen, die für die Bepflanzung vorgesehen sind, wird eine Schutzschicht zum Schutz der Abdichtung gegen mechanische Beständigung für erforderlich gehalten und darüberhinaus eine wurzelwuchshemmende Schicht über der Abdichtung gefordert, wenn diese selbst nicht wurzelhemmend ist.

Unübersehbar wird im Abschnitt 8.6 auch auf die DIN 18 195, allerdings hier nur auf den Teil 10 ,,Schutzschichten und Schutzmaßnahmen" hingewiesen.

Wäre nicht an dieser Stelle auch bereits ein Hinweis auf die DIN 18 195, Teil 5 ,,Abdichtungen gegen nichtdrückendes Wasser" erforderlich gewesen?

In der DIN 18 195 ,,Bauwerksabdichtungen" heißt es im Anwendungsbereich: Diese Norm gilt für die Abdichtung von Bauwerken und Bauteilen mit Bitumenwerkstoffen, Metallbändern und Kunststoff-Dichtungsbahnen gegen nichtdrückendes Wasser, d. h. gegen Wasser in tropfbar-flüssiger Form, z. B. Niederschlags-, Sicker- oder Brauchwasser, das auf die Abdichtung keinen oder nur vorübergehend einen geringfügigen hydrostatischen Druck ausübt.

Im Abschnitt Anforderungen wird darauf hingewiesen, daß die Abdichtung bei den zu erwartenden Beanspruchungen ihre Schutzwirkung nicht verlieren darf. Die zu erwartende Beanspruchung muß bereits bei der Planung einer Bauwerksabdichtung beachtet werden.

Die Begrünung einer Dachfläche ist eine besondere Beanspruchung und man sollte sich darüber im klaren sein, daß Dachabdichtungen mit einem konventionellen Schichtenaufbau die im Erstellungszeitraum des Bauwerks eben als Dachabdichtung ausgeführt werden, in der Regel für eine Begrünung nicht geeignet sind.

Ich sehe aber eine große Gefahr darin, daß Dächer mit Dachabdichtungen im Sinne dieses Begriffs später für die Begrünung vorgesehen werden, ohne daß man sich zunächst Gedanken darüber macht, ob diese Beanspruchung auf die Dauer von der Abdichtung aufgenommen werden kann.

Wir haben gerade in den letzten Jahren über die mögliche Feuchtigkeitsaufnahme in gewissen Abdichtungswerkstoffen Erfahrungen sammeln können, die uns zumindestens zum Nachdenken veranlassen sollten.

In der DIN 18 195 heißt es unter Ziffer 5 ,,bauliche Erfordernisse" wörtlich:

Dämmschichten, auf die Abdichtungen unmittelbar aufgebracht werden sollen, müsse für die jeweilige Nutzung geeignet sein.

Daraus ergibt sich zwangsläufig, daß die Wärmedämmschicht auf genutzten, d. h. bepflanzten und begehbaren Dachflächen eine erhöhte Druckfestigkeit haben muß.

Unter 5.7 heißt es wörtlich:

Entwässerungseinläufe, die die Abdichtung durchdringen, müssen sowohl die Oberfläche des Bauwerks oder Bauteils als auch die Abdichtungsebene dauerhaft entwässern.

Wird diese Forderung auch bei begrünten Dachflächen erfüllt, dies muß man anhand der hier gezeigten Beispiele nachdrücklich in Frage stellen.

Nach DIN 18 195 gelten Abdichtungen als mäßig beansprucht, wenn die Verkehrslasten ruhend und die Abdichtung nicht unter befahrenen Flächen liegt,

– die Temperaturschwankungen an der Abdichtung nicht weniger als 40 K beträgt,
– die Wasserbeanspruchung gering und nicht ständig ist.

Abdichtungen gelten als hochbeansprucht, wenn eine oder mehrere der vorher aufgezählten Beanspruchungsarten die angegebenen Grenzen überschreiten. Dazu zählen grundsätzlich alle waagerechten und geneigten Flächen im Freien und im Erdreich.

Es ist demnach unzweifelhaft, daß Abdichtungen auf begrünten Dächern als hochbeansprucht gelten.

Unter Ziffer 7.1.4 der DIN 18 195 heißt es wiederum wörtlich:

Die Abdichtungen sind je nach Untergrund und Art der ersten Abdichtungslage verklebt, punktweise verklebt oder lose aufliegend herzustellen.

Die punktweise Verklebung der Abdichtung auf dem Untergrund, z. B. der Dämmschicht, oder auch die lose Verlegung ist damit zulässig.

Ist die punktweise Verklebung oder auch die lose Verlegung der Abdichtung auf einer Dachfläche, die für die Begrünung vorgesehen war, überhaupt zu verantworten?

In der DIN 4122 ,,Abdichtung von Bauwerken gegen nichtdrückendes Oberflächen- und Sikkerwasser mit bituminösen Stoffen, Metallbändern und Kunststoff-Folien", die durch die DIN 18 195, Teil 5 abgelöst wurde, heißt es noch wörtlich:

Die Abdichtungshaut soll im allgemeinen mit dem abzudichtenden Baukörper vollflächig verklebt sein um zu verhindern, daß die Abdichtung wasserunterläufig werden kann.

Die DIN 18 195 läßt dagegen eine Wasserunterläufigkeit zu.

Abdichtungen für mäßige Beanspruchungen können nach der DIN 18 195 auch mit nackten Bitumenbahnen und/oder Glasvlies-Bitumen-Dachbahnen ausgeführt werden. Es erübrigt sich fast darauf hinzuweisen, daß diese Werkstoffe für die Herstellung einer Abdichtung mit Bepflanzung nicht geeignet sind.

Auch für die Herstellung von Abdichtungen für hohe Beanspruchung sind nackte Bitumenbahnen zugelassen, wobei sich deren Anwendung natürlich nur auf eingepreßte Bauwerksabdichtungen beschränkt.

Auch die unter Ziffer 7.3 der DIN 18 195 beschriebenen Abdichtungsarten für hohe Beanspruchung sind, soweit dies die Beschreibung von Abdichtungen mit Bitumenbahnen betrifft, kaum zur Herstellung einer Abdichtung auf einem begrünten Dach geeignet.

Selbstverständlich können darüberhinaus Abdichtungen nach DIN 18 195 aus bitumenverträglichen und nicht bitumenverträglichen Kunststoffdichtungsbahnen aus PVC-weich mit einer Mindestdicke von 1,5 mm oder aus Kunststoff-Dichtungsbahnen aus PIB mit einer Mindestdicke von 1,5 mm oder ECB mindestens 2,0 mm dick hergestellt werden.

Gußasphalt oder Asphaltmastix scheidet für die Abdichtung zu begrünender Dachflächen aus.

Abdichtungen mit Metallbändern in Verbindung mit Bitumenbahnen sind wegen der geringeren Temperaturschwankungen unter der Begrünung sicherlich machbar, jedoch nicht üblich.

Berücksichtigt man den derzeitigen Stand der Materialtechnologie, so kann die DIN 18 195 ,,Bauwerksabdichtungen" als Ausführungsnorm für Abdichtungen aus Bitumenbahnen auf zu begrünenden Dachflächen sicherlich nicht angezogen werden.

Vielmehr wird man zur Herstellung einer Dachabdichtung auf einer zu begrünenden Dachfläche zu bewährten Kombinationen greifen, die sich auch in der Dachabdichtung bewährt haben. Beispielhaft sei hier die Kombination einer Bitumen-Schweißbahn mit einer Trägereinlage aus Glasgewebe als erste Lage und einer weiteren oberen Lage, bestehend aus einer Polymerbitumen-Schweißbahn nach DIN 52 133 genannt.

Dabei sollte man bei allen anderen möglichen Kombinationen die bereits eingangs meines Vortrages angeführten Erkenntnisse über die Feuchtigkeitsaufnahme in gewissen Abdichtungswerkstoffen bei der Auswahl nicht vergessen.

Wenn Sie mich nun persönlich fragen würden, wie denn die Schichtenfolge auf einem zu begrünenden Flachdach aussehen sollte, dann könnte ich Ihnen sagen, daß ich diesbezüglich ganz klare Vorstellungen habe.

Ausschlaggebend für die Auswahl der Werkstoffe sind für mich die Beanspruchungskriterien, wie z. B. dauernd einwirkende Feuchtigkeit, Druckbeanspruchung durch die Bepflanzung und durch das Begehen der begrünten Fläche und die möglichen Beanspruchungskriterien, die sich aus der Bepflanzung selbst, nämlich durch den Wurzelwuchs ergeben.

Ausschlaggebend für die Festlegung des Schichtenaufbaues ist für mich auch die eingeschränkte Kontrollierbarkeit der Abdichtung.

In diesem Zusammenhang würde ich die Forderung stellen, daß die Abdichtung einschließlich aller erforderlichen Funktionsschichten an keiner Stelle wasserunterläufig sein darf. Außerdem würde ich die Verwendung eines harten Dämmstoffes verlangen, um eine mögliche Perforation der Dachabdichtung auch bei der Bearbeitung der begrünten Flächen möglichst auszuschließen. Ich denke dabei besonders an den Gärtner, der bei der Pflege der Begrünung mit seinem Unkrauthäkchen fröhlich in der Abdichtung herumstochert.

Die vollflächige und hohlraumfreie Verklebung aller Schichten auf dem jeweiligen Untergrund wäre für mich die wichtigste Forderung.

Bei all diesen Überlegungen gehe ich davon aus, daß der geschulte Gärtner ebenso wie der Hobbygärtner oder Benutzer der begrünten Dachfläche sehr leicht vergessen kann, daß sich unter der Begrünung eine Abdichtung befindet, deren Beschädigung erhebliche Folgeschäden nach sich ziehen kann. Ich denke dabei nicht nur an Durchfeuchtungen in den unter der begrünten Dachfläche liegenden Räume, sondern auch den enormen Aufwand bei einer eventuell erforderlichen Beseitigung der Begrünung, nämlich dann, wenn an irgendeiner Stelle durch eine Perforation die gesamte Abdichtung von Wasser unterlaufen werden kann und die Ortung der eigentlichen Schadstelle dadurch unmöglich wird. Bei einer Dachabdichtung unter einer Begrünung darf man nichts dem Zufall überlassen.

Zur Herstellung der Abdichtung selbst würde ich hochwertige Polymerbitumen-Schweißbahnen in der Kombination von bewährten Typen verwenden.

Natürlich würde ich auch den Wurzelschutz nicht vergessen.

Dieser muß auf die vorgesehene Art der Bepflanzung und gegebenenfalls auch darauf abgestimmt sein, daß durch Samenflug Pflanzen in der Begrünung gedeihen, die eigentlich nicht dafür vorgesehen waren. Ich denke dabei insbesondere an den Löwenzahn oder auch die

Birke, deren Wurzeln sich als besonders aggressiv erwiesen haben.

Auch ein einzelner Wurzeldurchwuchs kann nicht ausgeschlossen werden und auch aus diesem Grunde fordere ich eine nicht wasserunläufige Abdichtung einschließlich der einzubauenden Funktionsschichten.

Geht man unter diesen Voraussetzungen davon aus, daß durch eine Perforation Wasser in die unter der Abdichtung liegenden Schichten eindringt, so läßt die innen erkennbare Feuchtigkeitseinwirkung sehr leicht und ohne viel Aufwand nicht nur die Ortung sondern auch die Beseitigung der Schadstelle zu.

Natürlich läßt sich eine nicht wasserunterläufige Abdichtung durchaus auch mit bitumenverträglichen Kunststoffbahnen herstellen. Die Kombination der Kunststoff-Dichtungsbahn mit einer Lage aus Bitumenbahnen als erste Lage würde ich empfehlen.

Inwieweit auch das Merkblatt für Bodenbeläge aus Fliesen und Platten außerhalb von Gebäuden, Richtlinien für die Planung und Ausführung herausgegeben vom Fachverband des Deutschen Fliesengewerbes im Zentralverband des Deutschen Baugewerbes der Ausführung begrünter Dachflächen zu beachten ist, sei dahingestellt. Diese Richtlinien enthalten keinen Hinweis auf die Bepflanzung, sondern beinhalten im wesentlichen die Verlegung von Plattenbelägen jeder Art auf Abdichtungen, wobei sicherlich berücksichtigt werden muß, daß – wie ich bereits vorher ausführte – auch auf einer begrünten Dachfläche in der Regel immer Teilbereiche mit Gehwegplatten oder ähnlichem ausgelegt werden müssen. Die Verlegung von Bodenbelägen in Mörtel hat sich auf Balkonen und Terrassen in der Regel nicht bewährt.

Der in den Richtlinien als unterlüfteter Terrassenbelag aus Gehwegplatten auf sogenannten „Mörtelbatzen" ist sicherlich auch keine ideale Lösung. Unter dem Plattenbelag kann so Niederschlagswasser verbleiben und durch Ablagerungen Fäulnisprozesse entstehen, die zumindestens geruchsbelästigend wirken können. Darüberhinaus werden die Hohlräume gerne von allerhand Ungeziefer zu Nist- oder Wohnzwecken aufgesucht.

Die Verlegung von Gehwegplatten auf sogenannten Stelzlagern ist nur dann möglich, wenn zwischen der Abdichtung und dem Stelzlager eine ausreichend tragfähige Schutzschicht angeordnet wird. Auch großflächigere Stelzlager führen zu Punktlasten mit erhöhter Beanspruchung der Abdichtung.

Die auf Dachflächen übliche Verlegung von Gehwegplatten im Kiesbett wird man in dem Merkblatt vergeblich suchen. Die Verlegung der Gehwegplatten im Kiesbett ist auf Terrassen und somit auch auf begrünten Dachflächen immer noch die sicherste und problemloseste Lösung.

Schutzschichten zwischen Kiesbett und Abdichtung sind dringend zu empfehlen. Geeignet sind z. B. die sogenannten Abdichtungsschutzplatten aus verfestigtem Gummigranulat. Die Platten liegen im Kiesbett fest, so daß ein Verkanten sinnvoll verhindert wird. Nach dem Zuschwemmen der Fugen wird das Niederschlagswasser weitgehendst auf der Oberfläche der Gehwegplatten abgeführt. Das Kiesbett verhindert darüberhinaus Aufrierungen.

Meine Damen und Herren, ich habe mich mit Abdichtungen auf Terrassen, Loggien und auch mit Abdichtungen auf zu begrünenden Dachflächen sehr kritisch auseinandergesetzt. Vor dem Hintergrund des immer noch stark angeknacksten Flachdachimages halte ich es für erforderlich, jedes nur mögliche und denkbare Risiko durch eine sinnvolle Kombination geeigneter Werkstoffe, aber auch durch eine entsprechende Qualität der Abdichtung auszuschließen. Ich meine damit jedes Risiko.

– Das Risiko der Perforation;
– das Risiko der Wasserunterläufigkeit;
– das Risiko des Wurzeldurchwuchses;
– das Risiko der andauernden Feuchtigkeitsbeanspruchung.

Wenn man schon eine Dachfläche, an sich zweckentfremdet begrünen will, dann muß man sich über die besondere Beanspruchung im klaren sein und dies bereits im Planungsstadium berücksichtigen.

Für die Begrünung von Dachflächen mit einem konventionellen „Dachabdichtungsaufbau" eignen sich nach meiner Ansicht Pflanzkübel oder auch großflächigere Gefäße, in die Bepflanzung eingebracht wird, ohne daß die Dachabdichtung und die darunterliegenden Schichten selbst direkt durch die Bepflanzung beansprucht werden.

Diese hier von mir vertretene Auffassung wird sicherlich nicht die Zustimmung aller an dieser Fachtagung Beteiligten finden.

Im Interesse der Haftung nicht nur des Ausführenden, sondern auch des Planers, halte ich es für erforderlich davor zu warnen, an die Begrünung eines Flachdaches allzu leichtfertig heranzugehen.

Wir sind es dem Flachdach schuldig, daß wir uns keine neuen Risiken einhandeln durch mehr oder weniger sinnvolle Trends, die letztendlich auch in der Begrünung von Dächern – und das nicht nur von Flachdächern – ihren Ausdruck finden. Ich bin ein großer Freund von Bäumen, Blumen und Gras, d. h. ich bin für Grün. Ich bin auch für begrünte Dächer, wenn deren Anlage sinnvoll betrieben wird. Begrünung um jeden Preis führt aber zu Bauschäden, die wir doch alle vermeiden wollen und müssen, so wie dies auch durch diese Fachtagung zum Ausdruck gebracht werden soll.

Ortungsverfahren für Undichtigkeiten und Durchfeuchtungsumfang

Dipl.-Ing. Reinhard Lamers, Aachen

1. Problemstellung

Das Auffinden von Undichtigkeiten in der Dachhaut, besonders bei genutzten Dachflächen, bei denen die Abdichtung durch Beläge bzw. Nutzschichten abgedeckt ist, ist i. d. R. außerordentlich schwierig und oft mit großem Kostenaufwand verbunden.

Die Leckstellensuche wird dadurch außerordentlich erschwert, daß eingedrungenes Wasser sich häufig über weite Flächen auf Dampfsperre oder Betondecke ausbreitet, ehe es an einer weit entfernten Abtropfstelle austritt.

Ohne die Ortung der Leckstellen und ohne die Feststellung des Grades und der Ausdehnung von Durchfeuchtungen ist die Frage nach einer kostengünstigen Nachbesserung oder Sanierung kaum möglich. Ebenso wird es dann sehr schwierig für einen Sachverständigen sein, zur Frage der Verantwortung Stellung zu nehmen.

Wenn diese Frage nur durch ein Totalabräumen bis zur Abdichtung zu klären ist, sollte der Sachverständige zunächst einen Zwischenbericht des Gutachtens erstellen, in dem deutlich die Probleme angesprochen werden. I. d. R. wird er vorschlagen, die Abdichtung unter seiner Aufsicht freizulegen und wenn möglich, im gleichen Zuge die Sanierung durchzuführen.

Vielfach haben sich aber nach einem solchen Zwischenbericht die Parteien entschlossen, die Abtropfungen unter der Decke abzuleiten und einen Vergleich mit Festsetzung von Minderwerten zu schließen. Ein solches Vorgehen wird durchaus nicht nur bei minderwertiger Nutzung erwogen, sondern mir ist ein Fall bekannt, wo auch bei einer unterirdischen Verkaufsetage so vorgegangen worden ist.

Im folgenden möchte ich die Möglichkeiten der Lokalisierung von Undichtigkeiten und durchfeuchteter Bereiche aufzeigen. Dabei sollen u. a. auch vier spezielle Ortungsgeräte vorgestellt werden und ihre Anwendungsmöglichkeiten und -grenzen aufgezeigt werden.

2. Vorüberlegungen zur Ortung, Planunterlagen

Genaue Planunterlagen sind eine große Hilfe bei Vorüberlegungen zur Eingrenzung möglicher Leckstellen und Durchfeuchtungen. In den Plänen sollten die Abtropfstellen im Inneren eingetragen sein.

2.1 Planungsfehler

Planunterlagen geben zunächst Auskunft, ob Planungsfehler vorliegen, die die Schäden verursacht haben könnten. An Ort und Stelle ist dann zu überprüfen, ob tatsächlich die fehlerhafte Planung zur Ausführung gekommen ist.

Des weiteren können die Pläne Detailpunkte zeigen, die schwierig auszuführen waren und überprüft werden sollten. Eine zunächst richtige Planung kann durch die Detailplanung zu einem nachfolgenden Gewerk abgeändert worden sein, z. B. daß eine spezielle Fassadenplanung, in Abänderung der Abdichtungsplanung, eine Entwässerung der Fassadenfußpunkte hinter die Abdichtungsaufkantung vorsah.

2.2 Planung wasserführender Schichten unter der Undichtigkeit

Wasserführende Schichten unterhalb einer Leckstelle, das sind in der Regel die Dampfsperre und Betondecken, können zur großflächigen Verteilung eingedrungenen Wassers im Dachaufbau führen. Genaue Planunterlagen ermöglichen es, den Weg des Wassers vom Leck bis zur bekannten Abtropfstelle einzugrenzen. Zu überprüfen ist, wo die wasserführenden Schichten unterbrochen sind, z. B. an Dehnungsfugen oder ob es Abschottungen, z. B. durch Aufkantungen der Dampfsperre gibt. Abschottungen werden oft an Arbeitsabschnitten ausgeführt. Leider sind diese oft nicht in Plänen kartiert.

Haben wasserführende Schichten ein Gefälle, so sind die Undichtigkeiten in Gefällerichtung oberhalb der Abtropfstellen zu vermuten, wenn es nicht zu einem regelrechten Aufstauen auf der Dampfsperre oder der Betondecke kommt.

2.3 Planung nicht wasserunterläufiger Dächer

Auch bei nicht wasserunterläufig geplanten Dächern, bei denen z. B. die Dichtungsbahnen vollflächig auf die Betondecke geklebt worden sind oder eine Schaumglasdämmung eingeschwemmt worden ist, können in der Praxis Undichtigkeit und Abtropfstelle durchaus mehrere Meter auseinanderliegen. Man muß m. E. bei ordentlicher Ausführung von einer Querverteilung von, als Anhaltswert, 5 m ausgehen. Da mangelhafte Ausführung nicht ausgeschlossen werden kann, muß im Einzelfall mit noch wesentlich größeren Einzugsgebieten gerechnet werden. Bei Dehnungsfugen, die auf der Dampfsperre wasserführend sind, ist ebenfalls ein großflächiger Wassertransport einzukalkulieren.

3. Überprüfung an Ort und Stelle

3.1 Sichtkontrolle

Wie man an Ort und Stelle vorgeht, muß im konkreten Einzelfall entschieden werden. Wo es möglich ist, wird man sicher zunächst eine Sichtkontrolle der Oberfläche vornehmen. Bei hochpolymeren Dachbahnen ist aber diese schon sehr schwierig. Auf die Hilfsmittel zur Nahtüberprüfung hochpolymerer Dachbahnen kann ich im Rahmen dieses Vortrages nicht im einzelnen eingehen.

3.2 Durchfeuchtungsumfang der Dämmung

Einer der nächsten Schritte der Überprüfung wird i. d. R. das Öffnen der Dachhaut sein, um die Durchfeuchtung unter der Dachhaut in der Dämmung zu kontrollieren. Der Feuchtegehalt der Dämmung sollte dabei nicht nur nach Gefühl, sondern möglichst exakt nach der Darrmethode [1] bestimmt werden. D. h. an allen Probestellen sollte die Dämmstoffprobe in PE-Beuteln verpackt werden, um dann im Trockenschrank die Feuchtigkeit auszutrocknen, um so den Feuchtegehalt zu bestimmen. Dieser gibt evtl. Hinweise auf die Verteilung und auf die Wege des Wassers. Auf die Fragestellung, wann ein feuchter Dämmstoff ausgewechselt werden muß, möchte ich hier nicht eingehen, sondern auf die Literatur verweisen [2], [3].

3.3 Abschnittsweise Bewässerung

Die Bewässerung hat zum Auffinden von Leckstellen gerade bei genutzten Dächern eine besondere Bedeutung, die oft unterschätzt wird.

Wichtig ist, daß bei einer abschnittsweisen Bewässerung die Bewässerungsabschnitte nicht zu groß gewählt werden, um tatsächlich eine Eingrenzung der Leckstelle zu erhalten.

Evtl. sind schon Abschottungen für eine Anstaubewässerung vorhanden, z. B. wenn Pflanzbeete oder -tröge getrennt von der übrigen Fläche abgedichtet sind, weil nur hier ein wurzelfester Aufbau gewählt wurde.

Auf Flachdachflächen ist es i. d. R. möglich, provisorische Abschottungen herzustellen. Bei kleinen Flächen kann dies durch einen Dachlattenrahmen, der in Spachtelmasse eingesetzt wird, erfolgen. Eine typische Anwendung kann z. B. die Umfassung einer Lichtkuppel sein, bei der man zunächst den Lichtkuppelanschluß wässert und nach einer Wartezeit die Restfläche, um so zu überprüfen, ob der Lichtkuppelanschluß undicht ist oder das Wasser aus der Fläche einfließt.

Bei großen Flächen lassen sich Abschottungen durch Streifen von Schweißbahnen, die dann aufgekantet werden, herstellen. In jedem Fall sollte die Wirksamkeit der Abschottungen überprüfbar sein, so daß Unterläufigkeiten sofort entdeckt werden.

Bei einem vorhandenen Schutzbeton ist eine solche Abschottung natürlich nur mit dem Aufnehmen des Betons, d. h. mit großem Aufwand möglich. Man muß sich dabei aber vor Augen halten, daß häufig ein anderes Ortungsverfahren nicht zur Verfügung steht und daß einzig eine solche Teilflächenbewässerung für die Teilflächen, die sich als wasserdicht erweisen, eine Tabula rasa-Sanierung verhindern kann.

Soll ein aufgehender Anschluß beregnet werden, muß zuvor die davorliegende Fläche, auf die das Wasser ablaufen würde, bewässert werden, um so Undichtigkeiten in dieser Fläche auszuschließen.

Gefärbtes Wasser, z. B. mit Uranin gelb gefärbt, sollte eingesetzt werden, wenn man veranschaulichen möchte, daß eine Abtropfstelle mit einer weit entfernten Undichtigkeit in Verbindung steht.

Soll eine Schutzbetonschicht mit einem Preßlufthammer aufgenommen werden, ist es hilreich, vorher mit gefärbtem Wasser zu wässern und erst nach dem Ablaufen des Wassers mit dem Stemmen zu beginnen. So läßt sich durch einen in und unter der Undichtigkeit anhaftenden Wasserfilm nachweisen, daß die Leckstelle nicht erst durch das Öffnen entstanden ist.

Ein mit Uranin gefärbter Wasserfilm ist auf den dunklen Bitumenbahnen nur schwer erkennbar. Er wird sichtbar, wenn man die Bitumenbahnen so fein mit Wasser besprüht, daß sich Wasserperlen auf der Oberfläche bilden, die deutlich gelb sind.

Nach dem Einsatz gefärbten Wassers ist zu beachten, daß zukünftige Abtropfung noch eine Zeitlang eingefärbt sein wird.

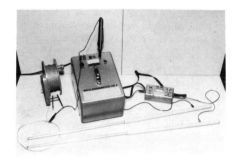

Abb. 1 Gleichstromimpuls-Gerät; links Gleichstromimpulsgenerator mit Ringleitung, rechts Meßgerät mit Stabsonden

4. Ortungsgeräte

4.1 *Gleichstromimpuls-Gerät*

Schon 1976 hat die Studiengesellschaft für unterirdische Verkehrsanlagen e. V. – STUVA – in einem Forschungsbericht: ,,Aufspüren von Abdichtungsschäden" [4] darauf hingewiesen, daß es möglich sein müßte, mit Gleichstromimpulsen Leckstellen in Abdichtungen zu orten. Erst seit 1983 ist ein Gerät auf dem Markt [5], das nach diesem Prinzip arbeitet.

Es wird dabei ausgenutzt, daß die üblichen Abdichtungsbahnen einen hohen elektrischen Widerstand haben, daß dagegen eine durchfeuchtete Leckstelle eine Stromverbindung herstellt.

Ein Gleichstromimpulsgenerator erzeugt Stromimpulse, deren Weg dann mit einem tragbaren Meßinstrument ermittelt wird. Der Pluspol des Gleichstromimpulsgenerators wird an der Decke unter der Dachhaut angeschlossen. Der andere Pol wird als Ringleitung entlang des Dachrandes bzw. um die Teilfläche, die untersucht werden soll, herum verlegt. Voraussetzung für die Anwendung des Verfahrens ist, daß neben der Leckstelle auch die Dachhautoberfläche feucht ist. Hier muß ggf. durch Bewässern der Dachfläche nachgeholfen werden.

Bei Einschalten des Impulsgenerators werden die Stromimpulse von der (Beton-)decke durch die Leckstelle hindurch über die feuchte Dachoberfläche zur Ringleitung abfließen, d. h. sternförmig von der Leckstelle zur Ringleitung fließen.

An das eigentliche Meßgerät sind zwei elektrisch leitende Metallstäbe angeschlossen (Abb. 1), die als Sonden im Abstand auf die Dachoberfläche gesetzt werden. Das Meßgerät zeigt an, welche Sonde von einem Stromimpuls zuerst erreicht wird, in welcher Richtung also die Leckstelle liegt.

Man schreitet mit der Sonde zunächst eine gerade Linie ab. In dem Bereich, in dem sich die Stromrichtung ändert, liegt etwa senkrecht zu dieser Linie die gerade abgeschritten wird, die Undichtigkeit. Man wird also als nächstes diese Senkrechte abschreiten (Abb. 2). Dort, wo man auf dieser Linie eine Stromrichtungsänderung registriert, ist man der Leckstelle schon ziemlich nahe und kann sie durch weitere Richtungsänderungen einkreisen.

Eine einmal gefundene Leckstelle kann man für die weitere Messung neutralisieren, um anschließend nach weiteren Undichtigkeiten zu suchen. Dazu wird eine direkte Abzweigung der Ringleitung als kleiner Kreis um die Leckstelle ausgelegt (Abb. 3), so daß Stromimpulse dieser Leckstelle sofort zur Ringleitung abgeleitet werden und nicht weiter über die Dachoberfläche wandern. Dieses Neutralisieren ist an jedem Dachgully anzuwenden, denn das Gerät zeigt diesen als Undichtigkeit an.

Einsetzbar ist das Gerät auf Bitumendachbahnen und auf den meisten hochpolymeren Bahnen. Auf neuen Hochpolymerbahnen ohne Überschüttung kann Wasser allerdings so stark abperlen, daß man nicht ohne weiteres den notwendigen Feuchtefilm auf der Dachhaut erhält.

Das Gerät ist nicht nur unmittelbar auf der Dachhaut, sondern auch bei Kiesschichten, auf unbewehrtem Estrich oder Schutzbeton und bei Erdüberschüttungen einsetzbar. Hierbei müs-

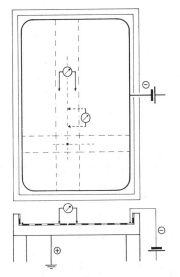

Abb. 2 Gleichstromimpuls-Gerät, Abschreiten der Dachfläche (Prinzipskizze in Aufsicht und Schnitt)

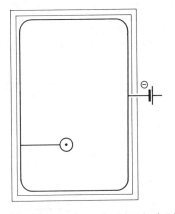

Abb. 3 Neutralisieren einer gefundenen Leckstelle

sen die Dachhautoberfläche und die Schichten oberhalb durch Feuchtigkeit elektrisch leitend sein.

Bei bewehrtem Estrich oder bei bewehrtem Schutzbeton ist das Verfahren nicht anwendbar, da die Bewehrung die Stromimpulse ableitet. Bei engem Abstand von Dehnungsfugen, die die einzelnen Estrichfelder gegeneinander „isolieren", ist allerdings die Aussage möglich, unter welchem Estrichfeld sich die Leckstelle befindet.

Ein weiteres Problem für die Ortung stellen wasserdichte Schutzbahnen über der eigentlichen Abdichtung dar. Das Gerät zeigt hierbei die Undichtigkeit in der obersten „Lage" an, d. h. den Stoßbereich der Schutzbahn, an dem der Wasserfilm Kontakt zur eigentlichen Leckstelle hat, so daß bei sehr breiten Schutzbahnen die Ortung ungenau wird.

Trotz der von mir genannten Einschränkungen in den Anwendungsmöglichkeiten scheint mir das Gleichstromimpuls-Gerät in der Praxis durchaus sinnvoll einsetzbar zu sein.

Es kostet ca. 5000,– DM. Sachverständige, die dieses Gerät einsetzen, berechnen den üblichen Stundensatz und eine Grundgebühr für den Geräteeinsatz von ca. DM 350,–.

4.2 Induktionsmeßgerät

Ich möchte nun ein Induktionsmeßgerät (5) vorstellen, das nicht der Leckstellensuche, sondern der Feststellung des Durchfeuchtungsumfangs dient. Auf der Unterseite des Gerätes befinden sich **stromdurchflossene Induktionsschleifen**, die ein elektromagnetisches Feld erzeugen. Hierdurch läßt sich in einem elektrisch leitenden Untergrund, also z. B. feuchter Dämmung, ein Stromfluß anregen, den das Gerät registriert. In trockener Dämmung wird kein Stromfluß angeregt. Das ist also das Meßprinzip.

Andere stromleitende Schichten überdecken dabei allerdings den Meßeffekt aus der feuchten Dämmung, so daß Metallbandeinlagen in der Dachhaut und leider auch ein Feuchtefilm auf der Dachhaut den Geräteeinsatz ausschließen.

Durch Kies und Estrich hindurch würde eine Messung auf jeden Fall ungenau, sie ist in der Praxis aber allein dadurch ausgeschlossen, daß Sie Kies und Estrich praktisch nie vollkommen trocken vorfinden werden.

De facto ist das Gerät nur direkt auf der trockenen Dachhaut, bei der feuchte Dreckkrusten abgefegt worden sind, einsetzbar.

Auf sehr großen Dachflächen hilft dieses Induktionsmeßgerät, sich einen Überblick über die Feuchteverteilung in der Dämmung zu verschaffen. Es macht keine quantitativen Angaben zur Durchfeuchtung. Man muß also nach der Messung oder nach einem Teilabschnitt der Messung stichprobenartig Bereiche mit charakteristischen Anzeigewerten des Gerätes öffnen

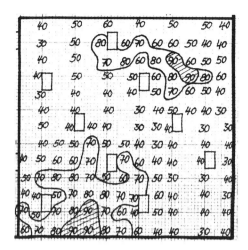

Abb. 4 Induktionsmeßgerät, Mediagramm im Raster 4 × 2 m

und hier nach der Darrmethode den Feuchtegehalt der Dämmung bestimmen. Erst danach kann man eine Korrelation zwischen Anzeigewerten und tatsächlichem Feuchtegehalt herstellen. Durch ein systematisches Abfahren der Dachoberfläche mit Meßpunkten in einem Rastersystem (Abb. 4) erhält man einen Überblick über die Feuchteverteilung. Ein solches Raster ist allerdings zu grob, um so möglicherweise einen Hinweis auf Leckstellen zu erhalten.

Das Induktionsmeßgerät wird auf Rollen über die Dachoberfläche geschoben. Es hat die Abmessungen 790 × 440 × 200 mm und ein Gewicht von 8,2 kg. Der Preis beträgt ca. 9000,– DM.

4.3 Neutronensonde

Neutronensonden (5) dienen in vielfältiger Form zu Feuchte- und Dichtemessungen. Für die Anwendung auf dem Dach zur Feuchtemessung ist derzeit ein Gerät auf dem Markt. Die Sonde wird auf die Dachoberfläche gestellt und sendet in den Untergrund sogenannte „schnelle" Neutronen aus. Von allen im Dach vorkommenden Atomen werden die Neutronen von Wasserstoffatomen am stärksten abgebremst. Durch dieses Abbremsen werden die „schnellen" Neutronen zu „thermischen" Neutronen, die ungerichtet hin und her schwingen. Zwei Dedektoren am Gerät registrieren die Konzentration der thermischen Neutronen (Abb. 5). Wenn Wasserstoffatome hauptsächlich in der Form von Wasser im Untergrund vorhanden sind, zeigt eine hohe Konzentration thermischer Neutronen einen hohen Feuchtegehalt an. Allerdings muß man auch bei diesem Gerät die Anzeige in Korrelation setzen zu dem tatsächlichen Feuchtegehalt, d. h. man muß an einigen charakteristischen Stellen das Dach öffnen, um den Feuchtegehalt genau zu überprüfen.

Die Sonde ist wie das Induktionsmeßgerät für eine rasterförmige Erfassung großer Dachflächen gedacht. Die Meßtiefe hängt von dem Feuchtegehalt in den oberen Schichten ab. Ein gleichmäßiger Feuchtefilm auf der Dachoberfläche macht eine Messung aber nicht unmöglich. Die Meßtiefe beträgt ca. 3–8 cm.

Allerdings beeinflussen auch Kohlenwasserstoffe, aus denen die Dachbahnen bestehen, das Meßergebnis. Bei unterschiedlichen Dicken der Abdichtung, z. B. durch überlappende Stöße und unterschiedlich dickem Bitumenheißabstrich kann eine Anwendung unmöglich werden.

Das Gerät wiegt 4,1 kg. Als Neutronenquelle dient in der Sonde Americium-Berillium (^{241}Am-Be). Der Anwender der Sonde muß einen mehrtägigen Strahlenschutzkursus absolviert haben. Das Gerät kostet ca. 15000,– DM.

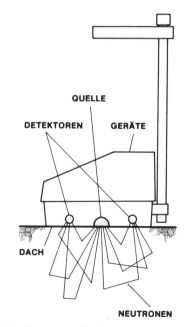

Abb. 5 Neutronenmeßsonde

Die beschriebene Neutronensonde ist ebenfalls zur Bestimmung der Durchfeuchtung von Mauerwerk einsetzbar.

4.4 Thermografie

Die Infrarotthermografie macht für das menschliche Auge nicht erkennbare Infrarotstrahlung sichtbar. Bekannt geworden ist sie nach der Energiekrise, als damit Wärmebrücken sichtbar gemacht wurden.

Die Thermografie kann unregelmäßige Wärmedurchlaßwiderstände in Dächern sichtbar machen, also z. B. Stellen, an denen die Dämmung einen durch Feuchtigkeit verminderten Wärmedurchlaßwiderstand hat, d. h. auch hier wird zunächst nur der Durchfeuchtungsumfang der Wärmedämmung angezeigt.

Der große Vorteil der Thermografie ist, daß sie eine bildhafte Darstellung liefert, in der im Bereiche feuchter Wärmedämmung möglicherweise einige besonders nasse Stellen hervorgehoben sind und daß diese im Bild hervorgehobenen Punkte u. U. die Undichtigkeit anzeigen (Abb. 6), oder es kann im Bild erkennbar sein, daß die Feuchtigkeit offensichtlich von einem Punkt ihren Anfang nimmt.

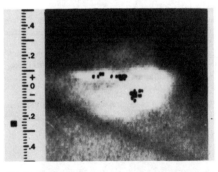

Abb. 6 Thermografie an der Raumseite eines Daches, feuchte Wärmedämmung (Mineralfaser) unterhalb des Wassereintritts. Der dunkle Streifen ist ein Balken.

Die Thermografie kann theoretisch sehr kleine Temperaturunterschiede von 0,1 K–0,2 K sichtbar machen. Sie ist aber Störeinflüssen ausgesetzt durch ungleichmäßige Oberflächenbeschaffenheiten, unterschiedliche Emissionsgrade der Materialien, ungleichmäßige Temperaturverteilung im Raum, Wind verdunstende Feuchtigkeit, nichtstationäre Temperaturverhältnisse etc. Und auch die bedienende Person kann störende Infrarotstrahlung aussenden.

Eine Thermografie von außen ist stärkeren Störungen ausgesetzt, als eine von innen. Sie ermöglicht aber i. d. R. einen besseren Überblick, besonders wenn ein erhöhter Standort zur Verfügung steht.

Eine Thermografie von innen erfaßt nur kleine Bereiche und wird durch Innenwände und Unterzüge gestört. Durch dicke Betondecken werden charakteristische Temperaturunterschiede, die oberhalb der Betondecke noch vorhanden sein können, durch das Wärmebeharrungsvermögen des Betons und durch die Querleitung der Wärme weitgehend verwischt.

Es hat sich bisher kein allgemein praktikables Verfahren herauskristallisiert, um mittels Thermografie Undichtigkeiten aufzufinden. Erfolgreihe Anwendungen gab es bisher im wesentlichen bei leichten Dächern, dies gilt auch für die Fälle, die in amerikanischen Veröffentlichungen beschrieben sind.

Für die Thermografie werden in der Regel Kameras verwandt, die das „Infrarotbild" in elektrische Impulse umsetzen und auf einem Magnetband speichern. Dazu ist gleichzeitig eine Betrachtung auf einem Schwarzweißmonitor in 10 Grauabstufungen möglich. Für den Laien besser verständlich sind Farbbilder, daher gibt es zusätzlich stationäre Farbmonitore, von denen mit einer Kamera Bilder abfotografiert werden können.

Moderne Geräte ermöglichen auch noch die Kopplung mit einem Grafikcomputer, der 32 Farbstufen in verschiedenen Darstellungsvarianten liefern kann.

Eine Geräteausstattung mit Farbmonitor kostet mit allem Zubehör ca. DM 150000,– DM. In Deutschland sind nur wenige Thermografie-Büros tätig, die hauptsächlich für die Industrie arbeiten und nur zu geringerem Teil im Bauwesen. Wenn ein solches Büro tätig sein soll, muß man neben den Personalkosten zusätzlich mit rund DM 100,– DM bis 180,– für eine Gerätestunde rechnen.

5. Zusammenfassung

Ich konnte hier kein Gerät vorstellen, mit dem in allen Anwendungsfällen die Ortung von Undichtigkeiten problemlos möglich ist. Das konnte auch nicht erwartet werden.

Ich bin der Meinung, daß die Anwendung der Geräte in dem engen Rahmen der Anwendungsmöglichkeiten, der von mir aufgezeichnet wurde, aber durchaus in Erwägung gezogen werden kann.

Gerade dort, wo das Auffinden von Undichtigkeiten besonders schwierig ist, d. h. bei hohen Aufbauten von bewehrten Schutz- und Nutzschichten sind die Geräte kaum einsetzbar. Daher habe ich besonders auf die abschnittsweise Bewässerung, die es oft ermöglicht, Undichtigkeiten wenigstens abschnittsweise einzugrenzen, hingewiesen.

Der planende Architekt und Ingenieur muß sich vergegenwärtigen, daß die Schwierigkeiten Undichtigkeiten aufzufinden auch bei einem nur kleinen Schaden immense Nachbesserungskosten zur Folge haben können. Entsprechend sollte die Funktionssicherheit schwer zugänglicher Abdichtungsschichten geplant werden. Ebenso sollten auch Konstruktionen gewählt werden, die es im Schadensfall ermöglichen, die Lage der Undichtigkeit einzugrenzen (siehe 2.2). Dies sind nicht wasserunterläufige Dächer, Abschottungen und Gefälle auch in den wasserführenden Schichten.

6. Literatur und Bezugsquellen

[1] Achtziger, J.: Meßmethoden – Feuchtigkeitsmessngen an Baumaterialien. In: Aachener Bausachverständigentage 183: Feuchtigkeitsschutz und Feuchtigkeitsschäden an Außenwänden und erdberührten Bauteilen. Mit Beiträgen von: Erich Schild, Walter Jagenburg, Heinz Klopfer, Erich Cziesielski, Hans Casselmann, Dietbert Knöfel, Joachim Achtziger, Günter Dahmen, Horst Grube, Rainer Oswald, Dietmar Rogier, Dieter Schumann. Bauverlag Wiesbaden und Berlin, 1983

[2] Oswald, R.; Lamers, R.: Durchfeuchtete Fachdächer – ihre Beurteilung und Sanierung. In: Deutsches Architektenblatt (DAB) 6/84

[3] Rogier, D.; Lamers, R.; Oswald, R.; Schnapauff, V.: Leitfaden Nachbesserung Flachdächer – Wärmeschutz, Abdichtung Detaillösungen. Schriftenreihe 04 „Bau- und Wohnforschung" des Bundesministers für Raumordnung, Bauwesen und Städtebau, Heft Nr. 04.098, 1984

[4] Studiengesellschaft für unterirdische Verkehrsanlagen e. V. – STUVA – Köln: Aufspüren und Beseitigen von Abdichtungsschäden an Hautabdichtungen fertiggestellter unterirdischer Bauwerke unter besonderer Berücksichtigung des Bahn-Tunnelbaues (Forschungsbericht). Alba-Buchverlag, Düsseldorf 1977

[5] Bezugsquellen: Gleichstromimpuls-Gerät. Fa. Geesen GmbH, Ramsloh, Mootzenstraße 24, 2915 Saterland 1.
Induktionsmeßgerät. A. W. Andernach KG, Postfach 30 01 09, 5300 Bonn 3
Neutronensonde. Troxler Electronics GmbH, Gilchinger Str. 33, 8031 Alling.
Thermografie.
Geräte zur Infrarot-Thermografie werden von mehreren Anbietern auf dem deutschen Markt angeboten.

7. Abbildungen

Lamers, awa, Troxler, Ingenieurbüro Bolle, Bremen (Thermografie)

Grundüberlegungen und Vorgehensweise bei der Sanierung genutzter Dachflächen

Prof. Dr.-Ing. Dietmar Rogier, Aachen/GH Kassel

0. Vorbemerkungen

Einige meiner Vorredner haben bereits im Zusammenhang ihrer Themen einzelne Aspekte der Sanierung genutzter Dachflächen angesprochen. Es klangen dabei einige der Probleme an, die sich aus der speziellen Nutzung und der Konstruktionsart mit Belagsschichten ergeben.

Ich werde mich eingehend mit der Sanierung befassen. Mein Referat gliedert sich dabei in zwei Hauptteile. Zunächst werde ich über einige Begriffe und Zusammenhänge bei Sanierungsmaßnahmen sprechen, und Ihnen dann anhand einiger typischer Fälle Problemstellungen bei der Sanierung genutzter Dachflächen in der Praxis vorzustellen und dabei Empfehlungen für ihre Tätigkeit als Sachverständige oder auch als Planende oder Ausführende abzuleiten.

1. Anlässe für Sanierungen

Die Anlässe für Sanierungsüberlegungen können unterschiedlich sein. Sie können u. a. liegen
– in einer Funktionsuntüchtigkeit infolge Mängeln der genutzten Dachkonstruktion oder einzelner Funktionsschichten/Bestandteile;
– in einem bevorstehenden Funktionsverlust infolge Ablauf der Nutzungszeit einzelner Funktionsschichten/Bestandteile durch „Alterung" oder „Verschleiß";
– in veränderten Anforderungen an die Belags- und/oder Dachkonstruktion infolge veränderter Nutzung oder gestiegener Standards.

2. Beanspruchungsgruppen

Alle Bestandteile eines Gebäudes erfahren vom Zeitpunkt ihrer Errichtung an eine mit der Zeit zunehmende Alterung (Verschleiß) im Sinne einer zeitabhängigen zumeist nachteiligen Veränderung der für ihre Funktion wesentlichen Eigenschaften und weisen daher grundsätzlich eine begrenzte Nutzungsdauer auf.

Diese Alterung (Verschleiß) ist in Abhängigkeit von der Stoffart und der Beanspruchung durch die Nutzung oder Witterung bei verschiedenen Bauteilen durchaus sehr unterschiedlich.

Über die durchschnittliche Nutzungsdauer genutzter Dachflächen liegen bisher noch keine fundierten Untersuchungen vor. Einer der Gründe dafür ist sicherlich die große Vielfalt der gebräuchlichen Belagskonstruktionen und der dafür verwandten Materialien.

Rein analytisch, gestützt durch Praxiserfahrungen, lassen sich unter dem Gesichtspunkt der Alterung und Nutzungsdauer einer genutzten Dachkonstruktion die Konstruktionsteile in zwei Gruppen unterscheiden:

I. Gruppe der infolge ihrer exponierten Lage durch Klima, Nutzung und den konstruktiven Verbund einer merklichen Alterung unterliegenden Funktionsschichten und -bestandteile.

Dazu zählen insbesondere die Belagsschichten, aber auch die Dichtungsschicht mit deren Anschlüssen.

II. Gruppe der unterhalb der Dichtungsschicht bzw. der Belagsschichten weitgehend geschützt liegenden und daher keiner merklichen Alterung unterliegenden Funktionsschichten und -bestandteile.

Dazu zählen z. B. die Wärmedämmung, die Dampfsperre, die Tragschale u. a.

Beim Umkehrdach gehört die Wärmedämmschicht zur Gruppe I, die Dichtungsschicht in der Dachfläche, nicht allerdings in deren Anschlußbereichen, zur Gruppe II.

Es ist davon auszugehen, daß die Konstruktionsteile der Gruppe II tendenziell eine Nutzungsdauer aufweisen, die der des Gesamtgebäudes entspricht. Nur im Falle eines Versagens der Funktionsfähigkeit der Dichtungsschicht oder anderer außergewöhnlichen schädigenden Einflüssen wird deren vorzeitige Erneuerung notwendig.

Dagegen weisen die Konstruktionsteile der Gruppe I eine deutlich kürzere Nutzungszeit

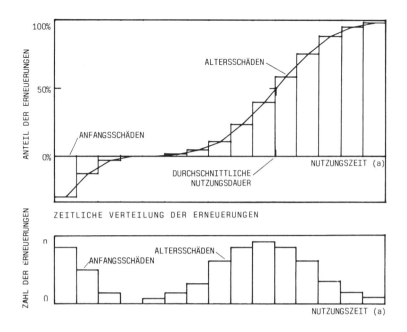

Abb. 1

auf, insbesondere die den Klimaeinflüssen und der Nutzung ausgesetzten Belagsschichten.

Die durch massereiche, feste Belags- oder Schutzschichten bedeckte Dichtungsschicht liegt dagegen in der Fläche verhältnismäßig geschützt und kann bei fachgerechter Belagskonstruktion eine hohe Nutzungsdauer erreichen.

Wenn schon die Flachdächer der Jahre um 1960 mit üblicher Konstruktionsart und üblichem Oberflächenschutz eine durchschnittliche Nutzungsdauer von rd. 22,5 Jahren aufweisen [1], kann davon ausgegangen werden, daß genutzten Dächern mit verschleißfesten Belagskonstruktionen eine deutlich höhere Nutzungsdauer zukommt.

Diagramm 1 zeigt die zeitliche Verteilung der Erneuerungs-/Sanierungstätigkeit bei genutzten Dächern in qualitativer Form. Im unteren Teil ist die Anzahl der Erneuerungen im Verlaufe der Nutzungszeit angeführt (Glockenkurve für „Altersschäden"), im oberen Teil ist die Summenhäufigkeit dargestellt.

Die durchschnittliche Nutzungsdauer einer Konstruktion ist dann erreicht, wenn in 50% der Fälle einer Altersgruppe eine Erneuerungs-/Sanierungsmaßnahme erforderlich wurde.

Diese hier qualitativ dargestellten Zusammenhänge gelten für die sog. „Altersschäden", die auf Alterung und Verschleiß zurückzuführen sind und Sanierungs-/Erneuerungsmaßnahmen nach sich ziehen.

3. Schadensrisiko

Abzugrenzen dagegen sind die sog. „Anfangsschäden", die bereits kurze Zeit nach der Erstellung Nachbesserungs-/Sanierungsmaßnahmen nach sich ziehen. Diese „Anfangsschäden" [2] sind im Diagramm links jeweils angeführt und der Summenkurve untergesetzt.

Sie werden aus ihrer persönlichen Erfahrung die Ergebnisse einer Erhebung der RWTH Aachen bestätigen, wonach innerhalb der Bauteilgruppen der gedichteten Flachdächer die genutzten Dachkonstruktionen ein besonders hohes Risiko von „Anfangsschäden" aufweisen.

Diese „Anfangsschäden" gehen regelmäßig auf schwerwiegende Fehler der Baubeteiligten zurück, der Planung, der Koordination, der Ausführung oder der Baustoffwahl. Die Anzahl und die Vielfalt der vorkommenden Schadensformen ist dabei sehr groß, darunter lassen sich eindeutige Schwerpunkte feststellen.

Einen solchen Schwerpunkt bilden z. B. die unzureichenden Aufkantungshöhen der Dichtungsschicht an den aufgehenden Bauteilen, besonders an den Schwellen, worüber Herr Professor Zimmermann bereits berichtet hat. Darauf brauche ich daher hier nicht mehr näher einzugehen.

Fallbeispiele

Anhand von Beispielen aus der Praxis werde ich einige der wesentlichen wiederkehrenden Problemstellungen bei der Sanierung genutzter Dächer aufzeigen. Aus Zeitgründen werde ich mich dabei jeweils auf die hier wesentlichen Merkmale konzentrieren müssen, obwohl, wie Sie alle wissen, die Baupraxis meist komplexer ist.

4. Problemstellung – Systematische Ursachenermittlung und abgestufte Sanierung

Fallbeispiel

Hierzu habe ich aus einem größeren Rampenkomplex das Fallbeispiel einer Fußgängerrampe von rund 400 m² Fläche zwischen einer Durchgangsstraße und einer Fußgängerbrücke ausgewählt (Abb. 2).

In die unter der Fußgängerrampe gelegenen Nutzräume – Bibliothek, Büros, Stuhllager u. a. – floß nach Regenfällen langanhaltend Wasser in erheblicher Menge und Intensität ein.

Dabei konzentrierte sich das Wasser auf folgende Bereiche:

– Wand der Bibliothek unter der Brückenkopffuge,

– Talseite der nach außen vorgewölbten Sichtbetonnischen unter den Pflanztrögen, wo die im Gefälle gelegene Stahlbetonrampe zungenartig vorkragte, ohne in den Sichtbetonschalen aufzuliegen,

– aus der mittleren querverlaufenden Gebäudetrennfuge,

– am Fußpunkt der Rampe.

Nachdem die Baubeteiligten – Gemeinde, Architekt, Ingenieur, Rohbauunternehmer, Dachdecker, Belagsfirma und Gärtnerei – trotz vieler Nachbesserungsversuche keine Abhilfe schaffen konnten, wurde ein gerichtliches Beweissicherungsverfahren eingeleitet.

Nach Einweisung des gerichtlich beauftragten Sachverständigen in die Örtlichkeit, Feststellung der Lage und Intensität der inneren Durchfeuchtungsschäden, Klärung der Konstruktionsart der Belags- und Dachkonstruktion der Rampe und der Randanschlüsse, insbesondere auch der Abdichtung der Pflanztröge, war absehbar, daß das Wasser, das innen trotz langanhaltender Trockenperiode immer noch einlief, nicht bzw. nicht hauptsächlich an den verschiedenen Anschlüssen eingedrungen sein konnte.

Daher wurde folgendes Überprüfungskonzept angewendet:

Es wurde im Sinne eines Längsschnitts durch die Rampe an typischen konstruktiven Punkten die Belags- und Dachkonstruktion der Rampe geöffnet und überprüft.

An allen Öffnungsstellen wurde Wasser im Dachaufbau – unter der Dichtungsschicht, in unvergossenen Schaumglasplattenfugen und Rissen, auf der Dampfsperre unter den praktisch nicht in Bitumen verklebten Schaumglasplatten – und unter der Dampfsperre auf der im Gefälle liegenden Rohbetondecke angetroffen.

Die Feststellung, daß Wasser praktisch in ganzer Länge vom Fußpunkt bis zum Kopfpunkt in und unter dem Dachaufbau in etwa gleichmäßig strömte, ließ den weiteren Schluß zu, daß dieses Wasser nicht, zumindest nicht überwiegend durch einzelne Undichtigkeiten der Dichtungsschicht in der Fläche der Rampe, z. B. infolge Beschädigungen während der Bauphase, eingedrungen sein konnte.

Die Verstärkung des Wassereinlaufens an der „inneren" Seite der mittleren Gebäudetrennfuge erklärte sich durch die Trichterwirkung der schrägen trogartigen Wandanschlüsse oberhalb dieser Fuge, die den Wasserzufluß von sich dort verengenden Rampe gerade dort verstärkte.

Das Wasser konnte nur im oberen Bereich der Rampe, d. h. letztlich längs der Brückenkopfanschlußfuge eindringen. Dort wurden tatsächlich erhebliche Mängel des Dichtungsanschlusses des aufwendigen, industriell gefertigten Brückenkopf-Fugensystems an die Abdichtung der Rampe festgestellt, die sich als Undichtigkeiten auswirkten.

Die Fugenkonstruktion selbst war eindeutig wasserdicht.

Jedoch waren die systemzugehörigen Hochpolymeranschlußbahnen nur in einem schmalen, rund 85 mm breiten Streifen und zudem ohne

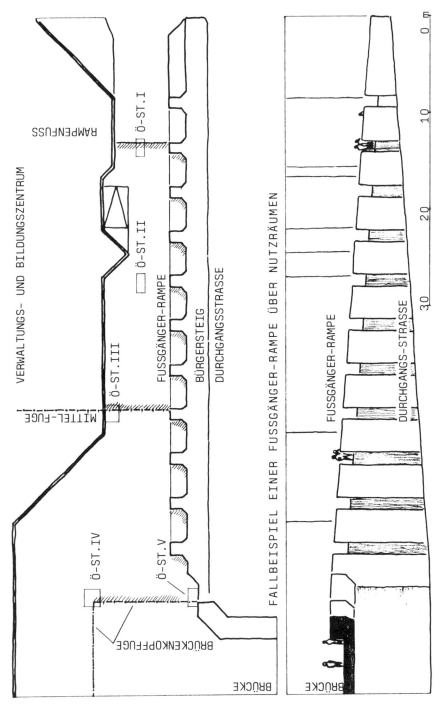

Abb. 2

Voranstrich auf die bituminöse Dichtungsschicht aufgeklebt und im Gehrungsstoß nicht fachgerecht gedichtet, wie es Abb. 3 zeigt. Dadurch ergab sich auf ganzer Anschlußlänge an die Brückenkopffuge eine Wassereintrittsmöglichkeit in den Dachaufbau und unter die Dampfsperre. Von dort strömte das Wasser dem Gefälle der Rampe folgend in ganzer Flächenbreite bis zu dem Fußpunkt der Rampe.

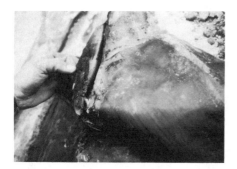

Abb. 3

Entsprechend dieser eindeutigen und praktisch alle Wassereintritte erklärenden Feststellung der Undichtigkeiten des Anschlusses der Dichtungsschicht an die Brückenkopffuge folgte zunächst die Notwendigkeit, diese Undichtigkeiten nachzubessern, indem ein fachgerechter wasserdichter Anschluß hergestellt wurde.

Für den Fall, daß daneben auch noch andere Undichtigkeiten vorlagen – an einzelnen Anschlüssen oder infolge Beschädigung in der Fläche – konnte deren Mitursächlichkeit erst nach Nachbesserung dieses Fugenanschlusses tatsächlich überprüft werden.

Der Auftraggeber hatte also in diesem Fall nicht den Anspruch, allein aufgrund der unter der ganzen Rampe aufgetretenen Schäden die gesamte Rampenkonstruktion aufnehmen, überprüfen bzw. erneuern zu lassen. Er mußte sich, zunächst einmal, mit einer gezielten Nachbesserung festgestellter Undichtigkeiten zufrieden geben.

Das im Dachaufbau befindliche Wasser stellte für dessen Funktionstüchtigkeit und Bestand kein wesentliches Risiko dar. Im Verlaufe einiger Jahre wird es erfahrungsgemäß austrocknen. Hierzu verweise ich auf den Untersuchungsbericht „Nachbesserung von Flachdächern" [3].

5. Problemstellung – Fehlende Fugenunterteilung massiver Belagsschichten

Ein leider in der Praxis immer noch erschreckend häufig vorkommender Mangel liegt in der unzureichenden Unterteilung monolithischer Belagskonstruktionen durch Dehnungsfugen. Die zwangsläufigen Folgen dieser Mängel sind ihnen allen bekannt. Zwängungen an den Rändern, Risse im Belag.

Fallbeispiel

Hier wird über eine rd. 400 m^2 große Innenhoffläche über einer Tiefgarage, in deren Belag schwerwiegende Rißbildungen vorhanden waren, die zum Teil auch quer über dem Spaltplattenbelag ausgebildete Dichtstoffugen verliefen, berichtet.

Da eine fachgerecht ausgebildete Belagsfuge die angrenzenden Belagsteilflächen vollkommen trennen muß, dürfen durchgehende Risse dort nicht auftreten.

Die Überprüfung der Dichtstoffugen durch Aufschlagen des Belages zeigte, daß diese Fugen lediglich in der Ebene der Spaltplatten angelegt waren, darunter lief der Schutzbeton ungetrennt hindurch (Abb. 4). Die Risse betrafen jeweils die Platten und den Schutzbeton darunter.

Die Ursachen der Rißbildungen im Schutzbeton liegen zunächst in den Schwindverkürzungen des frisch hergestellten Betons und den dadurch im Beton infolge der Größe der Fläche zwangsläufig ausgelösten Zugspannungen, die dessen geringe Anfangszugfestigkeit überstiegen.

Während der Nutzungszeit überlagerten sich diesen die aus Temperaturwechseln resultierenden Längenänderungen.

Abb. 4

Da die Belagsschicht mittels eines mineralischen Dünnbettklebers, also im starren Verbund zum Schutzbeton aufgeklebt war, bewirkten die Risse im Schutzbeton, die als Fugenersatz wirkten und sich bewegten, im Plattenbelag unmittelbar darüber entsprechend starke Spannungen, die dessen Zugfestigkeit übertrafen, so daß auch dort Risse auftraten.

In diesem Fall lag die Ursache der Rißbildungen eindeutig in einem Verstoß gegen seit langem in der Wissenschaft und Praxis allgemein anerkannte Grundsätze, wie sie z. B. in

- Merkblatt – Bodenbeläge aus Fliesen und Platten außerhalb von Gebäuden. Richtinien für Planung und Ausführung, Stand 6/1978

des Fachverbandes des Deutschen Fliesengewerbes im Zentralverband des Deutschen Baugewerbes veröffentlicht wurden. Dort heißt es:

,,1.1.16.2 Abstand
Der Abstand ,,der Dehnungsfugen" richtet sich nach der zu erwartenden Sonnenbestrahlung und nach der Farbe des Belages. Dementsprechend sind Dehnungsfugen im Abstand von 2,50–5,00 m anzuordnen."
,,1.1.16.4 Tiefe
Bis zur Trennschicht bzw. bis zur Abdeckung der Dränung."

Immer wieder begegnet man dem Versuch, fehlende Dehnungsfugen im Belag nachträglich durch Aufschneiden mit der Trennscheibe anzulegen. Dies ist eine völlig untaugliche, ja sehr gefährliche Methode, da
- entweder das Risiko von Beschädigungen der Dichtungsschicht sehr groß ist,
- oder bei entsprechender Vorsicht die Fuge nicht den gesamten Belag trennt und damit, wegen des im unteren Bereich stehengebliebenen Betons keine Dehnmöglichkeit geschaffen wird.

Statt der Erneuerung einer Belagsschicht in ganzer Fläche kann ggf. bei größeren Fugenabständen ein streifenweises Aufnehmen des Belages und Anlegen der versäumten Dehnungsfugen infrage kommen.

In der Praxis trifft man vielfach die Meinung, daß durch das Einlegen von Bewehrungsmatten in den Schutzbeton/Estrich die Notwendigkeit der Ausbildung von Dehnungsfugen entfällt. Stattdessen werden nur noch sog. Schwindfugen als ,,Kellenschnitt" (etwa bis zu ½ Estrichdicke) angelegt, wobei die Bewehrung darunter durchgeführt wird. Diese eingelegte Bewehrung hat jedoch nur folgende Wirkungen:

- Das Entstehen von klaffenden Rissen durch das sog. Anfangsschwinden wird bei ausreichend enger Bewehrungslage verhindert. Stattdessen treten eine größere Anzahl feiner Haarrisse auf.

- Gegen die aus wechselnden Temperaturen resultierenden Dehnungen richtet eine Bewehrung nichts aus, da Stahl etwa den gleichen thermischen Längenausdehnungskoeffizienten α_ϑ aufweist wie Beton oder Estrich.

Daher ist die Estrichbewehrung nicht als Ersatz von Dehnungsfugen anzusehen, sondern als Maßnahme zur Verbesserung der Tragfähigkeit der Estrichsohle und zur Verminderung des Rißrisikos.

Fallbeispiel

In diesem Fallbeispiel soll dargestellt werden, wie vorhandene Fugen praktisch unwirksam gemacht werden, wenn sie mit dafür ungeeigneten Stoffen verfüllt werden.

In der Schutzbetonschicht über einer Trennlage und einer bituminösen Dichtungsschicht eines erdüberschütteten Tunnelbauwerks waren in ausreichend engem Abstand Dehnungsfugen im Feld angelegt. Diese Dehnungsfugen wurden mit Bitumen ausgegossen (Abb. 5). Die rund 2000 m² große Schutzbetonschale wurde jedoch nicht unmittelbar nach ihrer Herstellung erdüberschüttet, sondern diente zunächst längere Zeit über als Bauplatz für benachbarte Hochbauten.

Abb. 5

Nach der Fertigstellung der Bauten und der Überschüttung des Tunnels kam es zu Wassereinbrüchen und schwerwiegenden Folgeschäden an empfindlichen Betriebseinbauten im Inneren.

Die Überprüfung der großflächig freigelegten Dichtungsschicht ergab u. a., daß es

– zum Abscheren der querverlaufenden und aufgekanteten Gebäudetrennfugenkonstruktionen und
– zu starken Pressungen bis zur Zerstörung der an den Brüstungen aufgekanteten Dichtungsschicht gekommen war.

Dort floß das Wasser in großen Mengen unter die Dichtungsschicht und in das Tunnelinnere.

Diese genannten Undichtigkeiten der Dichtungsschicht waren durch den sehr stark „schiebenden" Schutzbeton verursacht worden.

Der während der Bauzeit über einen Sommer lang ungeschützt liegende Schutzbeton hatte hohe Temperaturen erfahren, die entsprechende Verlängerungen der Betonschale zur Folge hatten. Diese Verlängerungen der einzelnen durch Dehnungsfugen unterteilten Felder konnten sich wegen der Verfüllung dieser Fugen mit Bitumen dort nicht schadlos ausgleichen. Die Längenänderung der Einzelfelder addierten sich somit und wirkten sich daher an den Aufkantungsstellen der Dichtungsschicht, also der Fugenkonstruktion und den Randanschlüssen in sehr starken Pressungen aus.

Die Verfüllung einer Dehnungsfuge hat ausschließlich den Zweck, die Fuge zu schließen, um das Eindringen von Fremdkörpern zu verhindern.

Bei der Auswahl von Füllstoffen ist daher darauf zu achten, daß nur sehr weiche, zusammendrückbare Stoffe verwendet werden.

Diese Regel ist z. B. in dem oben angeführten Merkblatt (4) angeführt:

„1.1.16.5 Verfüllung
Mit elastischen Dichtstoffen bei entsprechender Verfüllung mit unverrottbaren weichen Stoffen."

Als solche weiche Stoffe sind Mineralfaserstreifen z. B. anzusehen.

Hartschäume, insbesondere solche mit hoher Rohdichte, können sich bei großem Fugenspiel nachteilig auswirken.

Bitumen ist in einer tiefen Fuge praktisch nicht zusammendrückbar.

Am günstigsten verhalten sich zum Beispiel flache Steckprofile aus Hochpolymeren oder eine flache Dichtstoffverfüllung.

Fallbeispiel

Die Folgen des Fehlens von Rand-Dehnungsfugen werden in folgendem Fall deutlich.

Eine Hofkellerdecke eines Parkplatzes mit der Größe von rd. 500 m^2 grenzte an drei Seiten an aufgehende Wände. Kurze Zeit nach der Fertigstellung des Parkplatzes traten erheblich Wassereinbrüche in der daruntergelegenen Tiefgarage auf.

Nach dem Freilegen der Wandanschlüsse der Dichtungsschicht zeigte sich, daß der Schutzbeton preß gegen die dort hochgeführte bituminöse Dichtungsschicht stieß. Nach Ausbau des Schutzbetons zeigten sich längs dessen oberer Kante Löcher in der Dichtungsschicht, die im Bild deutlich an der extremen Einschnürung des Dichtungspaketes zu erkennen sind (Abb. 6).

Die Ursache dieses Schadens liegt in der starken linienförmigen Pressung der aufgekanteten Dichtungsschicht, z. B. infolge der Erwärmung des Schutzbetons.

Abb. 6

Tatsächlich diente auch in diesem Fall der Schutzbeton über rund ½ Jahre als Bauplatz und war den wechselnden Klimaeinflüssen, insbesondere der Sonneneinstrahlung ausgesetzt, bevor das Pflaster darüber verlegt wurde.

Aus diesem Schadensfall wird die Bedeutung von Rand-Dehnungsfugen für den Bestand der Dichtungsschicht besonders deutlich. Diese Randdehnungsfugen werden daher auch in den Regelwerken gefordert, z. B. in den

- Flachdachrichtlinien (1/82) des Zentralverbandes des Deutschen Dachdeckerhandwerks [5]

„8.5.2. . . Bei Estrich, Schutzbeton oder Betonplatten sind im Rand- und Anschlußbereich Fugen oder Randstreifen vorzusehen, die Beschädigungen des Anschlusses der Abdichtung verhindern."

In dem oben angeführten Merkblatt [4] heißt es aus der Sicht der Belagshersteller

„1.1.16.2. . . Durch die Anordnung von Anschlußfugen ist die Einspannung der Belagsflächen auszuschließen."

Diese Rand-Dehnungsfugen müssen, da sie die empfindliche Dichtungsschicht schützen, mit besonders großer Sorgfalt ausgebildet werden. Sie unterscheiden sich eindeutig von den Randfugen bei schwimmenden Estrichen, die vor allem Körperschallbrücken verhindern sollen.

6. Problemstellung – Aufgeständerte Beläge

Eine Variante der losen Beläge bilden diejenigen mit Platten auf Stelzlagern. Diesen Stelzlagern wird dabei die Aufgabe zugewiesen, einen definierten Abstand zur Dichtungsschicht als wasserführende Ebene herzustellen.

Fallbeispiel

Dafür wurden von der Industrie vielfältige Formen von Stelzlagern entwickelt und angeboten, aber, wie hier zu sehen ist, gibt es auch selbst hergestellte Lösungen, die in diesem Fall jedoch untauglich ist.

Auf sogenannten Wartungsbalkonen vor Fensterbändern eines Großgebäudes wurde der Belag aus Betonwerksteinplatten auf Vierkantrohren aufgelegt und diese Vierkantrohre wiederum auf rd. 100/100 mm großen Asbestzementplättchen aufgeständert.

Abb. 7

Abb. 8

Wie die Abb. 7 zeigt, waren die geschnittenen bzw. gebrochenen Stelzplättchen rund 18 mm tief in die bituminöse Dichtungsschicht eingesunken, sogar die Vierkantrohre waren noch rund 8 mm tief darin eingedrückt.

Auf der Abb. 8 ist zugleich zu erkennen, daß dabei die Dichtungsschicht deutlich in ihrer Dicke vermindert wurde, ohne jedoch in dem darunter angeordneten Polystyrol-Extruderschaum einzusinken.

Die Ursachen dieses Einsinkens in die bituminöse Dichtungsschicht bzw. deren extreme Dickenminderung liegen dabei in:

- im großen Gewicht der Betonwerksteinplatten,
- der punktförmigen Lasteinleitung (hohe Druckspannung),
- den zeitweise hohen Temperaturen infolge Sonneneinstrahlung und
- dem thermoplastischen und viskoelastischen Verhalten von Bitumen.

Bei hohen Temperaturen und/oder langanhaltender Belastung verhält sich Bitumen wie eine zähe Flüssigkeit. Bei Belastung verformt es sich plastisch.

Aus diesem Grunde fordern daher die Flachdachrichtlinien [5] im Abschnitt

„8.5.1...Terrassenlager für Plattenbeläge sind nur bei Verlegung auf stabilem und annähernd ebenem Untergrund, z. B. auf Estrich, Schutzbeton anwendbar."

Diese kleinformatigen Stelzlager sind daher grundsätzlich nur über lastverteilenden Zwischenschichten anwendbar. Auch wenn in diesem Fall nach rd. 2–3 Jahren dadurch noch keine Undichtigkeiten der Dichtungsschicht aufgetreten waren, ist eine Schädigung absehbar. Die Belagskonstruktion mußte verändert, die Dichtungsschicht mit einer zusätzlichen Lage verstärkt werden.

Fallbeispiel

Einen zunächst gleichartig erscheinenden Fall zeigen die folgenden Bilder. Beim näheren Hinsehen wird jedoch eine weitere Ursächlichkeit erkennbar (vgl. Abb. 9 und 10).

Es handelte sich hier um eine große Wohnanlage mit vielen großen Dachterrassen. Nach einigen Jahren Nutzungszeit begannen regelmäßig nach Niederschlägen zunehmend starke Wassereinbrüche in die Innenräume durch alle Deckendurchbrüche für Kamine, Dunstrohre, Gebäudetrennfugen u. a.

Die Betonwerksteinplatten waren, wie anläßlich der Überprüfung festgestellt wurde, auf industriell gefertigten Stelzringen aus Kautschuk verlegt.

Nach dem Aufnehmen der Belagsplatten an verschiedenen Stellen zeigte sich das in der Abb. 9 dargestellte Bild.

Die Werksteinplatten lagen unmittelbar auf der bituminösen Dichtungsschicht auf, klebten z. T. daran fest, die Stelzringe waren völlig im Dachaufbau verschwunden.

In diesem Fall ist die bituminöse Dichtungsschicht aus Glasvliesbitumenbahnen ohne wesentliche Verformung scharfkantig von dem mit leicht ausgerundeten Rändern versehenen Stelzringen durchstanzt und mit den Stelzringen in die Polystyrolhartschaumdämmung eingedrückt worden.

Die Dichtungsschicht war dadurch in engem Raster durchlöchert (Abb. 10).

Die Ursache dieses Schadens liegt, zusätzlich zu den o. a. Ursachen, vor allem in der zu großen Zusammendrückbarkeit des Wärmedämmstoffes, der die Dichtungsunterlage bildete.

Eine Grundregel der Abdichtungstechnik in

– DIN 18 195 Teil 5: Bauwerksabdichtungen, Abdichtung gegen nichtdrückendes Wasser (8/83) lautet:

„5.5 Bauwerksflächen, auf die die Abdichtung aufgebracht werden soll, müssen fest... sein."

und im Abschnitt

„5.3 Dämmschichten, auf die die Abdichtungen unmittelbar aufgebracht werden sollen, müssen für die jeweilige Nutzung geeignet sein. Sie... müssen sich als Untergrund für die Abdichtung und deren Herstellung eignen."

Konkretere Anforderungen sind in den

– Flachdachrichtlinien [5] und den
– Wärmedämmstoff – Normen enthalten (DIN 18 161, 18 164, 18 174).

Dort werden sogenannte Anwendungstypen unterschieden.

Für genutzte Dächer mit erhöhter Beanspruchung sind danach nur die Anwendungstypen

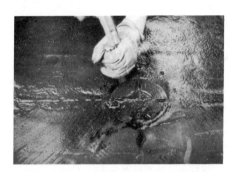

Abb. 9

Abb. 10

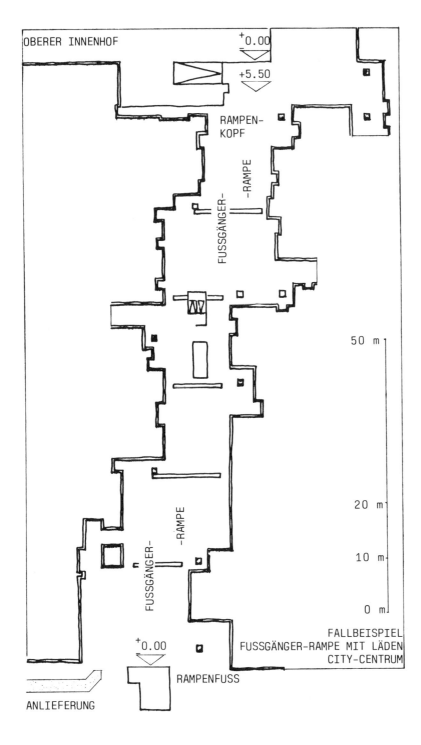

Abb. 11

WS und WDH geeignet:
- WS – Wärmedämmstoffe, mit erhöhter Belastbarkeit für Sondereinsatzgebiete, z. B. Parkdecks.
- WDH – Wärmedämmstoffe mit erhöhter Druckbelastbarkeit unter druckverteilenden Böden, z. B. Parkdecks für LKW, Feuerwehrfahrzeugen u. a.

Aber auch die Dichtungsschicht genutzter Flachdächer muß den erhöhten mechanischen Beanspruchungen entsprechend konzipiert und bemessen werden.

Bei bituminösen Abdichtungen sollen ausschließlich Bahnen mit Trägereinlagen mit hoher Reißfestigkeit verwendet werden.

Bei hochpolymeren Abdichtungen müssen durch ausreichend wiederstandsfähige Schutzbahnenlagen die einlagigen Abdichtungen vom Dichtungsuntergrund und von den Belagsschichten vollflächig getrennt werden.

In dem vorgestellten Beispiel mußte wegen der extremen Schädigung der Dichtungsschicht und Wärmedämmung die gesamte Dachkonstruktion bis zur Rohbetondecke abgeräumt und durch eine neue fachgerechte Dach- und Belagskonstruktion ersetzt werden.

7. Problemstellung – Hindernisse bei Sanierungen

Zum Abschluß möchte ich Ihnen anhand einer Sanierungsplanung zeigen, welche Hindernisse bei der Sanierung genutzter Dachflächen auftreten können, was daher nicht unberücksichtigt bei Planungen solcher Objekte bleiben darf.

Eine Einkaufsstraße mit vielen Einzelhandelsgeschäften als Fußgängerrampe mit rd. 2000 m^2 Fläche innerhalb eines sogenannten City-Centers einer westdeutschen Großstadt über Innenräumen gelegen ist in hohem Maße wasserundicht mit erheblichen Folgeschäden in den anliegenden und darunter gelegenen Geschäfts- und Technikräumen (Abb. 11).

Die systematische Überprüfung ergab eine Vielzahl von Undichtigkeiten und Mängeln der Dichtungsschicht und insbesondere deren Anschlußkonstruktion sowie der Gefällegebung und Entwässerung, wie es die Abb. 12 schon andeutet.

Diese Mängel zusammen mit dem Verrottungszustand der Backkork-Wärmedämmung infolge jahrelanger Wasserlagerung bedingen eine völlige Sanierung aller Schichten bis hinunter zum Gefällebeton.

Die unbedingt notwendige Sanierung umfaßt folgende Schritte:
- das Abräumen des vorhandenen Belages, des Schutzbetons, des Dachaufbaues und der An- und Abschlußkonstruktionen,
- das Anpassen der Gefälleschicht, den Einbau zusätzlicher Entwässerungselemente,
- den Einbau des neuen Dachaufbaues aus Dampfsperre, Wärmedämmung und bituminöse Abdichtung einschließlich der Schaufenster- und der Schwellenanschlüsse,
- Aufbringen des neuen Schutzbetons,
- Pflasterarbeiten.

Aus verschiedenen Gründen, z. B. Arbeitskapazität, Platzbedarf, Witterung u. a., können nur jeweils einzelne Abschnitte von rd. 200–300 m^2 von verschiedenen Arbeitskolonnen nacheinander und stufenweise bearbeitet werden. Die Bearbeitung jedes einzelnen Arbeitsabschnittes braucht auch bei bester zeitlicher und fachlicher Koordination eine Zeit von mehreren Wochen.

Zu beachten ist hierbei zudem folgendes. Wie auf Abb. 11 zu erkennen ist, handelt es sich um eine Rampe, die für Anlieferung ausschließlich und für die Kunden vor allem von dem Rampenfuß her erschlossen wird.

Dieser Umstand hat zwangsläufig zur Folge – unabhängig davon, ob die Sanierung von unten nach oben oder von oben nach unten voranschreitet, daß für längere Zeit die Zugänglichkeit der meisten Läden dieser Fußgängerzone stark behindert wäre.

Abb. 12

Die Geschäftsleute und die Eigentümer befürchteten während dieser Zeit erhebliche Umsatzeinbußen und den Verlust der Laufkundschaft an die konkurrierenden Ladenstraßen in der Nähe. Daher wurde von deren Seite der Gegenvorschlag einer Überdachung der Fußgängerrampe gemacht, um die Sanierung zu erübrigen.

Dadurch würde – unter Voraussetzungen, diese Überdachung würde genehmigt, obwohl die Rampe bis zur halben Höhe etwa als Feuerwehrzufahrt für benachbarte Hochhäuser dient – die Sanierung in ihrer Intensität zwar vermindert, jedoch nicht völlig überflüssig. So droht beim Befahren der sehr stark verrotteten Wärmedämmschicht ein ,,Einbrechen'' des Dachaufbaues und des Belages.

Aus diesem Fallbeispiel wird folgendes deutlich:

– Sanierungsmaßnahmen genutzter Dachflächen mit anliegenden intensiven Nutzungen können die Zugänglichkeit dieser Nutzungen längere Zeit behindern, so daß schwerwiegende wirtschaftliche Nachteile auch längerfristig eintreten können.

Zu bedenken ist darüberhinaus auch folgendes:

– Sanierungsmaßnahmen sind nicht nur im Falle von Mängeln erforderlich, sondern regelmäßig nach Ablauf der Nutzungszeit des Belages oder der Dichtungsschicht grundsätzlich bei jeder genutzten Dachfläche, d. h. ein- oder mehrmals während der Nutzungszeit des Gebäudes.

Daher muß es das Ziel bereits bei der Planung und Ausführung genutzter Dachflächen sein, insbesondere solcher mit intensiver Nutzung, daß

– bei der Auswahl der Konstruktionsart und der Materialien höchste Qualitätsanforderungen hinsichtlich der Funktionssicherheit und der Dauerhaftigkeit zugrundegelegt werden und
– der unvermeidlich auftretende Fall der Sanierung vorweg mit eingeplant wird, z. B. durch Berücksichtigung bei der Erschließung, der demontablen Anschlußausbildung, der Unterteilung der Fläche nach Arbeitsabschnitte u. ä.

8. Schlußbemerkungen

Ich hoffe, Ihnen anhand dieser kurz erläuterten Fallbeispiele einige wesentliche Problemstellungen bei Sanierung genutzter Dachflächen vorgestellt zu haben, die Ihnen bei Ihrer praktischen Arbeit nützlich sein werden.

Ich danke für Ihre Aufmerksamkeit.

Literaturquellen:

[1] Rogier, D.; Lamers, R.: Langzeitbewährung von Flachdächern. Untersuchung im Auftrag des BMBau, 1984. Auftragnehmer: Prof. Dr.-Ing. E. Schild und Prof. Dr.-Ing. D. Rogier.

[2] Schild, E.; Oswald, R.; Rogier, D.: Ausmaß und Schwerpunkte der Bauschäden im Wohnungsbau. Bauschäden im Wohnungsbau Teil I. Schriftenreihe Landes- und Stadtentwicklungsforschung des Landes NW, Wohnungsbau – Kommunaler Hochbau, Band 3.002, 1975.

[3] Rogier, E.; Lamers, R.; Oswald, R.; Schnapauff, V.: Nachbesserung von Flachdächern. Wärmeschutz – Abdichtung. Schriftenreihe 04 ,,Bau- und Wohnforschung'' des BMBau. Heft 04.098, 1984.

[4] Merkblatt Bodenbeläge aus Fliesen und Platten außerhalb von Gebäuden. Richtlinien für Planung und Ausführung. Stand Juni 1978. Herausgegeben vom Fachverband der Deutschen Fliesengewerbes im Zentralverband des Deutschen Baugewerbes

[5] Richtlinien für die Planung und Ausführung von Dächern mit Abdichtungen – Flachdachrichtlinien. Herausgegeben vom Zentralverband des Deutschen Dachdeckerhandwerks und der Bundesfachabteilung Bauwerksabdichtung im Hauptverband der Deutschen Bauindustrie. Ausgabe 1/1982.

[6] DIN 18 195, Teil 5: Bauwerksabdichtungen. Abdichtung gegen nichtdrückendes Wasser. Ausführung und Bemessung. Ausgabe 8/1983.

[7] Wärmedämmstoff-Normen: DIN 18 161, DIN 18 164, DIN 18 174.

1. Podiumsdiskussion vom 24. 2. 1986

Frage:
Wäre es nicht sinnvoll im Sinne einer guten Zusammenarbeit zwischen den Gerichten und Sachverständigen, den Sachverständigen auf Antrag eine Urteilskopie auszuhändigen?

Vygen:
Die Frage ist aus meiner Sicht uneingeschränkt mit ja zu beantworten. Die Initiative muß jedoch von Ihnen ausgehen oder aber es muß organisatorisch über die IHK's mit den Justizministerien darüber verhandelt werden, daß das automatisch durch die Geschäftsstellen veranlaßt wird.

Frage:
Wenn im Rahmen eines Beweissicherungsantrages danach gefragt werden kann, welche Mängel vorhanden sind, was ihre Ursachen sind, was zu ihrer Beseitigung zu tun ist und wieviel dies kostet, handelt es sich dann nicht um unzulässige Ausforschungsfragen und müßte nicht vielmehr gefragt werden, ob die und die konkreten Mängel vorhanden sind, die genau zu bezeichnen wären, bzw. die oder jene Leistung mangelhaft ist, wobei wiederum genau zu definieren wäre, um welche Leistung es sich handelt und warum Mangelhaftigkeit vermutet wird?

Jagenburg:
Dies ist gar kein Gegensatz zu dem was ich gesagt habe, daß die von mir nur als grobe Formulierung genannten Fragen im einzelnen zu substantiieren sind. Natürlich kann ich nicht generell fragen, welche Mängel sind vorhanden, sondern ich muß schon genau sagen, welche Mängel im einzelnen vermutet werden. Auf der anderen Seite ist es in der Praxis so, daß viele Bauherren natürlich nicht so sachkundig sind und deswegen etwas allgemeiner fragen, beispielsweise: Ist das Flachdach undicht? Wo die Undichtigkeit konkret liegt, kann der Bauherr als Laie ja schlecht sagen, er weiß nur, es tropft durch, er kann vielleicht sagen, ich habe im Schlafzimmer einen feuchten Fleck oder im Wohnzimmer, aber er kann an sich nur fragen, ist das Flachdach undicht, und der Anwalt auch. Deswegen ist die Praxis ja dann auch die, daß diese allgemeinen Fragen zugelassen werden und erst der Sachverständige feststellt, wo konkret Undichtigkeiten sind. Ich bin vorhin dazu gefragt worden, wie es bei einer solch allgemeinen Formulierung sei, wenn der Sachverständige in der rechten Ecke eine Undichtigkeit feststellt und sich nach Ablauf der Verjährungsfrist an ganz anderer Stelle neue Undichtigkeiten zeigen. Da würde ich sagen, daß die allgemeine Frage, konkretisiert durch den Sachverständigen, die Unterbrechungswirkung beschränkt auf das, was festgestellt worden ist, nämlich die Undichtigkeiten im rechten Teil. Wenn nach Ablauf der Verjährungsfrist ganz woanders links außen neue Mängel auftreten, dann sind die verjährt.

Prof. Schild
Frage:
Wieviel Volumen% Feuchtigkeit darf ein Dämmstoff im Warmdachaufbau maximal enthalten, ohne ausgetauscht werden zu müssen?

Schild:
Es müßten in jedem Falle 2 Punkte erfüllt sein:
1. Der Mindestwärmeschutz nach DIN 4108 für die entsprechende Dachfläche müßte erhalten bleiben, also nicht unterschritten werden, zum 2. dürfte der k-Wert der Wärmeschutzverordnung 1 oder 2 je nachdem, welche zum Zuge kam, durch diese Minderung des Dämmwertes im Dachbereich nicht überschritten werden. Das wären also die zwei Grundvoraussetzungen. Bei den heutigen Dämmwertstärken bei Dächern um 10 cm mit qualifizierten Dämmstoffen meine ich, daß eine in Volumen% aufgenommene Feuchtigkeit zwischen 2 und 4% etwa diese beiden eingangs dargestellten Mindestvoraussetzungen erfüllt und gleichzeitig eine relativ geringe Unterschreitung des Dämmwertes gegeben ist. Es liegt im übrigen meines Wissens bisher noch nirgendwo eine höchstrichterliche Entscheidung vor, in der festgestellt wird, daß eine solche geringfügige Minderung des Dämmwertes zulässig oder in einer bestimmten Quantität zu begrenzen ist.

Frage:

Sie meinten in Ihrem Referat, daß die Stundensätze für die Gerichtstätigkeit unter denen für die Privattätigkeit der Sachverständigen liegen könnten, weil die Gerichtstätigkeit schließlich „werbewirksam" für den Sachverständigen sei. Hier entsteht der Eindruck, daß dies dem „Entschädigungsprinzip" entspricht, was wir Sachverständigen einfach nicht akzeptieren können. Die ganzen Probleme mit der Bezahlung der Gerichtssachverständigen werden erst dann aus der Welt sein, wenn zwischen Gerichts- und Privattätigkeit, wie z. B. in Österreich, keine Vergütungsunterschiede mehr bestehen. Wie ist Ihre Meinung dazu?

Vygen:

Ich habe ja in meinem Referat das Anliegen der Sachverständigen vollkommen unterstützt, daß die derzeitig geltenden Sachverständigenstundensätze nicht ausreichend sind. Ich bin auch mit Ihnen der Meinung und damit kann ich gleich eine 2. Frage hier noch mit einbringen, daß die angestrebte Erhöhung im ZuSEG auf 70 DM als Höchstsatz wohl nicht ausreichend ist. Ich bin aber nach wie vor der Meinung, daß die Tätigkeit eines Sachverständigen beim Gericht nicht unbedingt mit den Höchstspitzensätzen honoriert werden muß, die bei Privatgutachten gezahlt werden und zwar nicht nur wegen der Werbewirksamkeit, das war **ein** Argument, was ich gebraucht habe, das zweite war in meinem Referat, daß Ihr Haftungsrisiko bei Gerichtsgutachten geringer ist und das ist es ja zweifellos, jedenfalls nach der derzeitigen Rechtssprechung und Rechtslage. Ein geringeres Haftungsrisiko muß sich aber auch immer in der Entschädigung auswirken: Wer weniger haftet, kann auch weniger Entschädigung verlangen. Wenn man eine Gewährleistung von nur 2 Jahren vereinbart als Unternehmer, ist das um einen Kalkulationsfaktor günstiger als bei einer 5jährigen Gewährleistungsfrist, und genauso sieht es auch bezüglich der Haftung des Sachverständigen aus, je nachdem, ob er für leichte Fahrlässigkeit schon haftet oder nur für grobe Fahrlässigkeit, die ja doch meist sehr schwer nachweisbar ist. Also mein Ergebnis: Eine geringfügige Herabsetzung der Vergütungssätze gegenüber der Tätigkeit eines Privatgutachters erscheint mir vertretbar zu sein. Die Privatgutachtensätze liegen doch heute in der Regel ganz erheblich höher, und zwar auch ganz erheblich höher als 70,– DM. Letztlich ist es ein Kampf mit dem Gesetzgeber, wieviel er bereit ist, da zuzulegen. Jedenfalls, darüber sind wir uns einig, die vorgesehenen 70,– DM sind auch zu wenig.

Frage:

1. Wie soll eine Partei einen qualifizierten Beweissicherungsantrag stellen, ohne vorher den im Verfahren zu benennenden Sachverständigen diesbezüglich zu befragen? Ist das ein Grund für die Ablehnung des Sachverständigen? 2. Ist ein Sachverständiger verpflichtet, reine Ausforschungsfragen, auch wenn das Gericht sie genehmigt, zu beantworten, oder ist er berechtigt, dies zu verweigern?

Jagenburg:

Den Sachverständigen, der das Beweissicherungsgutachten erstatten soll, vorher zu befragen, wie er die Mängel gerne formuliert hätte, halte ich für sehr gefährlich. Ich weiß, daß das hin und wieder geschieht, daß man den Sachverständigen erst privat hinausbittet, damit er sich ein Bild macht und vielleicht sogar die Fragen vom Sachverständigen formulieren läßt, der dann anschließend in der Gestalt des Beweissicherungsgutachters wiedererscheint. Das finde ich nicht gut, das sollte man auch nicht machen. Wenn man überhaupt nicht in der Lage ist, konkrete Fragen zu formulieren, dann muß man sich eben eines 2. Gutachters zuvor als Privatgutachter bedienen, der einem insoweit Hilfestellung gibt, oder man muß den Architekten hinzubitten, der konkrete Fragen formuliert. Zum zweiten genügt der Bauherr seiner Konkretisierungspflicht, wenn er die konkreten Erscheinungsformen des Mangels formuliert, den er geklärt haben will. Die Frage: Ist das Flachdach undicht? halte ich in dieser Allgemeinheit schon für zulässig, jedenfalls dann, wenn überhaupt Undichtigkeiten da sind. Der andere Fall, daß jemand auf Verdacht fragt, um die Verjährungsfrist zu unterbrechen, obwohl das Flachdach tatsächlich überhaupt nicht undicht ist, halte ich nicht für zulässig, und ein Sachverständiger, der mit einer so allgemeinen Frage konfrontiert wird (Ausforschungsfrage), der sollte dann auch tatsächlich den Bauherren fragen, wo die behaupteten Undichtigkeiten sind. Wenn der Bauherr diese nicht angeben kann, dann soll der Sachverständige nicht auf die Suche gehen und irgendetwas öffnen wie ein Kriminalist, sondern er muß sich bei solchen allgemeinen Fragen darauf beschränken, das festzustellen, was er auf den ersten Blick ohne weitergehende Untersuchungen feststellen kann.

Frage:

Ist bei Verlegung von Plattenbelägen auf Stelzlagern zur Festlegung der notwendigen 15 cm Aufstand die wasserführende Dachdichtungsschicht relevant oder die obere Kante des Plattenbelages mit offenen Fugen auf Stelzlagern?

Schild:

Es müssen ganz eindeutig in jedem Falle von Oberkante Belag an gerechnet bis zu der Türhöhe bzw. an dem Wandanschluß 15 cm Aufkantungshöhe vorhanden sein. Es spielt aber dennoch eine Rolle, wo sich die wasserführende Schicht befindet. Wenn ich eine Umkehrdachkonstruktion wähle und habe in der Nähe des Türanschlusses einen Rost, dann ist es auch einleuchtend, daß sich Spritzwassersituationen anders darstellen als wenn die Abdichtung über der Wärmedämmung liegt. Ich kann also praktisch mit dem Umkehrdach eine relativ günstigere Lösung in Türnähe erzielen, aber das ändert nichts, daß als Ausgangsbasis für die notwendige Anschlußhöhe in jedem Falle Oberkante Kies, Oberkante Plattenbelag, Oberkante Konstruktion maßgebend ist.

Frage:

Gilt die Unterbrechung, der Neubeginn der Verjährungsfrist nur für die im Beweissicherungsverfahren gerügten Mängel oder für die Gesamtvertragsleistung und ähnlich, wenn von dem Beweissicherungsverfahren nur ein Teil des Gewerks betroffen ist? Wird die Gewährleistungsfrist für das gesamte Werk unterbrochen oder nur für die durch das Beweissicherungsverfahren abgedeckten Teilleistungen?

Jagenburg:

Nur letzteres, meines Erachtens, nur für das was an Mängeln konkret gerügt worden ist, nicht für das Gesamtwerk.

Frage:

Wie lang ist die neue Verjährungsfrist im Anschluß an das Beweissicherungsverfahren?

Jagenburg:

Beim Beweissicherungsverfahren hängt sich die vertraglich vereinbarte Frist an, während bei der schriftlichen Mängelanzeige nach der VOB, der vereinfachten Form der Verjährungsverlängerung, sich nur die Zweijahresfrist nach VOB anhängt. Wenn ich also einen Vertrag habe mit einer 10-Jahresfrist, aber einen Vertrag nach VOB, und ich schicke nach 9,5 Jahren eine schriftliche Mängelanzeige erstmalig heraus, dann bekomme ich nur 9,5 Jahre plus 2 Jahre, gleich 11,5 Jahre, und diese vereinfachte Form der schriftlichen Mängelanzeige kann ich auch nicht beliebig oft wiederholen, das geht nur einmal. Wenn ich dagegen nach 9,5 Jahren ein Beweissicherungsverfahren beantrage, bekomme ich die vertraglich vereinbarten 10 Jahre dazu. Diesen Unterschied zwischen der echten Unterbrechung durch Beweissicherungsverfahren und der vereinfachten Verjährungsverlängerung durch die schriftliche Mängelanzeige muß man sehen, daß man ein Beweissicherungsverfahren 2mal und 3mal benutzen kann und dadurch die Verjährungsfrist so weit strecken kann. Eine andere Frage ist, ob die Leistung, die gerügt wird, dann auch tatsächlich mangelhaft ist, oder ob das gar keine Mängel mehr sind, sondern natürlicher Verschleiß.

Frage:

Nennen Sie besondere Maßnahmen, die anzuerkennen sind, um eine Aufkantung bzw. Anschlußhöhe zu reduzieren. Gehören dazu bei Türen auch Überdeckungen?

Schild:

Wir müssen davon ausgehen, daß es eine Reihe von Situationen gibt, wo ich zwischen innen und außen überhaupt keine Schwellenhöhe von Türen gebrauchen kann, z. B. in einer Klinik, wo der Patient mit dem Rollstuhl auf die Terrasse gefahren werden muß. Da müssen also Sonderüberlegungen getroffen werden. Hierzu gehören als allererstes ein eindeutiges und kräftiges Gefälle von der Türe weg und zwar über eine Strecke, die auch ausreichend groß ist, damit sich nicht doch in diesem Bereich Schnee oder Schmutz ansammelt, der dann zu Aufstauungen führen kann. Als weitere Sonderlösung kann ein Zurücklegen der Türe aus der Wetterebene und durch das Anbringen von Überdeckungen ein geschützter Übergangsbereich geschaffen werden. Beide Maßnahmen gehören aber dann im allgemeinen zusammen. Es genügt nicht alleine, die Tür insgesamt zurückzulegen und vor dem Witterungseinfluß zu schützen, sondern es muß in jedem Falle eine zügige Entwässerung von der Türe weg gesichert sein. Die schon erwähnte Rostlösung, die ich hier bei einigen Beispielen angesprochen hatte, kann eine zusätzliche Ergänzung auch einer gefällelosen Ausführung sein. Ich erinnere Sie an das Detailbeispiel, das ich gezeigt habe. Es handelte sich um einen Eingangsbereich eines Geschäftes, wo ein zusätzliches Gefälle angelegt und darüberliegend noch ein Rost angebracht wurde. Man kann also zusammenfassend sagen, wenn ich eine völlig schwellenlose Türe mit einem Anschluß an eine Abdichtung sichern will, dann ist es das richtigste, alle 3 dieser eben angeführten Maßnahmen zusammen auszuführen und damit die höchste Sicherheit zu erreichen.

Frage:

Wie wertvoll ist das Bautagebuch, wenn dieses täglich geführt, dem Bauleiter täglich vorgelegt, aber von ihm nicht unterschrieben wird, er es aber in Empfang genommen hat?

Vygen:

Ich persönlich messe dem Bautagebuch durchaus eine sehr große Bedeutung zu, das Bautagebuch wird jedoch von den Anwälten im Bauprozeß und entsprechend von den Parteien, viel zu wenig genutzt. Es gibt nur sehr wenige Bauprozesse, in denen das Bautagebuch vorgelegt wird. Häufig ist es gar nicht vorhanden. Aber es gibt eine ganze Menge Bauvorhaben, bei denen es ordnungsgemäß und vorbildlich durchgeführt wird. Die Führung eines Bautagebuches gehört zu den Pflichten des Architekten nach der HOAI, da es dort im Grundleistungskatalog, § 15 der HOAI, aufgeführt ist. Auf die Unterschrift des Bautagebuches kommt es meines Erachtens nicht so sehr an; das Bautagebuch kann auch ohne Unterschrift, allein durch die Vermerke im Bautagebuch, einen ganz erheblichen Stellenwert in der Beweisführung haben. Es ist eine Urkunde, weshalb ich es beim Urkundenbeweis erwähnt habe, und es ist meines Erachtens ein sehr gutes Beweismittel und die Parteien sollten davon viel mehr Gebrauch machen, insbesondere weil sich auch sehr viele Vermerke bezüglich erteilter Zusatzaufträge, Stundenlohnarbeiten etc. in dem Bautagebuch finden.

Frage:

Wenn – wie zu befürchten – unkonventionelle Lösungen, die der Sachverständige vorgeschlagen hat, nicht zum vollen Erfolg führen, wie steht es mit der Haftung? Gibt es Formulierungshilfen?

Schild:

Solche Formulierungshilfen gibt es, und ich möchte sie Ihnen auch darlegen. Zunächst ist ja davon auszugehen, daß keine Haftungsansprüche des Bauherrn den ausführenden Architekten oder Handwerkern gegenüber mehr bestehen. Denn in einem Rechtsstreit, wo eine eindeutige Vereinbarung einer bestimmten Ausführung im Vertrag festgelegt war, wird es für unkonventionelle Lösungen nur sehr enge Möglichkeiten und Grenzen geben und es dürfte sich dann nur um Abweichungen handeln, bei denen man aber sagen kann, daß hier eine nahezu gleichwertige Sicherheit gegeben sein mag. Der Bauherr kann sonst selbstverständlich auf der vertraglich vereinbarten Ausführung bestehen. Für diesen Fall ist es notwendig, daß der Sachverständige oder Planer dem Auftraggeber gegenüber das Restrisiko oder das vermehrte Risiko oder die Minderung der Sicherheit verbal (ggf. mit Zeichnungen ergänzt) beschreibt. D. h., wenn ich z. B. eine Reduktion der Konstruktionshöhe auf 5 cm ohne Rost vorschlage, dann muß ich ganz klar angeben, daß bei starkem Schneefall mit Aufhäufelung des Schnees vor der Türe, ein Übertritt über diese 5 cm hohe Aufkantung nicht auszuschließen ist. Ich muß weiter sagen, daß sich bei einem starken Niederschlägen und einem Verstopfen des Einlaufes bei nur geringem Gefälle von der Tür weg, das Wasser kurzzeitig aufstauen kann und ebenfalls ein Übertritt möglich ist. Das wäre also das Beispiel ohne Rost, das ich Ihnen gezeigt hatte. Hier müßte also ein deutlicher

Hinweis auf das Risiko und die Minderung der Sicherheit gegeben werden. In einem anderen Falle, wo nur noch ein unerhebliches Restrisiko verbleibt, müßte ich auch dieses unerhebliche Restrisiko verdeutlichen. Im übrigen ist es natürlich eine Frage, ob man sich überhaupt in eine solche Schwierigkeit der Darlegung und der Erläuterung begeben sollte. Der Sachverständige, der sagt, ich halte mich an die Lösung, mit der höchsten Sicherheit und die werde ich in jedem Falle empfehlen, der hat den einfachsten Weg gewählt. Dabei ist jedoch zu bedenken, daß ein Sachverständiger, der im Auftrage eines Bauherren arbeitet, der das ganze auch zu bezahlen hat, diesem auch kostengünstigere Alternativen präsentieren sollte. Sonst hat er seine Aufgabe als Sachverständiger, der zugleich den Bauherrn im privaten Gutachtenauftrag zu beraten hat, unzureichend erfüllt. Ob ich mich dann entscheide, den Bauherrn die mit dem größeren Risiko versehene Lösung zu empfehlen, oder ob ich dann sage, ich rate Ihnen aber lieber, etwas mehr Geld aufzuwenden und die ganz sichere Lösung zu wählen, das ist eine andere Frage.

Frage:

Nach meinen Erfahrungen nehmen Richter am Landgericht höchst selten, Richter an Oberlandesgerichten überhaupt nicht an Ortsbesichtigungen teil. Wäre es nicht Aufgabe der Justizministerien der Länder z. B. die Berichterstatter zu verpflichten gemäß ZPO an den Ortsbesichtigungen teilzunehmen, um das Risiko eines Fehlurteils bei mangelhaften Gutachten zu verhindern?

Vygen:

Zum Satz 1: Ihre Erfahrungen sind richtig oder weitgehend richtig. Ich persönlich habe mich zwar immer bemüht und ich weiß auch von einigen Kollegen vom OLG Düsseldorf, die es machen, aber es stößt tatsächlich auf Schwierigkeiten. Ich bin nach wie vor der Meinung, daß Richter am Ortstermin teilnehmen sollen, auch wenn es in der Praxis leider anders läuft. Was aber Ihr Hinweis auf die Aufgaben der Justizministerien angeht, hier einzugreifen, so muß ich dazu sagen: Das geht sicherlich nicht; denn in dieser Beziehung sind wir und auch die Justizministerien sehr empfindlich, da dies ein Eingriff in die Rechtssprechung darstellt, den wir uns als Richter nicht gefallen lassen würden, den aber auch kein Justizminister in Deutschland bisher gewagt hat. Zu erreichen ist das eigentlich nur durch Überzeugungskraft, indem man immer wieder die Richter überzeugt, daß dies sinnvoll ist. Die Schwierigkeiten liegen einfach in der Vielzahl der Prozesse. Ich habe Ihnen ja angedeutet, wieviel Prozesse wir selbst beim Oberlandesgericht in der 2. Instanz zu bewältigen haben. Wenn wir 250 Bauprozesse im Jahr erledigen müssen, sind das mehr als einer pro Tag. Wir haben maximal 200 Arbeitstage, an denen wir für jeden Prozeß die Akte lesen, Gutachten erstellen, Beratungen, Zeugenvernehmung, Sachverständigenanhörungen durchführen und das Urteil schreiben und lesen müssen. All das muß in **einem** Bauprozeß an **einem** Tag geschehen und wenn ich Ihnen sage, daß ein Bauprozeß häufig beim Oberlandesgericht einen Umfang von 500 Blatt und mehr hat, manchmal auch über Tausend Blatt, dann können Sie sich vorstellen, wie das aussieht, wenn wir dann zusätzlich zum Sachverständigentermin gehen, der immer mindestens einen halben Tag in Anspruch nimmt, mit Anreise, Abreise und allem, was dazugehört. Deshalb muß ich hier um Verständnis für meine Kollegen bitten; aber wir sollten trotzdem am Ortstermin teilnehmen und zwar aus Überzeugung und nicht auf Anweisung der Justizminister.

Frage:

Wie kann der Antragsgegner gegen den Tenor des Beweissicherungsverfahrens oder gegen den Sachverständigen Einspruch erheben, wenn das Gericht ohne vorherige Anhörung oder Information den Beweisbeschluß erläßt?

Jagenburg:

Es ist normal im Beweissicherungsverfahren, daß ohne Anhörung des Antragsgegners entschieden wird und ohne mündliche Verhandlung. Man hat als Antragsgegner, wenn man mit den Fragen und den Sachverständigen nicht einverstanden ist, nur die Möglichkeit, durch Gegenanträge andere Fragen zu formulieren und einen eigenen Gegengutachter zu benennen.

Frage:

Bei einer Beweissicherungs-Ortsbesichtigung weist eine Partei auf zusätzliche Mängel hin, die nicht vom Beschluß gedeckt sind (z. B. die Antragstellerin). Darf der Sachverständige diese zusätzlich benannten Mängel aufnehmen und in seinem Beweissicherungsgutachten behandeln?

Jagenburg:

Wenn alle Parteien damit einverstanden sind, darf er es, wenn einer nicht damit einverstanden ist, darf er es nicht. Dann bleibt dem Antragsteller nur der Weg über das Gericht, er kann eine Ergänzung beantragen und dann muß dann eben ein weiterer Termin stattfinden.

Frage:

Wird bei einer durchfeuchteten Isolierung gem. Ihrem Vortrag, die Wärmebrücke des Wassers nicht berücksichtigt?

Schild:

Die Ergebnisse der anteiligen Verluste an Wärmedämmwert sind aus einer Untersuchung von Herrn Achtziger vom Institut für Wärmeschutz in München zu entnehmen. Dabei ist davon auszugehen, daß der volle Querschnitt der Wärmedämmung in durchfeuchtetem Zustand untersucht worden ist und die von mir gemachten Angaben in Prozenten bei den 6 l/m^2 beziehen sich auf die tatsächliche Untersuchung eines gleich großen Stückes Wärmedämmung im trockenen Zustand bzw. mit Ausgleichsfeuchte versehen gegenüber eines gleich großen Stückes Wärmedämmung mit der entweder durch Niederschlagswasser oder auf dem Diffusionswege eingedrungenen Feuchtigkeit, so daß also die Wärmebrücke des Wassers bei dieser Untersuchung eindeutig mit berücksichtigt worden ist.

Frage:

Unterbricht auch das Schiedsgutachterverfahren die Verjährung ähnlich wie das Beweissicherungsverfahren oder läuft die Verjährungsfrist nach Ende dieses Schiedsgutachterverfahrens weiter?

Jagenburg:

Ich würde das letztere annehmen. Das Schiedsgutachterverfahren unterbricht meines Erachtens nicht die Verjährung, aber es führt zu einer Hemmung, denn es ist eine einvernehmliche Untersuchung auf Mängel hin durch die Parteien bzw. in diesem Fall durch den beiderseitigen Schiedsgutachter, so daß mit der Vereinbarung des Schiedsgutachterverfahrens die Verjährungsfrist gestoppt wird. Für die Dauer des Schiedsgutachterverfahrens ist der Fristenlauf ausgesetzt und mit Ende des Schiedsgutachterverfahrens läuft der Rest der Verjährungsfrist dann weiter, es ist also eine Hemmung, meines Erachtens, keine Unterbrechung der Verjährung. Der Unterschied ist, glaube ich, deutlich geworden, bei der Unterbrechung würde die Verjährungsfrist bei Null wieder neu zu laufen beginnen, hier läuft mit Ende des Schiedsgutachterverfahrens nur der Rest der Verjährungsfrist zu Ende.

Frage:

Ein Problem sehe ich in der immer wiederkehrenden Tatsache, daß bei einem eindeutigen Ausführungsfehler einer Firma gleichzeitig der die Bauaufsicht führende Architekt wegen sogenannter ‚mangelnder Bauaufsicht' belangt wird oder werden soll; gibt es da keine eindeutigeren Abgrenzungen der jeweiligen Verantwortlichkeit? Ich habe den Eindruck, daß hierbei eine Kostenverteilung auf mehrere Beteiligte eine wesentliche Rolle spielt.

Vygen:

Es gibt eine eindeutige Abgrenzung. Für Bauaufsichtsfehler haftet sowohl der Unternehmer als auch der Architekt. Wenn ein Bauüberwachungsfehler des Architekten festgestellt werden kann und Herr Jagenburg in seinem Buch die (Bindehardt/Jagenburg: Haftung des Architekten) ja sehr schön diese Arbeiten herausgearbeitet, die eben für die Bauüberwachungsfehler des Architekten in Frage kommen, und diese als sogenannte „Arbeiten mit Signalwirkung" bezeichnet, so haftet in diesen Fällen der Architekt wegen seines Bauüberwachungsfehlers und dabei haften Architekt und Bauunternehmer als Gesamtschuldner und zwar beide zu 100%. Sehr häufig ist es dabei so, daß der Architekt in Anspruch genommen wird, vor allem wenn der Unternehmer nur eine VOB-Gewährleistung von 2 Jahren übernommen hat und der Architekt die Regelgewährleistung des BGB von 5 Jahren. Trotzdem führt dies in Normalfällen zu letztlich gerechten Ergebnissen, denn der Architekt wird zwar zunächst zur vollen Mängelbeseitigungskostenerstattung verurteilt. Aber er hat seinerseits einen Regreßanspruch aus dem Gesamtschuldverhältnis gegen den Unternehmer und dieser Regreßanspruch geht bei reinen Ausführungsfehlern in aller Regel auch auf 100%. Das einzige Problem, aber ist das Problem aller Dreiecksverhältnisse, entsteht dann, wenn einer aus dem Dreieck ausgeschieden ist, z. B. wegen Konkurses. Alle anderen Probleme lösen sich zufriedenstellend; denn dieser Ausgleichsanspruch aus dem Gesamtschuldverhältnis verjährt erst nach 30 Jahren, so daß sich der Bauunternehmer gegenüber dem Architekten nicht darauf berufen kann, daß nach der VOB/B Gewährleistungsansprüche gegen ihn verjährt sind. Auf diesem Umwege kommt der Bauunternehmer also wieder in die Haftung hinein.

2. Podiumsdiskussion vom 24. 2. 1986

Frage:

Bei der Beseitigung von Mängeln, die zu Undichtigkeiten führen könnten, gilt der Grundsatz: „dicht sein oder nicht sein". Wenn auch nur ein geringes Risiko der Wasserdurchlässigkeit vorliegt, muß der sicherste Weg der Nachbesserung gewählt werden. Bei eingeschränkter Gebrauchsfähigkeit ist eine Minderung nicht hinnehmbar. Wie soll ein Sachverständiger hier ein Gericht oder die Parteien für eine Minderung überzeugen?

Oswald:

Es trifft zu, daß Mängel, die absehbar zu Undichtigkeiten führen werden, selbstverständlich ohne Ansehen der Kosten beseitigt werden müssen und nicht durch Minderwertzahlungen abgegolten werden können (die absehbare sehr erhebliche Minderung der Gebrauchsfähigkeit würde im übrigen äußerst hohe Minderwerte ergeben).

Es gibt aber häufiger Situationen – diese habe ich in meinem Vortrag dargestellt – bei denen eine Abweichung von Anforderungen der Regelwerke zwar die Funktionssicherheit mindert, trotzdem ist aber die Funktionsfähigkeit voll erhalten. Ist in solchen Fällen die Beseitigung des Mangels äußerst aufwendig, so sollte der Sachverständige den Ausgleich des Mangels durch eine Minderwertzahlung erwägen. Ein Beispiel: Schließt der Dichtungsrand eines Flachdachs 12 cm über Oberkante Kiesschüttung an die Fußpunktabdichtung der Verblendschale einer aufgehenden Wand an, so besteht ein Mangel, da durch Unterschreitung der Regelaufkantungshöhe von 15 cm um 3 cm die Funktionssicherheit gemindert ist. Da aber einerseits die Funktionsfähigkeit nicht beeinträchtigt ist, andererseits die Beseitigung des Mangels sehr aufwendig ist (abschnittsweises Aufstemmen der Verblendung zur Höherlegung des Anschlusses) erscheint hier die Bezifferung eines Minderwertes z. B. nach einer der von mir dargestellten Methoden angemessen.

Ich meine, daß der Sachverständige in solchen Fällen durch Gegenüberstellung von Bedeutung des Mangels, des Aufwands zur Mangelbeseitigung und des angemessenen Minderwertbetrages das Gericht oder die Parteien sehr wohl von der „Minderwertlösung" überzeugen kann.

Frage:

Ein Dach wurde vor 6 Jahren nach den damals gültigen Wärmeschutzvorschriften errichtet. Im Rahmen der vereinbarten 10jährigen Gewährleistungszeit müssen nunmehr Undichtigkeiten behoben werden, die eine Totalsanierung erforderlich machen, auf jeden Fall müssen mehr als 20% der gesamten Dachfläche erneuert werden.

Wer zahlt die Mehrkosten für die nach der novellierten Wärmeschutzverordnung bei baulichen Änderungen an bestehenden Gebäuden geforderte erhöhte Wärmedämmung?

Dahmen:

Ein 1980 errichtetes Dach mußte nach den Forderungen der ersten Wärmeschutzverordnung aus dem Jahre 1977 für Neubauten konzipiert und ausgeführt werden, d. h. der maximale Wärmedurchgangskoeffizient durfte nach dem Nachweisverfahren der „Bauteilmethode" nicht größer als 0,45 W/m²K sein. Dies ist aber die gleiche Forderung, die nach der novellierten Wärmeschutzverordnung aus dem Jahre 1982 (am 1. Januar 1984 in Kraft getreten) auch an Dächer älterer Gebäude gestellt wird, an denen bestimmte, in der Wärmeschutzverordnung beschriebene bauliche Änderungen durchgeführt werden.

Unter der Voraussetzung, daß das Dach diese damals gültige Forderung erfüllte, muß bei der Sanierung keine erhöhte Wärmedämmung eingebaut werden.

Wurde für das Dach ein geringerer Wärmeschutz als zuvor angegeben ausgeführt, was nach dem Nachweisverfahren der „A/V-Methode" – hiernach war ein maximaler Wärmedurchgangskoeffizient für die gesamte Außenhülle eines Gebäudes als Mittelwert der Wärmedurchgangskoeffizienten der einzelnen Bauteilflächen einzuhalten – möglich war, – ein in der Praxis allerdings selten vorkommender Fall

– so sind die Mehrkosten für die nunmehr bei der Sanierung erforderliche Erhöhung der Wärmedämmung einschließlich evtl. anfallender Kosten für die möglicherweise notwendige Veränderung der Dachrandab- und anschlüsse von demjenigen zu tragen, der für die eingetretenen Schäden verantwortlich ist. Allerdings hat der Bauherr für die „Sowieso"-Kosten aufzukommen, die entstanden wären, wenn die größere Wärmedämmung von vorne herein eingebaut worden wäre, bzw. muß er sich die nach der zusätzlichen Wärmedämmaßnahme eintretende Verringerung des Energieverbrauchs als Mehrwert seines Hauses anrechnen lassen. Unter Umständen ist auch die Anrechnung eines „Neu für Alt"-Anteils für die Abdichtung zu berücksichtigen.

Frage:

Hat sich das Wörmann-Dach, das Quinting-Dach, als Wanne bewährt?

Zimmermann:

Soweit ich mit Wörmanndächern zu tun hatte, kann ich vor mir aus sagen, daß solche Flachdächer, wenn sie nach den Regeln richtig ausgeführt sind, sich durchaus in der Praxis bewährt haben.

Frage:

Darf der Rand einer Aufkantung, die ja immer gebraucht wird bei einem solchen Dach aus wasserundurchlässigem Beton, ohne Schutz bleiben mit Rücksicht auf den Gehbelag, der auf diesem Dach aufgebracht ist?

Zimmermann:

Das kann man so, glaube ich, nicht generell beantworten. Es kommt darauf an, wie dieser Gehbelag ausgeführt ist. Wenn es sich beispielsweise um einen Gehbelag aus Betonplatten im Kiesbett handelt, dann sehe ich keinen Grund, weshalb man den Randanschluß abdecken müßte.

Frage:

Wie werden Balkone statisch konstruiert mit Dehnungsfugen im Abstand von 2–2,50 m in der tragenden Konstruktion (Balkonplatte), wenn beispielsweise ein Balkon aus architektonischen Gründen ca. 8 m lang sein soll?

Steinhöfel:

Die von mir angegebenen Empfehlungen für Fugenabstände bezogen sich nicht auf konstruktive Fugen, sondern es ging bei den 2–2,50 m um den Gefällebeton, und nicht etwa um die tragende Konstruktion.

Frage:

Zum Gefälle bei genutzten Dachflächen:

Anhand des Beispiels, daß man in eine Folie ein Loch bohrt, haben Sie die Bedeutung eines Dachgefälles demonstriert. Wie sehen Sie die Bedeutung des Dachgefälles, welches ja auch Nachteile hat, wenn man keine wasserunterläufige Folie als Abdichtung wählt, sondern eine Abdichtungstechnik, die eine homogene Verbindung mit der Betontragedecke eingeht?

Oswald:

Wenn ich tatsächlich als Untergrund einen wasserundurchlässigen Beton habe, so daß dort ein Weitertransport der Feuchtigkeit nicht möglich ist, dann kann auch ein einzelnes Loch in einer Beschichtung nicht zu einem größeren Mangel führen. Da ich aber annehme, daß man eine solche Beschichtung nur auf einen Untergrund macht, der selbst nicht wasserundurchlässig ist, so muß es hier bei stehendem Wasser und einer Beschädigung dieser Schicht zu größeren Durchfeuchtungen im darunterliegenden nicht wasserundurchlässigen Beton kommen. Ich habe in meinem Vortrag dargestellt, daß man Dächer ohne Gefälle nicht generell auschließen sollte, sondern daß von Fall zu Fall zu entscheiden ist, ob man besser eins macht oder ob eine Gefällegebung weniger wichtig ist. Bei einer nicht unterläufigen Konstruktion ist die Gefällegebung weniger wichtig.

Hieraus und aus der Angabe, daß bei Kombinationen von Bahnen mit Gewebeträger- oder gleichwertigen Einlagen untereinander die Dachabdichtung zweilagig ausgeführt werden kann, ist zu schließen, daß der in der Fragestellung angegebene Dachaufbau den Richtlinien entspricht und eine mögliche Ausführung der Abdichtung von Flachdächern auch ohne Gefälle darstellt.

Frage:

Was halten Sie von flüssig aufgetragenen Kunststoffabdichtungen mit Gewebeeinlagen auf Zementgefälleestrich bei Loggien und Terrassen mit Randanschlüssen ebenfalls flüssig aufgetragen mit Schutzverwahrung, z. B. Fabrikat Kemperol und Bodenbeläge-Klinkerplatten 12/24 in Kunststoffdünnbettmörtel und mit Kunststoff angereichertem Fugenmörtel?

Zimmermann:

Ich habe Erfahrung mit diesen Polyesterbeschichtungen nur soweit es sich um die Sanierung vorhandener schadhaft gewordener bituminöser Abdichtungen handelt. Und die haben sich nach meiner Erfahrung durchaus bewährt. Ich habe keine Erfahrungen, wenn man solche flüssigen Kunststoffbeschichtungen auf Terrassen und Balkonen herstellt und dann anschließend einen Plattenbelag im Mörtelbett aufbringt. Ich halte letzteres für eine nicht unerhebliche Beanspruchung der Abdichtung, weil ja der Plattenbelag diese Flüssigkunststoffbeschichtung mehr oder weniger beansprucht. Im übrigen sind diese Polyesterbeschichtungen in den Flachdachrichtlinien '82 in der Ziffer 5.7.4 geregelt, insofern jedenfalls als ihre Brauchbarkeit durch einen Einigungsnachweis in Form eines Agreements nachzuweisen ist. Soviel ich weiß, hat der Hersteller solch ein Agreement.

Frage:

Was halten Sie von V2A Vorhangrinnen bei Balkonen?

Zimmermann:

Bei V2A Stahl handelt es sich um nichtrostenden Stahl nicht gerade der besten Werkstoffgüteklasse, aber zweifellos ausreichend hinsichtlich der Korrosionsbeständigkeit für Regenrinnen. Ich halte diesen Stoff für Rinnen besonders geeignet. Erstens wegen der Korrosionsbeständigkeit, Sie müssen keine Korrosionsschutzmaßnahmen durchführen, und zum Zweiten, weil solche Rinnen einen kleinen thermischen Längenänderungskoeffizienten besitzen, der nur halb so groß ist wie der von Zinkblech zum Beispiel. Also ich würde sagen, daß solche nicht rostenden Stahlrinnen, sog. „Edelstahlrinnen" durchaus geeignet sind, wenn man Balkone außen entwässern will.

Frage:

Warum ein Heißabstrich? Wäre es nicht besser statt Heißbitumen Polymerbitumenbahnen aufzuschweißen?

Steinhövel:

Ich habe den Heißabstrich als Kriterium angesprochen und darauf hingewiesen, daß er tunlichst standfest sein soll. Natürlich sind im Hinblick auf Optimierung keine Grenzen gesetzt, wenn es hier heißt, statt Heißbitumen Aufschweißen von Polymerbitumenbahnen. Das wäre eine Optimierung, da ist natürlich nichts dagegen einzuwenden, sondern ganz im Gegenteil, das würde der Konstruktion zugute kommen.

Frage:

Wenn eine Schwellenabdichtung in Höhe von 5 cm absolut funktioniert, d. h. von daher keine Durchfeuchtungen auftreten werden, das müßte der SV abschließend und weitgehend prüfen, könnte ein Minderwert nicht geltend gemacht werden. Allein die Bestimmungen, Schwellen 15 cm hoch abzudichten, könnten einen Minderwert nicht begründen. Wie ist Ihre Meinung dazu?

Schild:

Ich bin da vollkommen derselben Meinung. Es ist ja eben von Herrn Prof. Zimmermann auch sinngemäß formuliert worden, daß diese 5 cm mit dem Rost keine Ersatzlösung, sondern im Grunde genommen eine voll befriedigende Lösung darstellen. Die selbe Meinung habe ich bereits auch an anderer Stelle vertreten und kann die Antwort klar hier an den Adressaten leiten: Wir sind mit ihm der Meinung, daß dabei kein Minderwert verbleibt.

Frage:

Hat die DIN 4122 noch Gültigkeit oder ist sie ersatzlos zurückgezogen worden?

Dahmen:

Die DIN 4122 – Abdichtung von Bauwerken gegen nichtdrückendes Oberflächen- und Sickerwasser mit bituminösen Stoffen, Metallbändern und Kunststoff-Folien – ist nicht mehr gültig. Sie wurde dem Stand der Technik entsprechend vollständig überarbeitet und zusammen mit den Überarbeitungen von DIN 4031 über Abdichtungen gegen drückendes Wasser und DIN 4117 über Abdichtungen gegen Bodenfeuchtigkeit durch die Neuherausgabe von DIN 18 195 – Bauwerksabdichtungen – Teil 1 bis 6 und Teil 8–10 ersetzt. Der Inhalt der

DIN 4122 wird aufgrund der völligen Neugliederung des Gesamtstoffes nun durch den Teil 5 ,,Abdichtungen gegen nichtdrückendes Wasser" – Bemessung und Ausführung der DIN 18 195 zusammen mit Teil 1 ,,Allgemeines, Begriffe", Teil 2 ,,Stoffe", Teil 3 ,,Verarbeitung der Stoffe", Teil 8 ,,Abdichtungen", Teil 9 ,,Durchdringungen, Übergänge, Abschlüsse" und Teil 10 ,,Schutzschichten und Schutzmaßnahmen" geregelt.

Frage:

In der DIN 18 195 sind Dichtungsbahnen mit Polyesterfaservlieseinlage nicht erwähnt. Seit wann darf man diese Einlagen verwenden?

Dahmen:

Es trifft zu, daß Dichtungsbahnen mit Polyesterfaservlieseinlage nicht im Teil 2 ,,Stoffe" der DIN 18 195 enthalten ist. Der Grund hierfür ist, daß die Polyestervlieseinlage nur bedingt hitzebeständig ist und daß es bei der Verarbeitung dieser Bahnen bei großer Hitzeeinwirkung zu Schrumpfungen der Einlage kommen kann, dies vor allem, wenn bei großen abzudichtenden Flächen an Arbeitsabschnitten die bereits in Teilbereichen verlegten Dichtungsbahnen bei bestimmten Arbeitstechniken, z. B. mit der Gasflamme, wieder abgelöst wurden, um einen dichten Anschluß herzustellen. DIN 18 195 sieht daher eine Verwendung dieser Bahnen bisher nicht vor. Diese Bahnen sind auch nicht genormt. Seit der Herausgabe des ABC der Bitumenbahnen im Jahre 1980 bzw. der Flachdachrichtlinien im Jahr 1982 können Dichtungsbahnen mit Polyesterfaservlieseinlage bei der Abdichtung von Flachdächern verwendet werden und haben sich bei Beachtung der Verarbeitungshinweise gut bewährt. In den Flachdachrichtlinien wird unter Pkt. 6.2 auf die Hitzeempfindlichkeit dieser Bahnen hingewiesen.

1. Podiumsdiskussion vom 25. 2. 1986

Frage:

Wie wird der Nachweis der besonderen Eigenschaften durch Eignungsprüfungen vor Beginn der Ausführung erbracht?

Lohmeyer:

Bei Bauteilen aus Betonen mit besonderen Eigenschaften und aus B II-Betonen ist es nach DIN 1045 erforderlich und in der Praxis auch üblich, Eignungsprüfungen vor der Ausführung durchzuführen. Dafür ist das Bauunternehmen verantwortlich; sofern Transportbeton verwendet wird ist jedoch das Transportbetonwerk zuständig. Bei Parkdecks geht es darum, daß einerseits die Wasserundurchlässigkeit nach DIN 1048 nachgewiesen wird und daß zum anderen ein hoher Frost- und Tausalzwiderstand vorhanden ist. Dazu ist es erforderlich, Luftporenbildner zuzusetzen und dieses während der Ausführung laufend zu kontrollieren. Das heißt, es muß bei wasserundurchlässigem Beton auch mit Luftporenbildnern gearbeitet werden. Diese Eignungsprüfungen müssen zeitig genug vor der Ausführung angesetzt werden, da der Beton in der Regel 28 Tage alt sein muß und die Prüfung selbst, auch die Wasserundurchlässigkeitsprüfung, einige Tage in Anspruch nimmt. Im Regelfall werden diese Eignungsprüfungen 6 Wochen vor Ausführung angesetzt werden müssen, so daß dann bei der Ausführung feststeht, daß der Beton tatsächlich die geforderten Eigenschaften besitzt.

Frage:

Bestehen im Hinblick auf die Einwirkung von Öl, Kraftstoff und Tausalz Bedenken gegen die Verwendung von Schwarzdecken auf befahrenen Stahlbetondecken für Einstellplätze in Gebäuden?

Haack:

Die Frage ist im Zusammenhang mit den hier abgehandelten Gußasphalten eindeutig mit nein zu beantworten, weil die Mengen an abtropfenden Kraftstoffen und Öl in der Regel klein sind.

Frage:

Welche Schwarzdecken sind im vorgenannten Anwendungsfall zu empfehlen?

Haack:

Es kann je nach Nutzungsfall ein ganz normaler Gußasphalt auf der Basis von Bitumen B15, B25 oder B40 verwendet werden.

Frage:

Was verstehen Sie unter „großer" Sicherheit für Abdichtungen bei intensiven Dachbegrünungen? Bei Baum, Busch, Strauch etc. Bepflanzung?

Oswald:

Ich verweise dazu auf meinen Vortrag über die Funktionssicherheit von Dächern. Es gibt eine große Anzahl von Faktoren, mit denen man die Funktionssicherheit eines Daches erhöhen kann. Dazu gehören z. B. Konstruktionen mit geringerer Abhängigkeit von der handwerklichen Sorgfalt durch Ausführung mehrlagiger Abdichtungen, dazu gehört Gefällegebung, dazu gehört eine ausreichende Randaufkantung. Wie das nun im einzelnen zu skalieren ist, wann nun tatsächlich eine sehr hohe Sicherheit oder eine kleinere Sicherheit gegeben ist, das muß im Einzelfall entschieden werden. Für mich weist z. B. ein Dach mit hoher Funktionssicherheit ein Gefälle auf und besitzt mehrlagige Abdichtungen.

Frage:

Sie haben vorgetragen, daß ein PVC-weich-Wurzelschutz zwei Funktionen erfüllt: 1. Wurzelschutz, 2. Schutz gegen mechanische Beschädigung. Nach dem Studium der DIN 18 195 Teil 10 und dem neuen ABC der Bitumenbahnen komme ich zu dem Schluß, daß das nicht richtig ist. Die Wurzelschutzfolie muß danach gegen mechanische Beschädigung geschützt werden. Ich bitte um Stellungnahme.

Hoch:

Die PVC-Bahn bietet durchaus einen gewissen Wurzelschutz. Der mechanische Schutz muß natürlich von einer hochgezogenen Schutzschicht auch gegenüber dem Wurzelschutz gebildet werden. Es ist also wesentlich, daß der Wurzelschutz ebenfalls eines Schutzes bedarf, nämlich durch die mechanische Schutzschicht. Das bezieht sich auch auf alle anderen Abschlüsse.

Frage:

Sie sprachen davon, daß das Umkehrdach bei extensiven Begrünungen problematisch ist. Ich weiß von vielen 100000 m^2 extensiv und intensiv begrünter Umkehrdächer, bei denen der --Wert von extrudiertem Polystyrol auch nach 10 Jahren noch weit unterhalb der Rechenwerte liegt?

Hoch:

Ich habe nicht gesagt, daß es nicht möglich wäre ein begrüntes Dach in der UK-Version auszuführen. Bedenkenlos ist es dort, wo wir extensive Begrünungen haben, die diffusionsoffen sind und wo diese Diffusionsoffenheit auch konsequent durch etwaige Plattenbeläge, die aufgeständert oder in Kies verlegt werden, eingehalten wird. Bei Intensiv-Begrünungen ist z. B. dort, wo ein Wasseranstau vorgesehen ist, das Umkehrsystem nicht durchführbar. Mit dieser meiner persönlichen Erkenntnis stehe ich nicht allein da. Wenn ein Wasserstand oberhalb der Wärmedämmschicht angeordnet ist, wird die Austrocknungsmenge, d. h. die quantitative Entfeuchtungsmöglichkeit so gering, daß man mit einer baldigen Durchfeuchtung rechnen muß, aber in den Fällen, wo der Diffusionsweg nach außen frei ist, bestehen keine Bedenken.

Frage:

Welche Berücksichtigung finden die Erdauflagen bei der Wärmebedarfsberechnung? Führen sie zur Verringerung der Wärmedämmung?

Oswald:

Die Wärmeschutznorm DIN 4108 schreibt vor, daß zur Berechnung des Wärmeschutzes nur die Schichten unterhalb der Abdichtung berücksichtigt werden dürfen, mit Ausnahme des Umkehrdaches, welches durch bauaufsichtliche Zulassung eine Sonderregelung bekommen hat. Die Wärmebedarfsberechnungsnorm DIN 4701 rechnet dagegen auch weitere Erdlagenschichten z. B. an Kellerwänden mit ein. Aus bauphysikalischer Sicht haben diese Erdschichten oberhalb der Abdichtung selbstverständlich eine Wärmeschutzfunktion. Durchschnittlich feuchte, nicht bindige Böden (z. B. Kiessand) haben eine Wärmeleitzahl von 1,1–1,7 W/m·K; bindige Böden einen Wert von 1,5–2,6 W/m·K. Bei größerer Dicke ergibt sich daraus eine Verbesserung des Wärmeschutzes. Aufgrund des Speichervermögens werden im übrigen die Temperaturschwankungen vermindert.

Ich meine, insofern insgesamt gesehen ist es richtig, wenn man bei der Wärmebedarfsberechnung diese Schichten mitrechnet, allerdings bei dem Nachweis des Mindestwärmeschutzes nach DIN 4108 diese Schichten nicht berücksichtigt werden.

Frage:

Darf bei Beton B II und B 35 für Parkdecks auch Füller verwendet werden? Wenn ja, sind besondere Vorkehrungen zu treffen?

Lohmeyer:

Ja, Füller darf verwendet werden. Es muß jedoch ein geeigneter Füller mit einer Zulassung vom Institut für Bautechnik sein und es sind Eignungsprüfungen durchzuführen.

Frage:

Greifen Fließmittel oder Luftporenbildner die Betonstähle an?

Lohmeyer:

Fließmittel und Luftporenbildner brauchen ebenfalls Zulassungen vom Institut für Bautechnik. Sie greifen Betonstähle nicht an, sonst würden sie keine Zulassung erhalten.

Frage:

Ist bei Parkdecks aus wasserundurchlässigem Beton immer ein Schutzbelag erforderlich, z. B. Verbundsteinpflaster?

Lohmeyer:

Nein, das ist nicht erforderlich, aber es kann durchaus angebracht sein, z. B. beim obersten

Parkdeck, bei großen Abmessungen und bei großen Fugenabständen.

Frage:

Ist aus Gründen der Fugensicherheit eine fugenreiche Fertigteilkonstruktion aus wasserundurchlässigem Beton nicht grundsätzlich schadensanfälliger als eine Ortbetonkonstruktion mit Dichtungsbahnen?

Lohmeyer:

Die Fugensicherheit hängt von der Art der Fugenausbildung und der Fugendichtung ab. Natürlich hat man bei Fertigteilkonstruktionen mehr Fugen, die aber i. a. auf einfache Weise abgedichtet werden können. Bei Fertigteil- und Ortbetonkonstruktionen aus wasserundurchlässigem Beton haben wir den großen Vorteil, wenn es zu Undichtigkeiten kommen sollte, daß wir genau wissen wo diese Undichtigkeiten sind. Wir müssen nicht suchen und können ganz gezielt diese Bereiche, beispielsweise Fugenabdichtungen, nachbessern.

Frage:

Wie sind die Anschlüsse an Einbauteile, z. B. Entwässerungseinläufe oder aufgehende Gebäudeteile mit Asphaltmastixabdichtung zu erstellen?

Haack:

Solche Anschlüsse kann man mit Mastix praktisch nicht ausführen. Man muß Bahnen zu Hilfe nehmen. Beispielsweise müssen im Bereich aufgehender Gebäudeteile oder Brüstungen Dichtungsbahnen eingearbeitet und soweit hochgezogen werden, daß man die nach Norm geforderten 15 cm Höhe über der obersten wasserführenden Ebene erreicht.

Frage:

Können begrünte Dächer mit aufgestautem Wasser noch mit Dichtungen gegen nichtdrückendes Wasser versehen werden, oder sind hier nicht Druckwasserabdichtungen erforderlich?

Oswald:

Selbstverständlich muß man prinzipiell bei einem ständigen Wasseranstau mit einer drückenden Wassersituation rechnen und entsprechend den entsprechenden Normteil der DIN 18 195 anwenden. Der wesentliche Unterschied in den Schichtenfolgen besteht allerdings lediglich in aufwendigeren Ausführungsformen der Anschlußkonstruktionen, also vor allem der Los- und Festflanschkonstruktionen.

Frage:

Müssen Wurzelschutzbahnen auch an Entwässerungseinläufe angeschlossen werden oder muß Wurzelwachstum in Einläufe hinein verhindert werden?

Hoch:

Ja, eben, weil man es verhindern will, muß man versuchen, den Wurzelschutz tatsächlich in die Abläufe mit hineinzubekommen. Wir müssen Entwässerungsschächte vorsehen, die uns eine Kontrolle ermöglichen. Das Wurzelwachstum richtet sich nicht nach Kontrollmöglichkeiten. Wurzeln wachsen so lange weiter, bis sie daran gehindert werden, und deswegen sollte man den Wurzelschutz genauso wie die anderen Lagen der Dachabdichtung an die Entwässerung anschließen. Der Wurzelschutz ist also genauso wie die Dachabdichtung zu behandeln.

Frage:

Wenn der Wurzelschutz als dichte Schicht ausgeführt wird (mit Aufkantungen), wie wird dann diese Schicht entwässert? Wird durch den Wurzelschutz nicht eine 2. Dachabdichtung geschaffen, die die erste Dachabdichtung eigentlich überflüssig macht?

Hoch:

Wenn jemand eine solche Frage stellt, dann klingt allein diese Formulierung sehr wohl in den Ohren derer, die eine einlagige Abdichtung propagieren. Wir haben natürlich die Möglichkeit, bei der Extensivbegrünung mit einer hochwertigen Lage aus Kunststoffbahnen bestimmte Eigenschaften wie die Abdichtung und den Wurzelschutz in einem darzustellen. Ansonsten bin ich der Auffassung, daß man die Wurzelschutzbahn ruhig, wenn sie dafür geeignet ist, vollflächig mit der anderen Abdichtung verkleben soll, um ein hohlraumfreies Kombinationsgefüge zu schaffen, was übrigens viel widerstandsfähiger nicht nur gegen die biologischen

Wurzelaktivitäten ist, sondern auch gegenüber dem Wurzeldruck, z. B. bei Gehölzen, die sich unter Windlast einseitig auf bestimmte Wurzelstöcke abstützen.

Frage:

Kann Beton als Wurzelschutz verwendet werden?

Lohmeyer:

Beton ist selbstverständlich durchwurzelungsfest und auch spatenfest, weswegen es bei Konstruktionen aus wasserundurchlässigem Beton in dieser Hinsicht keine Probleme gibt. Bei Schutzschichten aus Beton auf anderen Abdichtungen kann es zu Kalkauslaugungen und damit zu Kalksinterbildungen in den Entwässerungsleitungen kommen. Dazu kann es kommen, wenn ein poröser Beton der Festigkeitsklasse B10 ohne Verdichtung verwendet wird. Es ist daher erforderlich, für Schutzschichten Beton der Festigkeitsklasse B 25 zu verwenden und diesen Beton zu verdichten.

Frage:

Wie wird das Sandbett bzw. die Splittschicht bei Verbundsteinpflaster entwässert?

Lohmeyer:

Einerseits ist es wichtig, daß die Splittschicht so offenporig ist, daß das Wasser durchströmen kann. Andererseits darf das Sandbett aber nicht in diese Splittschicht hineingeraten. Deswegen muß zwischen Splittschicht und Sandbettung ein Filtervlies gelegt werden. Die Entwässerung erfolgt in zwei Ebenen: Oberkante Betonsteinpflaster und für das durch die Fugen sickernde Wasser Oberkante Tragbeton.

Frage:

Gestern wurde von Gußasphalt auf Dächern und Terrassen abgeraten, heute wird das Gegenteil gesagt. Ich bitte um Stellungnahme.

Haack:

Der Titel des gestrigen Vortrages lautete: ,,Die Nutzschichten von Dachterrassen." Der gestrige Referent hat nicht über befahrbare Dachflächen gesprochen. Für solche Flächen oder für Parkdecks kann man natürlich den Gußasphalt nicht ausschließen. Im Gegenteil: die Vorteile des Gußasphalts liegen darin, daß er

– praktisch fugenlos ist und damit Niederschlagswasser weitestgehend an seiner Oberfläche abführt
– einen griffigen Belag abgibt
– gut reparierbar ist
– sich relativ dehnfähig und elastisch verhält und
– im allgemeinen besser tausalzbeständig ist und als eine befahrene Betonschicht.

Frage:

In welcher Norm oder Richtlinie ist bei hoher Beanspruchung die Sonderbauweise mit einer einlagigen Schweißbahnabdichtung festgelegt?

Haack:

Es gibt keine Norm oder bauaufsichtliche Zulassung, in der die Sonderbauweise für Parkdecks geregelt ist. Die DIN 18 195 sieht bei Verwendung von Bitumenbahnen an sich einen zweilagigen Aufbau vor. Die Sonderbauweise ist daher schwer in die DIN 18 195 einzuordnen. Sie hat sich aber aus der Praxis so entwickelt und ist sowohl auf Parkdecks als auch auf Brücken in den letzten 10 bis 15 Jahren häufig und mit Erfolg angewandt worden. Wenn man in der Fläche den hohlraumarmen Gußasphalt als 2. Abdichtungslage bewertet und im Bereich von Anschlüssen und Gußasphaltfugen konsequent 2 Lagen Bitumendichtungsbahnen anordnet, steht die Sonderbauweise m. E. nicht im Widerspruch zu DIN 18 195. Bei einem solchen Konzept sollte aber in jedem Fall eine zweite Lage Gußasphalt als Verschleißschicht ausgeführt werden.

Frage:

Begrünte Dächer sind nicht sicher gegen Flugfeuer und strahlende Wärme. Nach dem Kieserlaß, bedarf eine Kiesauflage von mindestens 5 cm keines weiteren Nachweises. Sollte eine Substratschicht, die von vornherein dicker als 5 cm ist, nicht den gleichen Effekt bringen? Vielleicht bedarf es nur ergänzenden Prüfungen mit dem Feuerkorb?

Hoch:

Es ist vollkommen richtig, die meisten begrünten Dächer sind anfällig gegen Flugfeuer. Es

137

geht aber nicht so sehr darum, ob das Substrat die Brandbeanspruchung überdauert, sondern es geht um die Brandausbreitung abgetrockneter Pflanzen oder Gräser, wo sich eine Feuerwalze bilden kann, die dann bei Brandübertragung zu einem Gebäudebrand führen kann. Diese Frage ist also nicht damit zu beantworten, daß man sagt, die Substratschicht erfüllt eigentlich die gleichen Anforderungen wie der Kies, das würde sie ohne Bewuchs. Aber dadurch, daß wir brennbare Anteile auf diesem Dach haben, bedarf es eben tatsächlich einer Konzession der Genehmigungsbehörden, die besagt, daß Grün in diesem Moment wichtiger sei als ein Brandschutz, der natürlich nicht ganz außer Acht gelassen werden darf. Er darf ggf. unter Beachtung begleitender Umstände kleiner als sonst vorgeschrieben gehalten werden.

Frage:

Ein Parkhaus ist in wasserundurchlässigem Ortbeton B 45 konzipiert. Können die Deckenflächen mit Vakuum behandelt und mit Flügelglättern geglättet werden?

Lohmeyer:

Ja, es ist in gleicher Weise möglich wie es am Beispiel des Beton B 35 gezeigt wurde. Es ist jedoch dabei zu bedenken, daß aufgrund der für die Festigkeit erforderlichen größeren Zementmengen zwangsläufig eine größere Hydratationswärme entwickelt wird, die die Rißgefahr erhöht. Ganz allgemein kann man sagen, daß die meisten Risse nicht als Schwindrisse, sondern als Temperaturrisse infolge Abkühlung nach dem Freiwerden der Hydratationswärme entstehen. Es kann also auch Ortbeton B 45 verwendet werden, vorzuziehen ist allerdings B 35.

Frage:

Können Sie die Funktionen der Schutz- und Verschleißschicht näher erläutern?

Haack:

Der Auftrag von Gußasphalt als Schutzschicht erfolgt unmittelbar auf die Abdichtung. Hierbei ist also im Sinne von DIN 18 195, Teil 10 eine mechanische Schutzschicht für die Abdichtung gegeben. Sie dient nach meinem Verständnis bei der zweilagigen Gußasphaltausführung auch dem Ausgleich von Unebenheiten, z. B. über den Stößen zwischen den Dichtungsbahnen. Wenn eine einzige Lage Gußasphalt aufgebracht wird, bleiben normalerweise in der Schutzschicht noch Unebenheiten. Sie lassen sich einfach und hochqualitativ mit der Verschleißschicht als zweiter Lage ausgleichen. Diese Verschleißschicht ist reparierfähig. Wenn erforderlich, läßt sie sich abfräsen, ohne die Abdichtungshaut selbst zu verletzen. Wenn sich demgegenüber nur ein Gußasphaltbelag auf der Abdichtung befindet und dieser aus Schadensgründen zu entfernen ist, besteht für die Abdichtung ein außerordentlich hohes Risiko. Man kann sagen, daß das ohne Beschädigung der Abdichtung praktisch nicht machbar ist.

Frage:

Wie lösen Sie das Problem von Asphaltbelägen auf Fahrrampen? Welche stärkste Neigung ist bei Asphalt möglich?

Haack:

Ich erinnere mich an ein Projekt, bei dem eine etwa 100 m lange Rampe mit einer Neigung von 15% in einem sehr großen Einkaufszentrum auszuführen war. Hier wurde eine spezielle Lösung mit einer einlagigen Schweißbahnabdichtung ausgeführt. Im Abstand von etwa 5 m wurde ein T-Profil quer zur Rampenlängsrichtung aufgebracht, auf das die von oben herangeführte Dichtungsbahn lediglich aufgeschweißt wurde (Klebeflanschlösung). Die von unten an das T-Profil reichende Dichtungsbahn wurde darüberhinaus zu ihrer Lagesicherung eingeflanscht (Klemmflanschlösung). Mit dieser „Hühnerleiter" wird der zweilagige Asphaltaufbau gehalten. Die Rampe steht nach ca. 2 Jahren Betrieb ausgezeichnet und hat selbst bei 15% Neigung keine Probleme gezeigt. Sehr wichtig ist bei einer solchen Lösung eine ausreichende Entwässerung. Die beschriebenen Sprossen dürfen beispielsweise nicht bis an die Brüstung geführt werden. Sie müssen vielmehr etwa 20 bis 25 cm vorher enden, um ein Aufstauen des von oben zulaufenden Wassers auszuschließen. Kürzere Rampen können bei gleicher Neigung durchaus auch ohne „Hühnerleiter" erfolgreich hergestellt werden. Der zweilagige Gußasphalt muß dann mit eingemischter Kunststoffvergütung (Lucobit) auf die metallkaschierte Schweißbahnlage aufgebracht werden.

Frage:

Bei der Herstellung eines „wasserdichten" Stahlbetons können trotz Berücksichtigung aller Planungs- und Ausführungsfaktoren dennoch Kriech- und Schwindrisse auftreten. Hier kann man doch gewiß nicht von einem „wasserdichten" Beton sprechen. Wie lautet Ihre Definition „wasserdichter" Beton?

Lohmeyer:

Zunächst geht es bei allen Dingen, die ich hier nannte, um wasserundurchlässigen Beton nach DIN 1045, mit dem man wasserdichte Konstruktionen herstellen kann. Die Norm spricht von wasserundurchlässig, weil bei dem Prüfverfahren nach DIN 1048 mit einem Wasserdruck von 7 bar (70 m Wassersäule) eine Eindringtiefe des Wassers bis zu 5 cm gestattet ist. Deswegen spricht die Norm nicht von wasserdichtem, sondern wasserundurchlässigem Beton. Wir sprechen auch nicht von Sperrbeton, denn Sperrbeton war in der jetzt veralteten DIN 4117 nur für Abdichtungen gegen nichtdrückendes Wasser vorgesehen und das ist uns viel zu wenig. Mit wasserundurchlässigem Beton dichten wir auch gegen drückendes Wasser ab. Bei der Frage geht es sicherlich um wasserdichte Konstruktionen. Wenn es zu Durchfeuchtungen infolge von Rissen kommt, ist natürlich eine solche Konstruktion nicht mehr in Ordnung und es wäre dann ein Abdichten der Risse oder der Fehlstellen erforderlich. Die Stellen, an denen Wasser durchtritt, sind direkt erkennbar. Es ist also zu unterscheiden zwischen wasserundurchlässigem Beton mit einer Wassereindringtiefe bis 5 cm und wasserdichten Konstruktionen, die auf der wasserabgewandten Seite zweifellos trocken bleiben müssen.

Frage:

Welche Lebensdauer bzw. Wartungsintervalle haben Parkdeck-Abdichtungsfugen in der Fahrfläche?

Lohmeyer:

Die hier gezeigten drei Möglichkeiten der Fugenabdichtung sind relativ neu. Die Abdichtung mit Fugenprofilen wurde erstmals vor 6 Jahren in einem großen Parkhaus in Wien eingebaut und hat sich bisher einwandfrei bewährt. Die beiden anderen Verfahren sind etwa 5 Jahre alt und funktionieren seither ebenfalls.

Die erforderlichen Wartungsintervalle hängen von der Gesamtbeanspruchung ab. Überhaupt sollte man Parkdecks in relativ engen Abständen (vielleicht alle 2 Jahre) inspizieren. Dabei kann festgestellt werden, ob und weswegen überhaupt irgendwelche Mängel aufgetreten sind, die dann instandgesetzt werden müssen. Nichtfunktionierende Fugenabdichtungen können mit 2 der gezeigten Verfahren später wieder instandgesetzt werden.

Frage:

Kiesstreifen sind bei größeren Gebäudehöhen unzulässig, genauso wie lose Kiesschüttungen bei Flachdächern. Nennen Sie bitte Alternativen (z. B. Pflaster, Betonwerk-Steinplatten) und erklären Sie bitte, ob da noch der gewünschte Spritzschutz an Wandanschlüssen gegeben ist.

Hoch:

Die Alternativen hat den Fragesteller schon selbst aufgezeigt. Bei größeren Gebäudehöhen ist die Anordnung oder die Anlage einer Dachbegrünung ohnehin zweifelhaft, es kommt natürlich auf die Art der Begrünung an. Selbstverständlich hält man auch dann einen entsprechenden Randabstand ein, so daß man den Spritzschutz in dieser Form nicht mehr zu berücksichtigen hat.

Die Distanz spielt gerade bei den größeren und höheren Dächern eine Rolle. Man wird auch die Dachbegrünung nicht bis an den Dachrand herangehen lassen, wie wir das vorhin auf den Dias in Form einiger Bäume in Dachrandnähe gesehen haben.

Frage:

Sind die PE-Folien als Wurzelschutz bei homogenen Nahtverbindungen verwendbar? Welche Erfahrungen liegen vor?

Hoch:

Wenn homogene oder ähnlich geartete Nahtverbindungen vorliegen, sind bisherige Erfahrungen positiv, d. h. also der Wurzelschutz ist tatsächlich gegeben, soweit wir das bisher beurteilen können.

Frage:

Ist eine Beschichtung mit Epoxidharz für den dauerhaften Schutz der Bewehrung stets notwendig, wenn Tausalzlösungen auf die Betonoberseite einwirken?

Lohmeyer:

Das ist nicht der Fall. In DIN 1045 ist in Tabelle 10 Zeile 4 dieser Fall vorgesehen. Bei Tausalzangriff muß natürlich eine ausreichende Betondeckung vorhanden sein. Sie soll mindestens 3,5 cm betragen, Nennmaß der Betondeckung 4 cm.

Frage:

Ist die Betondeckung an Ort und Stelle zu überprüfen, damit die Betondeckung eingehalten wird? Sind hierdurch Toleranzen ausgeschaltet?

Lohmeyer:

Ob man durch Prüfen die Ungenauigkeiten bei der Ausführung ausschalten kann, ist fraglich. Aber sicherlich wird auf einer Baustelle die Sorgfalt bei der Arbeitsausführung verbessert, wenn bekannt wird und damit zu rechnen ist, daß die vorhandene Betondeckung kontrolliert und später nachgemessen wird. Es ist also erforderlich, die Betondeckung bei der Bewehrungsabnahme zu kontrollieren und später nachzumessen.

Frage:

Ist in einer Tiefgarage auch Gefälle auszubilden?

Haack:

Es ist davon auszugehen, daß die Fahrzeuge insbesondere im Einfahrbereich Schleppwasser mitbringen, im Winter sogar mehr als im Sommer, nämlich Schnee auf den Dächern oder vereiste Schneebrocken in den Radzonen. Das kann auch in einer Tiefgarage zu Pfützenbildung führen und vor allem in Nähe des Einfahrtsbereiches zu Eisbildung. Beides ist für die Benutzer unangenehm. Denken Sie an die Pfützenbildung in einer Tiefgarage vor einem Theater und an das Aussteigen mit einem Ballkleid. Es muß daher auch in einer Tiefgarage unbedingt Gefälle angeordnet werden. Im übrigen weist auch DIN 18195 Teil 5 auf die Notwendigkeit einer dauernd wirksamen Entwässerung bei Abdichtungen gegen nichtdrückendes Wasser hin.

2. Podiumsdiskussion vom 25. 2. 1986

Frage:

Bei Messungen mit der Neutronensonde werden Wasserstoffkerne erfaßt. Unterschiedlich dicke bituminöse Schichten ergeben deshalb den gleichen Meßeffekt wie unterschiedliche Durchfeuchtungen. Nach meinen Erfahrungen scheidet somit eine Messung mit der Neutronensonde bei bituminös abgedichteten Dächern aus.

Lamers:

Ich habe schon in meinem Vortrag darauf hingewiesen, daß die Dichtungsbahnen aus Kohlenwasserstoffen bestehen und die Neutronensonde auch deren Wasserstoffatome anzeigt. Bei gleichmäßigen Schichtdicken der Abdichtung hat man also immer eine Grundanzeige, und Feuchtestellen würden durch eine erhöhte Anzeige hervortreten. Ungleichmäßige Schichtdicken verfälschen demnach die Messung. Die Meßpunkte sollten also nicht auf überlappenden Stößen liegen. Bei einer mehrlagigen Bitumendachhaut mit versetzten Stößen wird es schwierig sein, einen Meßpunkteraster mit eindeutig gleichen Schichtdicken zu finden. Bei einem Dachanstrich aus Heißbitumen muß man in jedem Fall mit unterschiedlichen Schichtdicken rechnen, eine sinnvolle Messung ist dann praktisch ausgeschlossen.

Diese Schwierigkeiten haben sie bei einlagig hochpolymeren Dachbahnen i. d. R. nicht.

Frage:

Ist der Einsatz mineralischer Dichtungsschlämmen als Abdichtung von Tiefgaragen, Loggien, Terrassen u. ä. zulässig?

Rogier:

Dichtungsschlämmen werden in keiner Norm oder einem anderen gleichwertigen Regelwerk bisher behandelt. Das allein ist bereits ein Indiz, daß es dafür bisher noch keine allgemein anerkannte Regeln der Technik gibt, es sich also nach wie vor um eine sogenannte „neuartige Bauart" nach der Bauordnung handelt. Auch der Umstand, daß es für eine Reihe von mineralischen Dichtungsschlämmen allgemeine bauaufsichtliche Zulassungen des Instituts für Bautechnik in Berlin gibt, zeigt dies.

Diese bauaufsichtlichen Zulassungen gelten jedoch nur für den Anwendungsfall Abdichtung gegen Bodenfeuchtigkeit und Abdichtung von Wasserbehältern, wobei neben verschiedenen sonstigen Bedingungen gefordert wird, daß der Untergrund für die Dichtungsschlämme auf Dauer rissefrei sein und bleiben muß.

Mir sind Fälle bekannt, wo Abdichtungen von Balkonen u. a., also Bauteile mit geringerem Nutzwert und konstruktiv-bauphysikalisch geringerer Bedeutung, mit Dichtungsschlämmen ausgeführt worden sind. Planer und Ausführende bewegen sich dabei, wenn sie nicht die ausdrückliche Zustimmung des Bauherrn für diese Sonderlösung haben, auf einem vertragsrechtlich unter Umständen gefährlichen Gebiet.

Für höherwertige Bauteile oder bei höherer Beanspruchung scheiden Dichtungsschlämmen von vornherein aus Qualitätsgründen aus. Risiken sehe ich vor allem in der Frostbeständigkeit und der Rissefreiheit der Dichtungsschlämme unter dauernder Witterungs- und Nutzungsbeanspruchung. Dabei ist es selbstverständlich, daß die Dichtungsschlämme in jedem Fall durch eine Schutzschicht, also einen Estrich, entweder als Verbundestrich oder Estrich auf Trennschicht vor mechanischer Beanspruchung geschützt werden muß.

Zu bedenken ist ebenfalls, ob nicht mit geringerem Aufwand und höherer Funktionssicherheit auf Dauer die sowieso rißsicher zu bemessende und auszuführende Stahlbetondeckenplatte nicht als wasserundurchlässiges Bauteil gemäß DIN 1045 auszuführen ist.

Frage:

Welche Art von Pflege eines bekiesten Daches wird empfohlen? Wie kann eine ungewollte Bepflanzung überhaupt vermieden werden? Verantwortungsbereiche bei auftretenden Schäden?

Oswald:

Es ist sicher, daß eine Bekiesung einer Pflege bedarf, d. h. man muß eine Bekiesung jährlich begehen und darauf achten, daß dort kein Pflanzenwuchs größeren Umfangs auftritt und wenn eine Bekiesung nach einer größeren Zahl von Jahren tatsächlich so stark durch Staub zugesetzt ist, daß sie praktisch eine Humusschicht bildet, dann ist diese Kiesschicht zu waschen oder auszutauschen. Eine andere Möglichkeit sehe ich hier nicht und die Verantwortung liegt sicherlich beim Besitzer, der die Aufgabe hat, sein Dach zu warten. Das Dach ist eben ein wartungsbedürftiges Bauteil, wie viele andere Bereiche des Hauses auch, nur das vergißt leider der Bauherr allzu oft.

Frage:

Wie kann man Schutzschichten, z. B. Estrich schadensfrei von Dichtungsbahnen abtragen, damit keine Verfälschung bei der Schadensursache eintritt?

Lamers:

Ich habe schon darauf hingewiesen, daß ein schadensfreies Abtragen von Schutzschichten aus Beton und Estrich nur schwer möglich ist, denn i. d. R. wird man aus Zeit- und Kostengründen einen Preßlufthammer einsetzen. Dabei sollte man den Handwerker anweisen, abgespaltene Estrichstücke nicht mit dem Preßlufthammer beiseite zu schieben, indem er den Preßlufthammer nach hinten abkantet. In dieser Stellung kommt der Meißel der Dachhaut am nächsten. Der Preßlufthammer sollt nur zum Spalten benutzt werden, während die abgespaltenen Stücke dann mit einer Hacke weggezogen und aufgenommen werden.

Es gibt auch fahrbare Spezialgeräte zum Abspalten oder Zerkleinern des Estrichs durch Schneiden. Diese Geräte habe eine genaue Tiefeneinstellung. Ihr Einsatz ist normalerweise nur für große Flächen durch Spezialunternehmen vorgesehen.

Ein schadensfreies Abtragen wird man aber bei keiner der Arbeitsmethoden garantieren können. Deshalb habe ich in meinem Vortrag dargestellt, wie man mit gefärbtem Wasser nachweist, ob ein Schaden durch das Abtragen eingetreten ist oder schon vorher vorhanden war. Wenn Sie diesen Nachweis führen können, ist es nicht so schlimm, daß ein Schaden beim Abtragen eingetreten ist, denn die Dichtungsbahn liegt nach Abtrag frei und der Schaden kann leicht saniert werden.

Der Sachverständige, der sich zur Frage der Verantwortung äußern soll, sollte die Abtragearbeiten auf jeden Fal beaufsichtigen.

Frage:

Ist eine Pflanzkübeleindichtung, bestehend aus zwei Lagen Schweißbahn, davon eine mit Metallbandeinlage und einem wurzelfesten Anstrich ausreichend?

Wolf:

Einen wurzelfesten Anstrich gibt es bis heute nicht und demnach ist sie unzureichend. Es muß in jedem Fall ein Wurzelschutz eingebaut werden.

Frage:

Sie haben in Ihrem Vortrag ausgeführt, daß Sie eine sehr genaue Vorstellung darüber haben, wie der gesamte Schichtenaufbau einer begrünten, bepflanzten Dachfläche auszusehen hat. Wie soll nach Ihrer Auffassung dieser Aufbau aussehen?

Wolf:

Zunächst wird eine Dampfsperre vollflächig aufgeklebt, darauf eine Wärmedämmung aus Schaumglas, ebenso vollflächig aufgeklebt, darauf die Dachabdichtung, ebenso vollflächig aufgeklebt und darauf dann eben der Wurzelschutz, dann haben Sie ein Abdichtungspaket, das an keiner Stelle wasserunterläufig ist. Voraussetzung ist natürlich, daß alles sorgfältig ausgeführt wird.

Frage:

Gibt es funktionsfähige Methoden zur Trocknung stark durchfeuchteter Dämmschichten?

Rogier:

Die wirksamste Methode ist die, das Wasser, das tatsächlich als tropfbar flüssiges Wasser im Dachaufbau unter der Dichtungsschicht in der Ebene der Dämmung vorhanden ist, an den Dachtiefpunkten abzusaugen, möglichst wiederholt, um alles langsam nachsickernde Wasser herauszuholen, und dann praktisch der Trocknungswirkung des Dachaufbaus zu vertrauen. Ich gehe dabei davon aus, daß es sich um Hartschaum handelt, der nicht sehr stark in seinem Querschnitt durchfeuchtet ist, und sich das Wasser im wesentlichen in den Dämmplattenfugen und unter/über den Dämmplatten befindet. Die Erfahrung werden Sie sicherlich auch schon gemacht haben, daß Dächer, die zunächst stark durchfeuchtet angetroffen worden waren, nach einer Erneuerung der Dichtungsschicht nach einigen Jahren praktisch trocken angetroffen werden. Diese Trocknung kann nicht quantitativ irgendwie nachgewiesen werden, z. B. nach einem Glaserdiagramm oder ähnlichem Verfahren, z. B. angelehnt an die DIN 4108 Teil 3, weil uns einfach die Klimagrößen und die Stoffkenngrößen sowie das Verhalten einzelner Funktionsschichten usw. nicht ausreichend bekannt sind. Anzunehmen ist, daß dieses Wasser, das wir örtlich angetroffen haben und das im Dachaufbau verblieben ist, entweder sich im Verlaufe von Jahren über die Dachfläche gleichmäßig verteilt hat, z. B. auf dem Diffusionswege, und/oder daß das Wasser über längere Zeit auch durch verhältnismäßig dampfdichte Schichten, also durch die Dampfsperre nach innen oder durch die Dichtungsschicht nach außen ausdiffundiert ist.

Frage:

Legen Sie für Grasdächer ebenso strenge Maßstäbe wie bei Dächern mit anspruchsvoller Bepflanzung an?

Wolf:

Ich bin keinesfalls gegen die Ausführung von begrünten Dächern, auch nicht gegen die Ausführung von Grasdächern, allerdings lege ich bei Grasdächern genau den strengen Maßstab an, wie bei Dächern mit anspruchsvoller Bepflanzung.

Frage:

Muß ein Bauplaner begrünter Däcder unter den Voraussetzungen, daß man eben noch nicht genügend weiß über das dauerhafte Verhalten solcher Dächer und über die Beanspruchung, grundsätzlich ablehnen?

Wolf:

Das kann man natürlich verneinen. Natürlich sollte man grundsätzlich darauf hinweisen, daß man selbst bei qualitativ hochwertigster Ausführung nach dem derzeitigen Stand der Erkenntnisse noch nicht sagen kann, wie sich solche Dachaufbauten auf die Dauer bewähren.

Frage:

Ist ein abgedichtetes Dach (dreilagig) mit ÜBO-Matte, Folie und 10 cm Schutzbeton Stand der Technik, wenn z. B. Optimafolie auf Schutzbeton verlegt wird?

Wolf:

Ich verstehe das so, daß hier die Wurzelschutzfolie auf dem Schutzbeton verlegt worden ist und ich habe dagegen nichts einzuwenden.

Frage:

Bei einer Sanierungsmaßnahme soll auf einer undicht gewordenen Tiefgaragendecke eine Asphaltmastixabdichtung und darauf Begrünung aufgebracht werden. Ist dies machbar und was ist zu beachten?

Oswald:

Es ist sicherlich so, daß eine Aphaltmastixabdichtung nach dem heutigen Kenntnisstand nicht durchwurzelungssicher ist. Man würde also hier eine Wurzelschutzschicht oberhalb des Mastix auf Trennlage vorsehen müssen. Über diesen Durchwurzelungsschutz müßte dann ein Beschädigungsschutz, z. B. eine Bautenschutzbahn angebracht werden. Geht man davon aus, daß eine Asphaltabdichtung nur dann sinnvoll ist, wenn dieser Belag zugleich Abdichtungs- und Nutzschicht-Funktion hat, so ist also zusammengenommen eine derartige Form der Abdichtung bei bepflanzten Dächern nicht besonders sinnvoll.

Frage:

Die unterschiedlichen Aussagen der diesjährigen Aachener Bausachverständigentage zur Dachbegrünung haben mich total verunsichert. Welchen Aufbau wähle ich denn nun zur Zeit bei Ausführung eines intensiv begrünten Daches, ohne einen Planungsfehler zu begehen?

Oswald:

Die Dachbegrünung – insbesondere die intensive – zählt mit Sicherheit zu den „neuen Bauarten und Bauweisen", die nicht in Regelwerken verankert ist. Vor allem die Frage des Wurzelschutzes ist nicht endgültig geklärt. Ich habe es für richtig gefunden, Ihnen auf unserer Tagung den derzeitigen Diskussionsstand mit allen Widersprüchen vorzustellen.

Der planende Architekt hat sich in dieser Situation so zu verhalten, wie es immer der Fall ist, wenn neue Bauweisen ausgeführt werden sollen:

1. Er hat mit besonderer Sorgfalt die derzeitigen Veröffentlichungen zu studieren – dazu zählen vor allem die „Grundsätze für Dachbegrünungen". Nach meinen persönlichen Ermittlungen bin ich z. B. bei der Beratung eines großen Objektes zu dem Ergebnis gekommen, daß zur Zeit verschweißte PVC weich-Bahnen mit größter Wahrscheinlichkeit einen guten Durchwurzelungsschutz ergeben.

2. Er hat besonders intensiv alte Referenzobjekte auf ihre Funktionsfähigkeit zu prüfen.

3. Er hat den Bauherrn ausdrücklich darauf hinzuweisen, daß seine Planungen zwar dem Stand der Technik entsprechen, daß aber eine sichere Aussage über die sehr langfristige Bewährung der gewählten Konstruktion noch nicht möglich ist. Er hat dem Bauherrn also mit allen Konsequenzen klar zu machen, daß er mit dem Nutzungsvorteil eines begrünten Daches zugleich das erhöhte Risiko einer neuen Bauweise übernehmen muß.

Im Schadensfall wird sicherlich die Frage nach der Mangelfreiheit des Planungskonzeptes gestellt und bei der gegenwärtigen Situation von verschiedenen Sachverständigen auch unterschiedlich beantwortet werden, da es noch keine festgefügten Regeln über **die** „richtige" Konstruktion gibt. Kann der Architekt aber nachweisen, daß er – wie beschrieben – gewissenhaft die Situation geprüft und den Bauherrn ausführlich aufgeklärt hat, so wird er auch vor Gericht mit seiner Entscheidung bestehen können.